Michael Laible,
Bernhard Bill,
Klaus Gehrke

Mechanische Größen,
elektrisch gemessen

Mechanische Größen, elektrisch gemessen

Grundlagen und Beispiele zur technischen Ausführung

Dipl.-Ing. Michael Laible,
Dipl.-Phys. Bernhard Bill,
Dipl.-Ing. Klaus Gehrke

8., aktualisierte und erweiterte Auflage

Mit 221 Bildern und 5 Tabellen

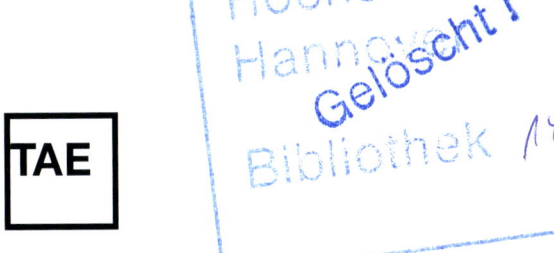

TAE

Kontakt & Studium
Band 45

Herausgeber:
Prof. Dr.-Ing. Dr. h.c. Wilfried J. Bartz
Dipl.-Ing. Hans-Joachim Mesenholl
Dipl.-Ing. Elmar Wippler

expert verlag®

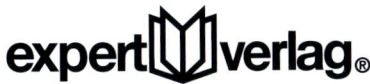

Bibliografische Information Der Deutschen Bibliothek

Die Deutsche Bibliothek verzeichnet diese Publikation
in der Deutschen Nationalbibliografie;
detaillierte bibliografische Daten sind im Internet über
http://www.dnb.de abrufbar.

Bibliographic Information published by Die Deutsche Bibliothek

Die Deutsche Bibliothek lists this publication
in the Deutsche Nationalbibliografie;
detailed bibliographic data are available on the internet at
http://www.dnb.de

ISBN 978-3-8169-3215-4

8., aktualisierte und erweiterte Auflage 2014
7., durchgesehene Auflage 2009
6., verbesserte Auflage 2006
5., völlig neu bearbeitete Auflage 2002
4., durchgesehene Auflage 1996
3., aktualisierte und erweiterte Auflage 1990
2., überarbeitete und erweiterte Auflage 1984
1. Auflage 1980

Bei der Erstellung des Buches wurde mit großer Sorgfalt vorgegangen; trotzdem lassen sich Fehler nie vollständig ausschließen. Verlag und Autoren können für fehlerhafte Angaben und deren Folgen weder eine juristische Verantwortung noch irgendeine Haftung übernehmen.
Für Verbesserungsvorschläge und Hinweise auf Fehler sind Verlag und Autoren dankbar.

© 1980 by expert verlag, Wankelstr. 13, D-71272 Renningen
Tel.: +49 (0)71 59-92 65-0, Fax: +49 (0)71 59-92 65-20
E-Mail: expert@expertverlag.de, Internet: www.expertverlag.de
Alle Rechte vorbehalten
Printed in Germany

Das Werk einschließlich aller seiner Teile ist urheberrechtlich geschützt. Jede Verwertung außerhalb der engen Grenzen des Urheberrechtsgesetzes ist ohne Zustimmung des Verlags unzulässig und strafbar. Dies gilt insbesondere für Vervielfältigungen, Übersetzungen, Mikroverfilmungen und die Einspeicherung und Verarbeitung in elektronischen Systemen.

Herausgeber-Vorwort

Bei der Bewältigung der Zukunftsaufgaben kommt der beruflichen Weiterbildung eine Schlüsselstellung zu. Im Zuge des technischen Fortschritts und angesichts der zunehmenden Konkurrenz müssen wir nicht nur ständig neue Erkenntnisse aufnehmen, sondern auch Anregungen schneller als die Wettbewerber zu marktfähigen Produkten entwickeln.

Erstausbildung oder Studium genügen nicht mehr – lebenslanges Lernen ist gefordert! Beufliche und persönliche Weiterbildung ist eine Investition in die Zukunft:
– Sie dient dazu, Fachkenntnisse zu erweitern
  und auf den neuesten Stand zu bringen
– sie entwickelt die Fähigkeit, wissenschaftliche Ergebnisse
  in praktische Problemlösungen umzusetzen
– sie fördert die Persönlichkeitsentwicklung und die Teamfähigkeit.

Diese Ziele lassen sich am besten durch die Teilnahme an Seminaren und durch das Studium geeigneter Fachbücher erreichen.

Die Fachbuchreihe *Kontakt & Studium* wird in Zusammenarbeit zwischen der Technischen Akademie Esslingen und dem expert verlag herausgegeben.

Mit über 700 Themenbänden, verfasst von über 2.800 Experten, erfüllt sie nicht nur eine seminarbegleitende Funktion. Ihre eigenständige Bedeutung als eines der kompetentesten und umfangreichsten deutschsprachigen technischen Nachschlagewerke für Studium und Praxis wird von der Fachpresse und der großen Leserschaft gleichermaßen bestätigt. Herausgeber und Verlag freuen sich über weitere kritisch-konstruktive Anregungen aus dem Leserkreis.

Möge dieser Themenband vielen Interessenten helfen und nützen.

Dipl.-Ing. Hans-Joachim Mesenholl   Dipl.-Ing. Elmar Wippler

Vorwort

Das problemlose Funktionieren von Geräten, die wir bei der Arbeit oder im privaten Bereich anwenden, wird mittlerweile als Selbstverständlichkeit erachtet. Die Anwender sind immer weniger bereit, Kompromisse einzugehen: Die Geräte sollen sicher, funktional, sparsam sowie praktisch sein und nicht zuletzt über ein ansprechendes Design verfügen. All diese Ansprüche zu erfüllen, ist Aufgabe der Konstrukteure, die in Zusammenarbeit mit Ergonomen und Designern die Funktion, die Haltbarkeit sowie die Wirtschaftlichkeit sicherstellen müssen. Dazu wird nicht nur die Simulation der Betriebsbedingungen verwendet, sondern auch die Messtechnik, die einerseits die Grundlagen für die optimierende Simulation liefert und andererseits die gefundenen Lösungen auf ihre Tauglichkeit hin evaluiert. Auch wenn die physikalischen Prinzipien, die für die Aufnahme der zu untersuchenden Größen verwendet werden, in vielen Fällen schon lange bekannt sind, so kommen doch immer wieder Verfahren zum Einsatz, die bisher nur im Labor unter Versuchsbedingungen ausprobiert wurden oder zufriedenstellend funktionierten. Die fortschreitende Miniaturisierung zusammen mit dem immer besser werdenden Verständnis von Werkstoffen und ihrem Verhalten ermöglicht teilweise erst heute die Realisierung von „altbekannten" Verfahren. Zusätzlich hat sich die Messtechnik durch den massiven Einsatz der Digitaltechnik stark verändert: Es wird mehr und besser gemessen als je zuvor. Die Erfassung von mehreren Hunderttausend Werten sowie ihre Verrechnung, das „Ausfiltern" relevanter Daten, ist durch die Fortschritte der digitalen Erfassung und Verarbeitung sowie den Preisverfall der für diese Technik notwendigen Komponenten zum Normalfall geworden. Damit ist das (elektrische) Messen der mechanischen Größen inzwischen zum Normalfall in der industriellen Prozessüberwachung und -steuerung sowie in den Labors zur Produktoptimierung und -prüfung geworden.

Techniker und Ingenieure stehen deshalb immer wieder vor der Aufgabe, sich in diese Problematik einzuarbeiten oder sich einen Überblick über den momentanen Stand der Technik, die einsetzbaren Aufnehmer, die am Markt verfügbaren Messgeräte und ihre Vor- und Nachteile, kurz, die zur Verfügung stehenden Optionen, zu verschaffen. Daher wurde schon vor vielen Jahren an der TAE die Möglichkeit geschaffen, den jeweils aktuellen Stand in Kursen zu diesem Thema zu vermitteln. Über Jahrzehnte hinweg hat Professor Müller zusammen mit verschiedenen Referenten den Kurs *Elektrisches Messen mechanischer Größen* entwickelt und geleitet, aus dem dieses Buch ursprünglich entstanden ist. Die vorliegende Fassung wurde von den heutigen Referenten allerdings komplett überarbeitet: Auch wenn, wie oben schon angedeutet, sich an den Grundlagen nicht viel geändert hat, so sind doch zahlreiche neue Sensoren hinzugekommen und auch die Veränderungen im praktischen Umgang mit der Verstärkertechnik oder in der Auswertung sind gravierend. Am meisten verändert hat sich Letzteres durch die Möglichkeiten der Digitaltechnik. Aber auch im Bereich der Aufnehmer gibt es immer wieder neue Entwicklungen, die entweder durch ihr Preisniveau bisher nicht sinnvolle Einsatzgebiete erschließen oder durch technische Vorzüge neue Anwendungsmöglichkeiten eröffnen.

Mein Dank gilt allen, die durch ihre Mitarbeit die Herausgabe dieses Buches ermöglicht haben, insbesondere meinen Vorgängern Professor Robert K. Müller und Obering. Karl Hoffmann.

Erzhausen, im November 2013　　　　　　　　Michael Laible

Inhaltsverzeichnis

Vorwort

1	**Grundlagen des elektrischen Messens mechanischer Größen**	1
	M. Laible	
1.1	Einführung	1
1.1.1	Grundsätzliches über das Messen	1
1.1.2	Was bedeutet Messen?	2
1.2	Die Messkette	3
1.3	Die wichtigsten Prinzipien zur Umwandlung von mechanischen Größen in elektrische Signale	6
1.3.1	Ohmscher Widerstand	7
1.3.1.1	Potenziometeraufnehmer	7
1.3.1.2	Dehnungswiderstandseffekt	8
1.3.1.3	Piezoresistive Aufnehmer	10
1.3.2	Piezoelektrische Aufnehmer	11
1.3.3	Induktive Aufnehmer	12
1.3.4	Kapazitive Aufnehmer	13
1.3.5	Weitere Sensorprinzipien	13
1.4	Vor- und Nachteile des elektrischen Messens	14
1.5	Weitere Informationen	15
1.6	Elektrische Schaltungen für Aufnehmer	18
1.6.1	Spannungsteilerschaltung	18
1.6.2	Wheatstone-Brückenschaltung	19
1.6.2.1	Grundlagen	19
1.6.2.2	Anwendungsformen der Wheatstone-Brücke	22
1.6.2.3	Vor- und Nachteile der Wheatstone-Brücke	37
1.6.3	Speisung mit Konstantstrom	38
1.6.4	Messketten mit Frequenzmessung (Schwingkreis)	39
1.6.5	Ladungsverstärker	40

2	**Grundlagen und Anwendung der Dehnungsmessstreifen-Technik**	**43**
	K. Gehrke	
2.1	Einleitung	43
2.2	Grundlagen und Wirkungsweise von DMS	44
2.2.1	Das hookesche Gesetz	44
2.2.2	Die Dehnung	45
2.2.3	Der Thomson-Versuch	46
2.2.4	Die Erfindung des DMS	47
2.2.5	Folien-DMS	47
2.3	Die Wheatstone-Brücke	49
2.3.1	Darstellung und Wirkungsweise	50
2.3.2	Anwendungsformen	51
2.3.3	Kompensation von Störgrößen	51
2.3.4	Selbstkompensierende DMS	52
2.4	Ausführungsformen von DMS	55
2.5	Auswahl von DMS	56
2.6	Die Installation von DMS	60
2.6.1	Kalthärtende Klebstoffe	60
2.6.2	Heiß härtende Klebstoffe	61
2.6.3	Weitere Materialien	62
2.7	Ermittlung der Spannung aus der gemessenen Dehnung	63
2.7.1	Der einachsige Spannungszustand	63
2.7.2	Der zweiachsige Spannungszustand	65
3	**Aufnehmer mit Dehnungsmessstreifen**	**69**
	K. Gehrke	
3.1	Einleitung	69
3.2	Bauformen von Aufnehmern	70
3.2.1	Kraftaufnehmer und Wägezellen	70
3.2.2	Druckaufnehmer	76
3.2.3	Drehmomentaufnehmer	80
3.3	Eigenschaften von DMS-Aufnehmern	85
3.4	Hinweise zum Einbau von Aufnehmern	89
3.4.1	Störungen für Kraft- und Gewichtsmessungen	91
3.4.2	Störungen bei Druckmessungen	94
3.4.3	Störungen bei Drehmomentmessungen	96

Inhaltsverzeichnis

4	**Piezoelektrische Sensoren**	**99**
	B. Bill	
4.1	Einleitung	99
4.2	Grundlagen	100
4.2.1	Die piezoelektrischen Effekte in Kristallen	100
4.2.2	Materialien für Sensorelemente	103
4.2.3	Aufbereiten der Messgröße	105
4.3	Sensoren für Kräfte und Momente	105
4.3.1	Sensoren zum Messen einer Kraftkomponente	105
4.3.2	Sensoren zum Messen mehrerer Kraftkomponenten	108
4.3.3	Sensoren zum Messen von Drehmoment	109
4.3.4	Anwendungsbeispiele	109
4.3.5	Kalibrieren von Kraftsensoren	111
4.4	Dehnungssensoren	112
4.4.1	Prinzipieller Aufbau	112
4.4.2	Anwendung	112
4.4.3	Kalibrierung von Dehnungssensoren	113
4.5	Drucksensoren	113
4.5.1	Prinzipieller Aufbau von Drucksensoren	113
4.5.2	Drucksensoren für allgemeine Anwendungen	114
4.5.3	Niederdrucksensoren	115
4.5.4	Hochdrucksensoren	116
4.5.5	Drucksensoren für Messungen bei hohen Temperaturen	116
4.5.6	Drucksensoren zur Messung des Werkzeuginnendrucks	117
4.5.7	Kalibrierung von Drucksensoren	118
4.6	Beschleunigungssensoren	119
4.6.1	Prinzipieller Aufbau von Beschleunigungssensoren	119
4.6.2	Anwendungsgebiete und Bauformen von Beschleunigungssensoren	120
4.6.3	Kalibrierung von Beschleunigungssensoren	121
4.7	Verstärker für piezoelektrische Sensoren	122
4.7.1	Ladungsverstärker	122
4.7.1.1	Allgemeines	122
4.7.1.2	Zeitkonstante und Drift	123
4.7.2	Sensoren mit Spannungsausgang	124
4.7.3	Kuppler	125
4.8	Literatur	125

5	**Induktive Aufnehmer**	**127**
	M. Laible	
5.1	Einleitung	127
5.2	Aktive induktive Aufnehmer	127
5.3	Passive Mehrspulensysteme mit Kern	128
5.3.1	Wegaufnehmer mit Tauchanker	131
5.3.2	Wegtaster	131
5.4	Passive Einspulensysteme mit Kern	132
5.5	Berührungsfreie Wegaufnehmer	133
5.5.1	Berührungsfreie Aufnehmer für niederfrequente Speisung	134
5.5.2	Induktive Aufnehmer nach dem Wirbelstromprinzip	135
5.5.3	Vor- und Nachteile berührungsfreier Systeme	136
5.5.4	Anwendungen	136
5.6	Magnetostriktive Wegaufnehmer	136
5.7	Induktiv-potenziometrische Aufnehmer	138
5.8	Magnetoresistive Aufnehmer	139
5.9	Beschleunigungsaufnehmer	140
5.10	Aufnehmer mit magnetoelastischem Prinzip	141
5.11	Weitere induktive Aufnehmer	143
5.12	Einbauhinweise für Wegaufnehmer	144
6	**Kapazitive Aufnehmer**	**147**
	M. Laible	
6.1	Einführung	147
6.2	Bauformen	147
6.3	Ausführungen kapazitiver Aufnehmer	151
7	**Weitere Aufnehmerprinzipien**	**155**
	M. Laible	
7.1	Einführung	155
7.2	Piezoresistive Sensoren	155
7.3	Optische Sensoren	159
7.3.1	Faseroptische Sensoren	159
7.3.2	Längenmessung über Korrelationsverfahren	165
7.3.3	Sensoren mit Triangulationsprinzip	166

Inhaltsverzeichnis

8	**Messverstärker**	**169**
	M. Laible	
8.1	Einleitung	169
8.2	Gleichspannungsverstärker	170
8.3	Trägerfrequenzverstärker	171
8.4	Vergleich der Verfahren	174
8.4.1	Obere Grenzfrequenz	175
8.4.2	Impulswiedergabe	176
8.4.3	Temperatureinfluss auf Nullpunkt und Empfindlichkeit	177
8.4.4	Linearitätsfehler	179
8.4.5	Einflüsse von elektromagnetischen Störungen	179
8.4.5.1	Einflüsse auf Gleichspannungsverstärker	180
8.4.5.2	Einflüsse auf Trägerfrequenzverstärker	182
8.4.5.3	Resümee	184
8.5	EMV-Schutz	184
9	**Digitale Datenerfassung und Verarbeitung**	**189**
	M. Laible	
9.1	Einleitung	189
9.2	Ausführungen digitaler Messverstärker	189
9.2.1	Prinzipielle Funktionsweise	189
9.2.2	Parallel arbeitende Anlagen	191
9.2.3	Sequenziell arbeitende Anlagen	193
9.3	Schnittstellen	195
9.3.1	Schnittstellen für den Laboreinsatz	197
9.3.1.1	IEEE 488	197
9.3.1.2	COMx mit RS-485	197
9.3.1.3	COMx (RS-232)	198
9.3.1.4	Druckerschnittstelle LPT	198
9.3.1.5	USB	198
9.3.1.6	FireWire	199
9.3.1.7	Ethernet (TCP/IP)	199
9.3.2	Feldbussysteme	200
9.3.2.1	DIN-Messbus	201
9.3.2.2	CAN, CANopen und DeviceNet	201
9.3.2.3	HART	202
9.3.2.4	PROFIBUS	202

9.3.2.5	Interbus	203
9.3.2.6	MODbus bzw. 3964R-RK512 (Siemens)	204
9.3.2.7	Weitere Bussysteme	205
9.4	Software für die Messtechnik	205
9.5	Digitale Messwerterfassung	207
9.5.1	Welche Messrate ist richtig?	208
9.5.2	Filterung von Signalen	210
10	**Abgleich von Messketten**	**215**
	M. Laible	
10.1	Einleitung	215
10.2	Messungen mit Dehnungsmessstreifen	217
10.2.1	Die Shunt-Kalibrierung	217
10.2.2	Der Abgleich durch Eingabe der Kennwerte	219
10.2.3	Die Berücksichtigung von k-Faktoren	220
10.3	Messungen mit DMS-Aufnehmern	221
10.3.1	Der Abgleich durch direkte Belastung des Aufnehmers	221
10.3.2	Der Abgleich mit Shunt-Kalibrierung	225
10.3.3	Der Abgleich mit einem Kalibriergerät	226
10.3.4	Der Abgleich durch Eingabe der Kennwerte bzw. Verwenden der Elektronikfunktionen	227
10.4	Messungen mit induktiven Aufnehmern	229
10.5	Besonderheiten beim Abgleich	229
10.5.1	Der Abgleich von Trägerfrequenz-Messverstärkern	230
10.5.1.1	Nullabgleich C	230
10.5.1.2	Referenzphasenabgleich	232
10.6	Zusammenfassung	234
11	**Durchführen von Messungen**	**235**
	M. Laible	
11.1	Einleitung	235
11.2	Aufgabenstellung	235
11.3	Planung	236
11.3.1	Allgemeines	236
11.3.2	Temperatur als Störgröße	238
11.3.2.1	Auswirkungen von Temperaturänderungen	238
11.3.2.2	Kompensation des Temperatureinflusses	238
11.3.2.3	Temperaturmessung	240

Inhaltsverzeichnis

11.3.3	Dokumentation	243
11.3.4	Letzte Fragen	243
11.4	Vorbereitung der Messung	244
11.5	Praktische Durchführung	244
12	**Berechnung der Messunsicherheit**	**245**
	M. Laible	
12.1	Einleitung	245
12.2	Messabweichung und Messunsicherheit	247
12.2.1	Zufällige Messabweichung e_r	247
12.2.2	Messunsicherheit aufgrund zufälliger Einflüsse	248
12.2.3	Systematische Messabweichung e_s	249
12.2.3.1	Bekannte systematische Messabweichung $e_{s,b}$	249
12.2.3.2	Unbekannte systematische Messabweichung $e_{s,u}$	250
12.2.4	Messunsicherheit aufgrund unbekannter systematischer Abweichungen	253
12.2.5	Ermittlung der gesamten Messunsicherheit	254
12.2.6	Grafische Erläuterung der Zusammenhänge	254
12.2.7	Angabe des vollständigen Messergebnisses	255
12.3	Beispiel	255
12.3.1	Zufällige Messabweichungen	256
12.3.2	Bekannte systematische Messabweichung (Korrektion)	256
12.3.3	Unbekannte systematische Abweichungen	257
12.3.4	Berechnung und Angabe des vollständigen Messergebnisses	258
	Literaturverzeichnis	**259**
	Index	**265**
	Autorenverzeichnis	**271**

1 Grundlagen des elektrischen Messens mechanischer Größen

M. Laible

1.1 Einführung

1.1.1 Grundsätzliches über das Messen

Messen ist das Erfassen und Darstellen einer physikalischen Größe. Dabei wird die zu messende Größe mit einer bekannten Größe der gleichen Art verglichen, die durch Normale definiert ist. Das Messergebnis ist dann das Produkt aus einer Maßzahl und der Einheit, die heute allgemein durch internationale Konventionen festgelegt ist.

$$X = x \cdot E \tag{1-1}$$

Die Größe X wird durch die Maßzahl x und die Einheit E bestimmt, z. B. wird eine Länge L in der (Grund-)Einheit Meter gemessen.

$$L = 22\,\text{m} \tag{1-2}^*$$

Die sieben international festgelegten Grundeinheiten sind:

- Länge in Metern, Formelzeichen m
- Masse in Kilogramm, Formelzeichen kg
- Zeit in Sekunden, Formelzeichen s
- Stromstärke in Ampere, Formelzeichen A
- Temperatur in Kelvin, Formelzeichen K
- Lichtstärke in Candela, Formelzeichen cd
- Stoffmenge in Mol, Formelzeichen mol

Alle anderen Einheiten sind hiervon abgeleitet. Allerdings ist eine Messung nur unzureichend durch das oben angegebene Ergebnis beschrieben, daher muss für die Angabe des *vollständigen Messergebnisses* noch eine Betrachtung der Messunsicherheit erfolgen, damit die wahrscheinlichen Messabweichungen quantifiziert werden können.

Kapitel 1

1.1.2 Was bedeutet Messen?

Das Messen ist ein Teilgebiet des Prüfens (Abb. 1-1).

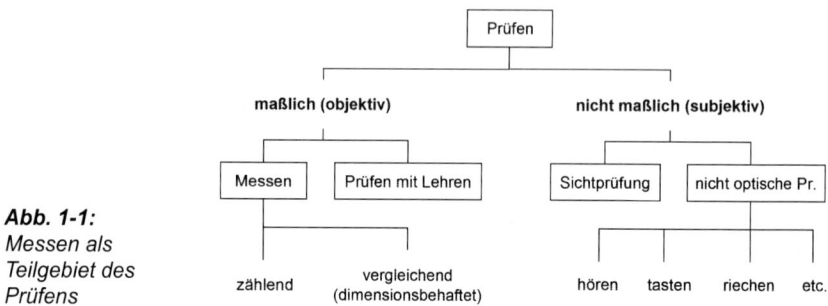

Abb. 1-1:
Messen als Teilgebiet des Prüfens

Auch wenn das Messen unter dem Motto „objektives Prüfen" steht, sollte die nicht maßliche Prüfung nicht unterbewertet werden, nur weil dort subjektiv steht. So gibt es viele Bereiche, in denen diese Art der Prüfung eine große Rolle spielt, sei es das Verkosten organischer Rohstoffe wie Tee oder Kaffee, oder sei es die Sichtprüfung nach dem Installieren von Dehnungsmessstreifen. Gerade in den letzten Jahren wird in diesen Bereichen verstärkt versucht, durch neue Sensoren (Stichwort Biosensoren) objektivere Kriterien für solche Prüfungen zu finden und anzuwenden.

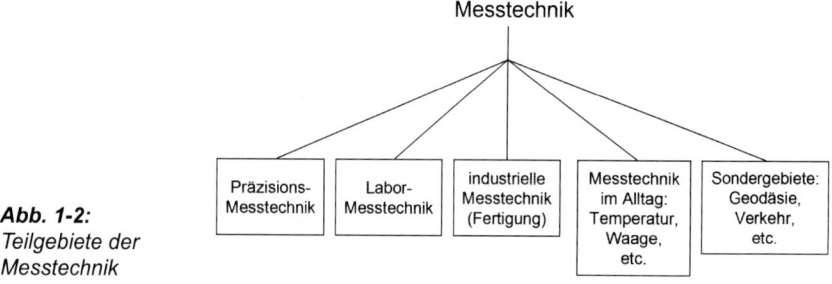

Abb. 1-2:
Teilgebiete der Messtechnik

Wie Abb. 1-2 zeigt, kann auch der Bereich des Messens, die Messtechnik, wiederum in verschiedene Bereiche unterteilt werden.

Dieses Buch (und das Seminar, aus dem es entstanden ist) beschäftigt sich im Wesentlichen mit den Bereichen Labormesstechnik und industrielle Messtechnik, also Fertigungsmesstechnik und Qualitätssicherung. Die Problematik der Präzisionsmesstechnik, z.B. bei den Kraftmesseinrichtungen des DKD, wird hier nicht behandelt, auch wenn einige der hier besprochenen Aufnehmer- oder Verstärkerprinzipien dort verwendet werden. Ebenfalls nicht eingegangen wird hier auf die Messtechnik im Alltag, z.b. Badezimmerwaagen, auch wenn dort teilweise DMS eingesetzt werden, da es sich hier um Low-cost-Bereiche handelt, bei denen zwar ebenfalls die hier besprochenen Prinzipien verwendet werden, das Hauptgewicht jedoch auf die Produktion kostengünstiger Messketten gelegt wird. Die Messabweichungen spielen hier eine eher untergeordnete Rolle.

1.2 Die Messkette

In allen Fällen wird eine Messkette (Abb. 1-3) eingesetzt, die aus Aufnehmer, Messverstärker und Ausgabe besteht, meist ist auch eine Signalverarbeitung mit im Verstärker integriert.

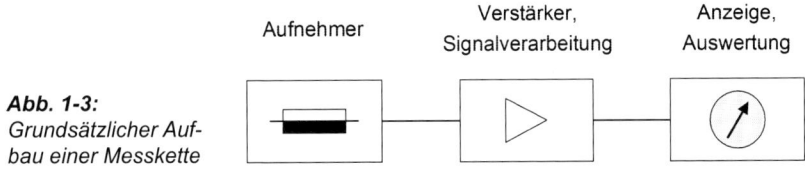

Abb. 1-3:
Grundsätzlicher Aufbau einer Messkette

Anstelle des Begriffs *Aufnehmer*, eigentlich *Messgrößenaufnehmer*, wird heute vielfach der Begriff *Sensor* verwendet, der früher übliche Begriff *Geber* wird kaum noch benutzt. Falsch ist die Bezeichnung Messwertaufnehmer, denn die Messwerte sind das Ergebnis der Messung, erfasst (aufgenommen) werden physikalische Größen. Auch wenn einige Firmen zwischen „normalen" und „intelligenten" Sensoren unterscheiden, so beruht dies oft nur auf Entscheidungen der Marketingabteilungen, denn die meisten Sensoren können Störgrößen in gewissem Maße kompensieren. Die Frage ist eher, welche Störgrößen und wie gut ist die Kompensation. Ein anderer Grund für diese Bezeichnung kann die Fähigkeit sein, die Speicherung der Sensordaten, quasi das Kalibrierprotokoll dieses Teils der Messkette, im Sensor selbst vorzunehmen. Diese Möglichkeit besteht im Prinzip bei allen Sensoren mit integriertem Verstärker und digitaler Signalverarbeitung. Allerdings hat dies m.E. nichts mit „Intelligenz" zu tun. Im internationalen Bereich wird auch häufig von „smart sensors" gesprochen, diese Bezeichnung trifft den Sachverhalt besser.

Eine andere Unterscheidung ist wichtiger: die in aktive und passive Aufnehmer. Aktive Aufnehmer entziehen dem Messobjekt Energie und liefern ohne weitere Hilfsenergie ein Ausgangssignal, passive Aufnehmer benötigen eine Hilfsenergie, die durch die Messgröße gesteuert wird. In der Praxis sind jedoch kaum aktive Aufnehmer zu finden, die keinen Verstärker, keine Signalaufbereitung o. Ä. benötigen. Praktisch alle verwendeten Aufnehmer, auch z. b. die eigentlich aktiven piezoelektrischen Aufnehmer, benötigen an das Prinzip angepasste Verstärker, die erst eine praktikable Handhabung und damit eine Messung im Alltag unter „normalen" Bedingungen möglich machen. Dies hat den Vorteil, dass die Rückwirkung auf das Messobjekt sehr klein bleiben kann, wenn diesem keine Energie entzogen wird. Leider wird manchmal die Bezeichnung „aktive Aufnehmer" auch für Sensoren verwendet, die zwar eine Hilfsspannung benötigen, aber eine Signalverarbeitung enthalten und normierte Signale abgeben können. Dies ist zwar nach der obigen Definition nicht richtig, wird aber teilweise zur Abgrenzung gegenüber „passiven" Aufnehmern verwendet, deren Signal noch durch nachgeschaltete Komponenten verarbeitet werden muss.

Interessanterweise arbeiten die meisten Sensoren nach physikalischen Prinzipien, die bereits lange bekannt sind. Allerdings haben Werkstofftechnik und digitale Signalverarbeitung die Möglichkeiten der Aufnehmerhersteller erweitert, sodass heute auch Prinzipien verwendet werden können, die früher höchstens im Labor zu brauchbaren Messergebnissen führten. Im Abschnitt 1.3 in diesem Kapitel werden deshalb die gebräuchlichsten Prinzipien vorgestellt.

Der zweite Teil der Messkette, der Messverstärker, wird zwar durch das Prinzip des verwendeten Sensors auf bestimmte Ausführungen eingeschränkt, trotzdem gibt es auch hier vielfältige Produktvarianten mit den unterschiedlichsten Eigenschaften auf dem Markt. Interessant sind die Unterschiede dann, wenn die vorgesehenen Sensoren mit verschiedenen Verstärkerprinzipien arbeiten können. Dies gilt insbesondere für die Gruppe der resistiven Sensoren. Bei den anderen Aufnehmerprinzipien, sei es kapazitiv, induktiv oder piezoelektrisch, können in der Regel nur bestimmte Verstärkerprinzipien verwendet werden, z. B. Trägerfrequenz oder Ladungsverstärker. Trotzdem gibt es auch für die Funktionsprinzipien, bei denen nicht so universelle Anwendungen möglich sind wie bei den Gleichspannungs- oder Trägerfrequenzverstärkern, eine große Auswahl von Geräten und Herstellern am Markt. Dies liegt z. T. auch an den Umgebungs- oder Einsatzbedingungen für die Verstärker: von hohen zu tiefen Temperaturen, von wasserfest bis crashtauglich, von rein analogem Ausgangssignal bis volldigital mit einem bestimmten Bussystem gibt es eine große Bandbreite von Anforderungen, die niemals von einem Verstärker allein erfüllt werden können. Bedingt durch die Fortschritte in der Halbleitertechnik und der Miniaturisierung sind in den letzten Jahren auch zunehmend Verstärker auf den Markt gekommen, die mit ganz unterschiedlichen Aufnehmern und mit Messbereichen von wenigen Millivolt bis einige 10 Volt arbeiten können. In diesem Buch soll daher nur ein Überblick über die Vor- und Nachteile der beiden „universell verwendbaren" Prinzipien Gleichspannungsspeisung und Trägerfrequenzverfahren gegeben werden, sowie allgemeine Hinweise zu Aufbau und Verkabelung einer Messkette. Da heute viele Messverstärker bereits eine digitale Signalverarbeitung enthalten, das Signal somit digital vorliegt, und die Erfassung und Verarbeitung von Messdaten mit dem PC praktisch zum Standard in der Messtechnik geworden ist, werden die damit verbundenen Problematiken aber auch die Vorteile in einem eigenen Kapitel behandelt: Kapitel 9, *Digitale Datenerfassung und Verarbeitung*. Dies schließt theoretisch den letzten Teil der Messkette, die Anzeige und Ausgabe, ab. Es bleiben jedoch noch weitere wichtige Fragen:

1. Wie kann ich sicherstellen, dass die Messkette als Ganzes funktioniert?
2. Was ist bei der Durchführung einer Messung zu beachten?
3. Welche „Qualität" hat eine Messung mit dieser Messkette?

Die erste Frage wird durch den Abgleich der Messkette geklärt. Dabei gibt es jedoch verschiedene Möglichkeiten, die sich sowohl im Aufwand und der Vorgehensweise als auch in den Resultaten unterscheiden und daher ihre spezifischen Vor- und Nachteile haben. Deshalb ist dieser Problematik für die am häufigsten eingesetzten Aufnehmer ein (kleines) eigenes Kapitel gewidmet, Kapitel 10, *Abgleich von Messketten*. Der Abgleich von piezoelektrischen Aufnehmern wird in Kapitel 4, *Piezoelektrische Sensoren*, ab Seite 99 behandelt.

Die zweite Frage, die auch eng mit der Vorbereitung der Messung verknüpft ist, wird zusammen mit der Problematik von Temperaturänderungen während der Messung im Kapitel 11, *Durchführen von Messungen*, erläutert.

Die dritte Frage nach der „Qualität" der Messkette, also den resultierenden Messunsicherheiten einer Messung mit einer bestimmten Messkette unter den gegebenen Prüfbedingungen, ist leider meist nicht einfach zu beantworten. Es gilt auch für eine Messkette: Sie ist nur so stark wie ihr schwächstes Glied. Deshalb muss der Auswahl der Komponenten entsprechende Sorgfalt gewidmet werden. Um jedoch zu wissen, welche Fragen zu stellen sind und wie sich Entscheidungen auswirken, muss die Vorgehensweise bei der Ermittlung der Messabweichungen bekannt sein. Kapitel 12, *Berechnung der Messunsicherheit*, erklärt die anzuwendenden Verfahren und zeigt exemplarisch das Vorgehen.

Leider werden, trotz der Vielzahl an Informationen, die Sie in diesem Buch finden, die hier vermittelten Kenntnisse in der Regel noch nicht ausreichen, um mit einer der hier besprochenen Messketten Messungen selbstständig durchführen und auswerten zu können. So sind z.B. bei der Messung mit Dehnungsmessstreifen in der experimentellen Spannungsanalyse zahlreiche Kenntnisse notwendig:

1. Der DMS muss zunächst installiert werden. Um dies zu erlernen, gibt es Praktika, die nach der VDI/VDE/GESA-Richtlinie 2636 [4] zwei Tage dauern. Aber auch nach diesem Praktikum muss das Installieren erst noch weiter geübt werden!

Kapitel 1

2. DMS und Messverstärker müssen verschaltet und die Messkette abgeglichen werden. Speziell für DMS-Messungen empfiehlt die oben angeführte Richtlinie ebenfalls zweitägige Kurse.
3. Nach der Durchführung der Messung ist diese auszuwerten. Dies betrifft sowohl die Ermittlung der Messunsicherheit als auch die Berechnung der Spannungen im Werkstoff aus den Dehnungen. Mit diesen Werten kann dann die Belastung des Werkstoffes berechnet werden, denn dies ist das eigentliche Ziel der Messung in der experimentellen Spannungsanalyse. Je nach den Ansprüchen an diese Berechnung sind in der VDI/VDE/GESA-Richtlinie 2636 [4] zwei aufeinander aufbauende Kurse genannt. Der erste davon soll ebenfalls zwei Tage dauern, als Voraussetzung wird jedoch eine Ingenieurausbildung genannt.

Sie sehen an diesem Beispiel, dass es für jedes Fachgebiet noch einmal spezifische Besonderheiten gibt, die erst erlernt werden müssen. In diesem Buch soll ein Überblick gegeben werden, welche Probleme bei der Messung mechanischer Größen existieren und wie durch geschickte Auswahl von Aufnehmer- oder Verstärkerprinzip einige davon umgangen werden können.

1.3 Die wichtigsten Prinzipien zur Umwandlung von mechanischen Größen in elektrische Signale

Zur Umwandlung von mechanischen Größen in elektrische Signale sind fast alle physikalischen Effekte geeignet, bei denen mechanische, geometrische und elektrische Größen zusammenwirken. Allerdings können hier nicht alle Verfahren behandelt werden, mit denen Aufnehmer arbeiten. Es werden deshalb nur die wichtigsten, d.h. die am Markt verbreitetsten Verfahren sowie von den neueren Verfahren die interessantesten angesprochen.

Im Folgenden werden – wie auch im gesamten Buch – die einzelnen Sensorprinzipien als Ordnungskriterium verwendet. Diese Vorgehensweise wurde gewählt, da die wesentlichen Vor- und Nachteile eines Sensors in seinem Arbeitsprinzip begründet sind. Mit den meisten Sensorprinzipien lassen sich verschiedene Größen messen, die bei den jeweiligen Aufnehmern angeführt sind. Eine Sortierung nach physikalischer Größe hätte nur zur Folge, dass jedes Mal das Funktionsprinzip erneut erläutert werden müsste. Außerdem erfordern einige Prinzipien spezielle Messverstärker, die in diesem Buch bei den jeweiligen Sensoren aufgeführt sind. Die im Anschluss an die einzelnen Prinzipien genannten Hersteller sind alphabetisch sortiert und meist nur *einige* der auf dem deutschen Markt agierenden Firmen. So gibt es z.B. bei Potenziometeraufnehmern Dutzende von weiteren Herstellern, die hier aus Platzgründen nicht aufgenommen wurden. Bitte lesen Sie auch Abschnitt 1.5 in diesem Kapitel, der weitere Informationen enthält, wie Sie Hersteller von Aufnehmern zu bestimmten Größen ausfindig machen können.

1.3.1 Ohmscher Widerstand

Zur Umwandlung einer mechanischen Größe in ein analoges Signal wird häufig der elektrische Widerstand eines Leiters benutzt. Er ist von drei Größen abhängig, die auf verschiedene Weise durch mechanische Größen verändert werden können und die damit auch den Widerstand als elektrisch messbare Größe entsprechend verändern.

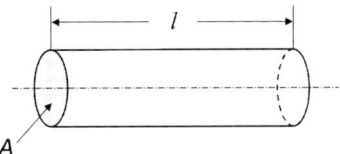

Abb. 1-4:
Widerstand eines Leiters

Der Widerstand eines elektrischen Leiters ist:

$$R = \rho \cdot \frac{l}{A} \qquad (1\text{-}3)$$

mit R = Widerstand in Ohm, l = Länge des Leiters in m, A = Querschnitt des Leiters in mm^2 und ρ = spezifischer elektrischer Widerstand in Ωmm^2/m

1.3.1.1 Potenziometeraufnehmer

Verändert man die Länge eines elektrischen Leiters durch einen verschiebbaren Abgriff, so entsteht ein passiver Aufnehmer, dessen Widerstand der abgegriffenen Länge proportional ist.

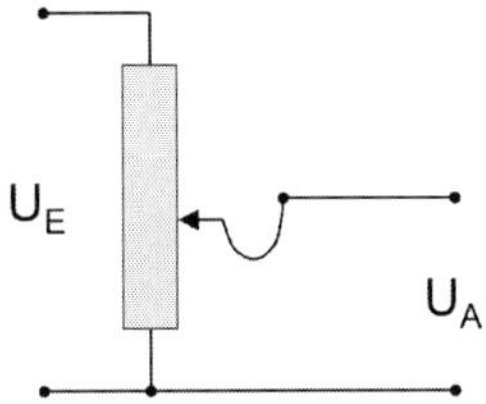

Abb. 1-5:
Schaltung eines Potenziometeraufnehmers

Kapitel 1

Anwendungen

Messung von Verschiebungen, Längenänderungen, Winkeln, Stellungsanzeige von Scheiben und Klappen, Füllstand.

Bei den Ausführungsformen unterscheidet man zwischen (veralteten) Draht-, Metallfilm- und Leitplastikpotenziometern. Insbesondere Letztere bieten gute Qualität und hohe Auflösung (ca. 100 µm) bei moderaten Preisen. Die Aufnehmer sind als Linear- oder Drehpotenziometer erhältlich, die Drehpotenziometer können auch mit einem Seilzug versehen sein. Damit lassen sich dann auch längere Wege erfassen, allerdings muss eine eingebaute Feder bzw. ein Federmotor für das „Wiederaufrollen" sorgen, sodass hier höhere Kräfte zur Erzielung des Verfahrwegs notwendig sein können.

Vorteile

Hauptvorteil des Verfahrens ist der relativ geringe Preis der Aufnehmer, hinzu kommt für einige Ausführungen die Möglichkeit des Einsatzes auch im Magnetfeld. Der Aufnehmer arbeitet mit einem absoluten Verfahren, es sind daher keine Referenzfahrten notwendig. Durch geeignete Wahl des Widerstandes ist wenig Leistung zum Betrieb erforderlich, die Spannungsversorgung ist relativ unproblematisch in guter Qualität realisierbar. Speziell bei Leitplastik sind auch hohe Auflösungen möglich.

Nachteile

Nachteilig ist, dass nur geringe Geschwindigkeiten auftreten dürfen, da sonst der Schleifer abhebt und insbesondere oszillierende Signale bzw. dem Messsignal überlagerte Störungen problematisch sind, da diese einen erhöhten Verschleiß an der Position des Schleifers verursachen. Selbst bei hochwertiger Leitplastik sollten keine Frequenzanteile über 20 Hz (max. 50 Hz) auftreten, bis zu 100 Mio. Verfahrzyklen sind jedoch bei statischen Anwendungen möglich.

Hersteller (Auswahl)

Megatron, Micro-Epsilon Messtechnik, Pewatron.

1.3.1.2 Dehnungswiderstandseffekt

Durch mechanische Beanspruchung (Dehnung) eines Widerstandsdrahtes wird seine Länge verändert und wegen der stets damit verbundenen Querdehnung auch sein Querschnitt und der spezifische Widerstand.

Grundlagen des elektrischen Messens mechanischer Größen

Für den Leiter in Abb. 1-6 gilt:

$$\frac{\Delta R}{R} = \frac{\Delta \rho}{\rho} + \frac{\Delta l}{l}(1 + 2\nu) \quad (1\text{-}4)$$

mit $k = \frac{\Delta \rho}{\rho}\frac{1}{\varepsilon} + 1 + 2\nu$ folgt

$$\frac{\Delta R}{R} = k \cdot \varepsilon \quad (1\text{-}5)$$

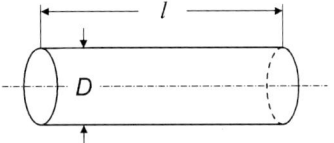

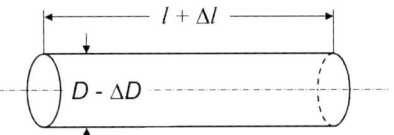

Abb. 1-6:
Dehnungswiderstandseffekt

Die häufigste Anwendung des Dehnungswiderstandseffektes ist die Messung von Dehnungen mit DMS (siehe Kapitel 2, *Grundlagen und Anwendung der Dehnungsmessstreifen-Technik*, ab Seite 43). Diese bestehen im Prinzip aus einem Draht, der zwecks besserer Handhabung auf eine Folie geklebt wurde. Beide werden möglichst dünn gewählt, damit die zur Übertragung der Dehnung von der Messstelle auf den Draht notwendigen Kräfte möglichst klein bleiben. Der Drahtdurchmesser beträgt 15 bis 20 μm, bei den heute vielfach verwendeten Folien-DMS wird ein aus einer Folie herausgeätztes Band mit einer Dicke ca. 5 μm verwendet. Der DMS muss vom Anwender selbst an der Messstelle befestigt werden, was meist durch Kleben geschieht; er wird erst hierdurch zum messfähigen Aufnehmer. Damit ist ein Teil der Sensorherstellung gewissermaßen in die Hände des Anwenders gelegt. Zwar müssen auch alle anderen Aufnehmer vom Anwender mit dem Messobjekt auf irgendeine Weise in Verbindung gebracht werden; aber im Gegensatz zum DMS sind diese Aufnehmer für sich alleine messfähig. Dehnungsmessstreifen können deshalb auch nicht individuell kalibriert werden, weil sie, einmal aufgeklebt, nicht mehr entfernt und an einem anderen Objekt befestigt werden können. Für ihre Herstellung wird meist Konstantan verwendet, wodurch der so genannte k-Faktor ungefähr 2 wird. Sie werden mit Messlängen von 0,25 mm bis 150 mm in verschiedenen Ausführungsarten geliefert. Da sie eines der wichtigsten Aufnehmerelemente zur Messung mechanischer Größen sind, werden sie in Kapitel 3, *Aufnehmer mit Dehnungsmessstreifen*, ab Seite 69 ausführlicher behandelt.

Kapitel 1

Anwendungen

Der DMS wird in zwei sehr unterschiedlichen Bereichen eingesetzt: in der experimentellen Spannungs- und Belastungsanalyse und im Aufnehmerbau. Die Bereiche sind strikt auseinander zu halten, da DMS für das jeweilige Einsatzgebiet optimiert werden und deshalb ganz unterschiedliche Eigenschaften und damit technische Daten haben. Im Aufnehmerbau findet man neben den diskret aufgeklebten DMS auch andere Verfahren: die Dickschicht- und die Dünnfilmtechnik.

Vorteile

Der DMS ist sehr klein und leicht, er stört damit das Messobjekt nicht, und er ist fast überall leicht anzubringen. Die Empfindlichkeit ist unabhängig von der Messgitterlänge, es erfolgt eine lineare Umsetzung von Dehnungen mit einem integrierenden Verfahren, einer hohen Auflösung und einer hohen Grenzfrequenz.

Nachteile

Die Widerstandsänderung ist sehr klein, daher sind empfindliche Messverstärker und entsprechende Schaltungen notwendig. Der DMS muss sorgfältig installiert werden und ist mit einer Abdeckung gegen Umgebungseinflüsse wie Feuchtigkeit zu schützen.

Hersteller (Auswahl)

Hottinger Baldwin Messtechnik (HBM), Kyowa, Vishay Micro-Measurements.

1.3.1.3 Piezoresistive Aufnehmer

Bei den piezo*resistiven* Aufnehmern (resistiv = Widerstand) werden meist Halbleiter, insbesondere Silizium, als Sensorwerkstoff benutzt. Hierbei wird nicht wie bei den Isolatoren (piezoelektrisch) eine Ladung erzeugt, sondern es wird, ähnlich wie bei den Dehnungsmessstreifen, durch mechanische Beanspruchung eine Widerstandsänderung erzeugt. Aufgrund der großen Dehnungsabhängigkeit des *spezifischen Widerstandes* von Halbleitern ergibt sich dabei eine wesentlich größere Änderung des Halbleiterwiderstandes als bei DMS, bei denen der geometrische Anteil die dominierende Rolle spielt. Aufnehmer auf der Basis des piezoresistiven Effekts werden allerdings auch häufig als DMS-Aufnehmer bezeichnet. Im Unterschied zu Aufnehmern mit DMS aus Konstantan haben piezoresistive Aufnehmer mit Halbleitern als Widerstandselement zwar ein höheres Ausgangssignal, jedoch wesentlich stärkere Temperaturabhängigkeiten, da der Widerstand von Halbleitern stark temperaturabhängig ist. In der Praxis werden insbesondere Druckaufnehmer

Grundlagen des elektrischen Messens mechanischer Größen

mit geringeren Ansprüchen an die Genauigkeit in großen Stückzahlen zu geringen Preisen nach diesem Prinzip realisiert. Durch Implementierung von Aufnehmer, Verstärker und Signalaufbereitung zusammen mit einer Temperaturkompensation auf einem Chip lassen sich allerdings auch qualitativ hochwertigere Sensoren realisieren. Eine Alternative zum Federkörper aus Silizium sind Keramik- oder Saphir-Sensoren (SOS, Silicon-on-Sapphire), die in Dünnfilm- oder Dickschichttechnik hergestellt werden.

Da der Sensor nicht zu den klassischen Sensoren für die hier besprochenen Bereiche des Messens mechanischer Größen gehört, ist ihm kein eigenes Kapitel gewidmet. Prinzip und Ausführung sowie einige Anwendungen werden in Abschnitt 7.2 von Kapitel 7, *Weitere Aufnehmerprinzipien*, ab Seite 155 behandelt.

Hersteller (Auswahl)

BD|Sensors, Druck Messtechnik, Endevco, kulite, Pressure Systems, Sensit, Sensotron.

1.3.2 Piezoelektrische Aufnehmer

Einkristalle aus bestimmten nichtleitenden Stoffen, z.B. Quarz, Turmalin oder Bariumtitanat, zeigen den sogenannten Piezoeffekt: Durch mechanische Beanspruchung entstehen an bestimmten Stellen ihrer Oberfläche elektrische Ladungen (Abb. 1-7).

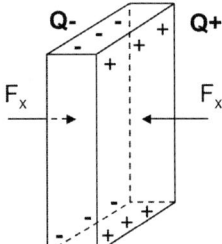

Abb. 1-7:
Piezoelektrischer
Effekt bei Quarz

Die Theorie zur Entstehung des Effektes ist kompliziert und soll hier nicht weiter behandelt werden, eine einfache Darstellung finden Sie in Kapitel 4, *Piezoelektrische Sensoren*, ab Seite 99, weitergehende Erläuterungen in der Literatur zu diesem Kapitel. Die Ladungen sind der einwirkenden Beanspruchung proportional und können so als Maß für solche mechanischen Größen dienen, die in irgendeiner Weise die Beanspruchung der Kristalle verändern, vor allem Kraft und Druck.

11

Kapitel 1

Zur Abnahme der Ladung werden die ladungstragenden Oberflächen mit leitenden Stoffen bedampft. Diese bilden dann einen Kondensator, an dem die Spannung U abgegriffen werden kann:

$$U = \frac{Q_x}{C} = \frac{k_p \cdot F_x}{C} \qquad (1\text{-}6)$$

mit Q_x = erzeugte Ladung, k_p = piezoelektrische Empfindlichkeit, F_x = aufgebrachte Kraft.

Leider entstehen bei der Beanspruchung nur *Ladungen*, die aufgrund der begrenzten Isolationswiderstände im Laufe der Zeit abklingen. Das Prinzip ist deshalb für statische Messungen nicht geeignet. Da andererseits das Aufnehmerelement sehr steif ist, sind die „Federwege" sehr klein, und es können hohe Frequenzen gemessen werden. Deshalb ist dieses Aufnehmerprinzip insbesondere für dynamische Messungen bis über 100 kHz hervorragend geeignet.

Piezoelektrische Aufnehmer sind eigentlich aktive Aufnehmer. Damit jedoch die sehr kleinen Ladungen gemessen werden können, sind spezielle „Ladungsverstärker" notwendig, die auch teils in den Aufnehmer integriert werden. Damit umgeht man die Probleme, die eine Verkabelung für den Transport von Ladungen aufwirft. Weitere Informationen sowie Anwendungsbeispiele finden Sie in Kapitel 4, *Piezoelektrische Sensoren*, ab Seite 99.

Hersteller (Auswahl)

Brüel & Kjaer, Endevco, Kistler, PCB Piezotronics.

1.3.3 Induktive Aufnehmer

Unter dem Oberbegriff „induktiv" werden üblicherweise alle Aufnehmer verstanden, bei denen die elektromagnetische Induktion eine Rolle spielt. Für die Induktivität einer Spule gilt:

$$L = \mu \cdot \mu_0 \cdot N^2 \cdot \frac{A}{l} \qquad (1\text{-}7)$$

mit μ = Permeabilität des Kerns, μ_0 = absolute Permeabilität des leeren Raums (magnetische Feldkonstante), N = Windungszahl, A = Querschnitt des Kerns und l = Länge der Spule.

Grundlagen des elektrischen Messens mechanischer Größen

Um einen Aufnehmer zu erhalten, kann nun außer μ_0 jede dieser Größen verändert werden, z.B. auch die Permeabilität des Kerns durch mechanische Verformung. Es ist allerdings auch möglich, einen Magneten in diese Spule einzuführen bzw. die Spule über einen Magneten zu bewegen. Dadurch wird in der Spule eine Spannung erzeugt, deren Höhe von der Wegänderung pro Zeiteinheit abhängt. Diese Form des *aktiven* induktiven Aufnehmers ist jedoch relativ selten, meist werden passive induktive Aufnehmer verwendet. Wie Kapitel 5, *Induktive Aufnehmer*, ab Seite 127 zeigt, gibt es auch hier die unterschiedlichsten Anwendungsformen und Ausführungen.

Hersteller (Auswahl)

Hottinger Baldwin Messtechnik, Megatron, Micro-Epsilon, MTS Sensors, Pewatron, TWK-Elektronik.

1.3.4 Kapazitive Aufnehmer

Für die Kapazität eines (Platten-)Kondensators gilt:

$$C = \varepsilon_{rel} \cdot \varepsilon_0 \cdot \frac{A}{d} \qquad (1\text{-}8)$$

mit ε_{rel} = relative Dielektrizitätskonstante, ε_0 = absolute Dielektrizitätskonstante (elektrische Feldkonstante), A = Plattenfläche und d = Abstand der Platten.

Da die Kapazität sehr einfach durch mechanische Größen verändert werden kann, lassen sich mit diesem Prinzip für viele Messaufgaben geeignete Aufnehmer bauen. Insbesondere lassen sich damit sehr kleine und sehr schnell veränderliche Größen messen und die Verwendung im Bereich hoher Temperaturen ist im Vergleich zu anderen Verfahren leichter möglich. Das Prinzip und die Anwendungen werden in Kapitel 6, *Kapazitive Aufnehmer*, ab Seite 147 behandelt.

Hersteller (Auswahl)

Capacitec, PCB Piezotronics, Pewatron, Setra.

1.3.5 Weitere Sensorprinzipien

Aus der Vielzahl der Anwendungen für optische Prinzipien werden einige sehr unterschiedliche Verfahren vorgestellt: faseroptische Sensoren, optische Verfahren mit Datenverarbeitung zur Gewinnung der relevanten Daten und die Triangulationssensoren. Auch in dieser Gruppe von Sensoren hat sich in den letzten Jahren einiges geändert, sodass bekannte Verfahren heute kostengünstiger oder mit geringeren Messunsicherheiten realisiert werden können. Einige der für das Gebiet des elektrischen Messens mechanischer Größen interessanten Anwendungen werden in Kapitel 7, *Weitere Aufnehmerprinzipien*, ab Seite 155 behandelt. Es sind jedoch zahlreiche weitere Verfahren auf dem Markt, die hier aufgrund von Platz- und Zeitmangel nicht behandelt werden können. So lassen sich z.b. Füllstände auch mit Radar- oder Echoverfahren oder über die Dämpfung radioaktiver Strahlung messen.

1.4 Vor- und Nachteile des elektrischen Messens

Vorteile des elektrischen Messens

Elektrische Messverfahren gestatten die Konstruktion sehr kleiner, mit wenig Masse behafteter Aufnehmer, die daher im Allgemeinen nur eine sehr kleine Rückwirkung auf das Messobjekt haben. Dies ist sehr wichtig, da nur dann „richtig" gemessen werden kann, wenn der zu messende Prozess nicht durch die Messung gestört wird. Heutige Messverstärker können selbst kleinste Signale aufbereiten, sodass sogar molekulare Kräfte gemessen werden können. Darüber hinaus können Fernmessungen erfolgen, der Beobachter muss sich also nicht am Ort der Messung befinden. Mit heutiger Rechnertechnik können sogar Messwerte quasi in Echtzeit über das Internet in weit entfernte Labors übertragen werden. Auch die Messung vieler Größen ist *relativ* leicht und wird durch die heute gegebenen Möglichkeiten der Datenverarbeitung auch gut handhabbar. Die meisten Verfahren bieten für die Praxis genügend hohe obere Grenzfrequenzen, sodass auch dynamische Messungen durchgeführt werden können.

Nachteile des elektrischen Messens

Leider ist der „Anfangsaufwand" für elektrische Messverfahren ist relativ hoch: Es sind nicht nur Aufnehmer, sondern auch passende Verstärker und Baugruppen zur Signalaufbereitung zu beschaffen. Um aus dem umfangreichen Angebot das Richtige aussuchen zu können, ist ein solides Grundlagenwissen notwendig. Um jedoch die Aufnehmer, Messverstärker und die meist erforderliche Software für die Auswertung richtig bedienen zu können, sind umfangreiche Fachkenntnisse erforderlich. Diese werden auch benötigt, um die Messkette kalibrieren und abgleichen zu können. Bei Langzeitmessungen muss durch erhöhten Aufwand die Nullpunktkonstanz der Messkette sichergestellt werden.

Schwerwiegender Nachteil ist in meinen Augen jedoch, dass Fehlmessungen nicht ohne Weiteres erkennbar sind, sei es, dass Aufnehmer falsch eingebaut wurden, dass defekte (überlastete) Aufnehmer verwendet werden, dass fehlerhafte Geräte eingesetzt werden oder dass bei der Planung des Versuchsablaufs ein Denkfehler gemacht wurde. Hier kann nur durch entsprechendes Know-how vorgebeugt werden: Bekannte Probleme lassen sich leichter vermeiden.

1.5 Weitere Informationen

Das kommerzielle Angebot an Aufnehmern und Messverstärkern ist mittlerweile so groß, dass der Markt kaum noch zu überblicken ist. Um Hersteller und Lieferanten für Aufnehmer für bestimmte Größen oder für den Einsatz unter besonders schwierigen Umgebungsbedingungen zu finden, z.b. sehr hohe oder tiefe Temperaturen, aggressive Medien etc., können die im Folgenden genannten Quellen dienen. Über die Hersteller von Sensoren sind dann auch Empfehlungen für die Hersteller von Geräten zur Signalverarbeitung zu bekommen, einige der im Folgenden genannten Quellen bieten auch direkt zu diesem Themenkreis weitere Informationen.

AMA Fachverband für Sensorik e.V.

Im AMA Fachverband für Sensorik (ehemals Arbeitsgemeinschaft Meßwertaufnehmer) sind viele der Hersteller von Aufnehmern sowie Firmen, die über die Technologien zur Sensorherstellung verfügen, Mitglied. Die AMA hat u. a. mehrere ständige Fachausschüsse, die in regelmäßiger Folge tagen und bietet neben einigen Periodika auch Übersichten über die von ihren Mitgliedern hergestellten Sensoren, sortiert nach Aufnehmerprinzipien oder den von den Sensoren gemessenen Größen.

AMA Fachverband für Sensorik e.V.
Sophie-Charlotten-Str. 15, 14059 Berlin
Internet: http://www.ama-sensorik.de

BAM

Die Bundesanstalt für Materialforschung und -prüfung (BAM) ist eine technisch-wissenschaftliche Bundesoberbehörde im Geschäftsbereich des Bundesministeriums für Wirtschaft und Technologie (BMWi). Die BAM organisiert regelmäßig nationale und internationale Workshops, Tagungen und Konferenzen. Außerdem arbeitet sie mit Technologie-Institutionen des In- und Auslandes eng zusammen und vertritt die Bundesregierung in nationalen und internationalen Gremien sowie in Verbänden der Prüftechnik, der analytischen Chemie und Werkstofftechnik. Darü-

Kapitel 1

ber hinaus fungiert sie als Sitz der Geschäftsstelle von einigen nationalen technisch-wissenschaftlichen Verbänden und Organisationen, z.B. des Deutschen Akkreditierungsrats (DAR).

Bundesanstalt für Materialforschung und -prüfung
Unter den Eichen 87, 12205 Berlin
Internet: http://www.bam.de

WTI-Frankfurt eG (WTI, FIZ)

Die WTI-Frankfurt eG – Wissenschaftlich-Technische Information – wurde im November 2010 aus den Mitarbeitern des ehemaligen FIZ Technik gegründet. Das Bundesministerium für Wirtschaft und Technologie (BMWi) hat der WTI-Frankfurt eG exklusiv die Nutzungs- und Verwertungsrechte für die Datenbank TEMA® Technik und Management sowie aller Fachdatenbanken der FIZ Technik übertragen. Die WTI erstellt u.a. Datenbanken zu den Fachbereichen Elektrotechnik und Elektronik sowie Maschinen- und Anlagenbau und bietet diese in elektronischer Form an. Das Ziel ist, hochwertige Fachinformationen für Wissenschaft, Forschung, Lehre und Industrie zur Verfügung zu stellen.

WTI-Frankfurt eG
Ferdinand-Happ-Straße 32, 60314 Frankfurt am Main
Internet: http://www.wti-frankfurt.de

Verein Deutscher Ingenieure e.V. (VDI)

Der VDI Verein Deutscher Ingenieure ist mit über 125 000 persönlichen Mitgliedern einer der größten technisch-wissenschaftlichen Vereine Europas. Er gilt in Deutschland als Sprecher der Ingenieurinnen und Ingenieure und der Technik sowie als eine der führenden Institutionen für die Weiterbildung und den Erfahrungsaustausch technischer Fach- und Führungskräfte. Als gemeinnützige, von wirtschaftlichen und parteipolitischen Interessen unabhängige Organisation vertritt er die berufs- und gesellschaftspolitischen Interessen der Ingenieurinnen und Ingenieure sowie der Ingenieurstudenten. Ziel seiner Arbeit ist der Transfer von Technikwissen als Dienstleistung für Ingenieure und Naturwissenschaftler, für die Unternehmen, den Staat und die Öffentlichkeit.

Verein Deutscher Ingenieure e.V.
VDI-Platz 1, 40468 Düsseldorf
Internet: http://www.vdi.de

Grundlagen des elektrischen Messens mechanischer Größen

VDE-Verband der Elektrotechnik Elektronik Informationstechnik e.V.

Der VDE-Verband der Elektrotechnik Elektronik Informationstechnik e.v. ist ebenfalls einer der großen technisch-wissenschaftlichen Verbände Europas, der auf vielen Gebieten eng mit dem VDI zusammenarbeitet. Die Tätigkeitsfelder reichen von der Forschungs-, Wissenschafts- und Nachwuchsförderung bei Schlüsseltechnologien bis zur internationalen Zusammenarbeit und dem Wissenstransfer in die Praxis; von der Erarbeitung anerkannter Regeln der Technik als nationale und internationale Normen, der Prüfung und Zertifizierung von Geräten und Systemen bis zur Publikation von Fachzeitschriften und Büchern.

> Verband der Elektrotechnik Elektronik Informationstechnik e.V.
> Stresemannallee 15, 60596 Frankfurt am Main
> Internet: http://www.vde.de

VDI/VDE-Gesellschaft Mess- und Automatisierungstechnik (GMA)

Die VDI/VDE-Gesellschaft Mess- und Automatisierungstechnik (GMA) ist eine Fachgesellschaft der beiden Ingenieurverbände Verein Deutscher Ingenieure (VDI) und Technisch-Wissenschaftlicher Verband der Elektrotechnik Elektronik Informationstechnik (VDE) mit ca. 14000 fachlich zugeordneten persönlichen Mitgliedern des VDI und des VDE. Die GMA erarbeitet technische Richtlinien und Empfehlungen, unterhält verschiedene technisch-wissenschaftliche Publikationen, auch im Vorfeld der Normung, führt Kongresse, Fachtagungen und Workshops zur Förderung des Informationsflusses über neue Verfahren und Entwicklungen durch. Daneben vertritt sie das Fachgebiet in internationalen Organisationen.

> VDI/VDE-Gesellschaft Mess- und Automatisierungstechnik
> VDI-Platz 1, 40468 Düsseldorf
> Internet: http://www.vde.com/de/fg/GMA

GESA

Die Gemeinschaft Experimentelle Strukturanalyse (GESA) ist eine Untergliederung (Fachausschuss) des Fachbereiches 2 der GMA, Sensoren und Messsysteme für die Prozessleittechnik, und beschäftigt sich mit den Methoden der experimentellen Beanspruchungsanalyse. Weitere Informationen sind über die GMA erhältlich, siehe oben.

Sonstiges

Weitere Quellen sind insbesondere Messen, sowohl die „großen" Messen wie die Hannover Messe als auch die kleineren regionalen Messen, z.B. die SENSOR +

TEST, die AEROSPACE TESTING EXPO in München oder die MessTec & Sensor Masters in Stuttgart.

Selbstverständlich sind alle renommierten Hersteller auch im Internet vertreten und können entweder direkt oder über Suchmaschinen aufgespürt werden. Daneben gibt es z.B. das Portal www.messweb.de als Anlaufstelle für weitere Recherchen.

Ein weiterer Gesichtspunkt bei der Auswahl von Komponenten einer Messkette sind Kriterien wie Zuverlässigkeit und Sicherheit. Dies gilt insbesondere für bestimmte Einsatzgebiete wie Luft- und Raumfahrt, Medizin oder bei verfahrenstechnischen Anlagen. Je nach Anwendungszweck bestehen so u.U. bestimmte Normen, die erfüllt werden müssen. Die gültigen Normen nach DIN, ISO, EN etc. können vom Beuth Verlag bezogen werden. Neben dem Beuth Verlag als zentrale Bezugsquelle für Normen, Literatur aus dem Normungsbereich und technische Regeln in Deutschland sind Normen auch in den DIN-Normen-Auslegestellen nachzulesen, eine Liste findet sich auf den Internetseiten des Beuth Verlags. In vielen größeren deutschen Städten, insbesondere denen mit Technischen Universitäten, befinden sich solche Stellen.

Beuth Verlag
Burggrafenstraße 6, 10787 Berlin
Internet: http://www.beuth.de

☞ Falls Sie eine Hochschule vor Ort haben, versuchen Sie, das Knowhow oder die Forschungskapazität dieser Einrichtung zu nutzen.

1.6 Elektrische Schaltungen für Aufnehmer

Passive Aufnehmer benötigen eine Hilfsenergie, um ein Messsignal liefern zu können. Allerdings kann diese in der Regel nicht direkt dem aktiven Element zugeführt werden, sondern es sind „Zwischenschaltungen" nötig, um zur Messung geeignete Ströme oder Spannungen zur Verfügung zu stellen. Die hierzu am häufigsten verwendete Schaltung ist die Wheatstone-Brückenschaltung, daher werden die unterschiedlichen Varianten dieser Schaltung im Folgenden ausführlich erläutert. Es stehen aber auch andere Möglichkeiten der Anbindung von Aufnehmer und Verstärker zur Verfügung, die ebenfalls in diesem Abschnitt behandelt werden.

1.6.1 Spannungsteilerschaltung

Zur Umsetzung einer Widerstandsänderung in die Änderung einer elektrischen Spannung wird vor allem für die in Abschnitt 1.3.1.1 ab Seite 7 besprochenen Potenziometeraufnehmer die Spannungsteilerschaltung benutzt.

Grundlagen des elektrischen Messens mechanischer Größen

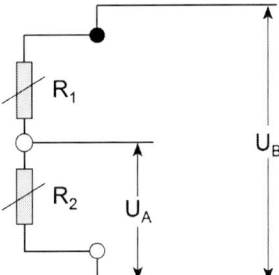

Abb. 1-8: Spannungsteilerschaltung

Mit den Bezeichnungen nach Abb. 1-8 ergibt sich für U_A:

$$U_A = U_B \cdot \frac{R_2}{R_1 + R_2} \qquad (1\text{-}9)$$

Die sich ergebenden Ausgangsspannungen sind aber nur bei großen Änderungen der Widerstände direkt messbar, wie dies typischerweise bei Potenziometersensoren der Fall ist. Für kleine Änderungen, wie sie z.B. bei DMS auftreten, ist diese Schaltung nicht verwendbar, da die Spannungsänderung nur wenige µV betragen würde.

1.6.2 Wheatstone-Brückenschaltung

1.6.2.1 Grundlagen

Kompensiert man die Ruhespannung des Spannungsteilers durch eine gleich große Gegenspannung, so lassen sich auch kleine Änderungen gut messen.

Für das Ausgangssignal der Wheatstone-Brückenschaltung U_A (Abb. 1-9) gilt:

$$U_A = U_B \cdot \left(\frac{R_1}{R_1 + R_2} - \frac{R_4}{R_3 + R_4} \right) \qquad (1\text{-}10)$$

Kapitel 1

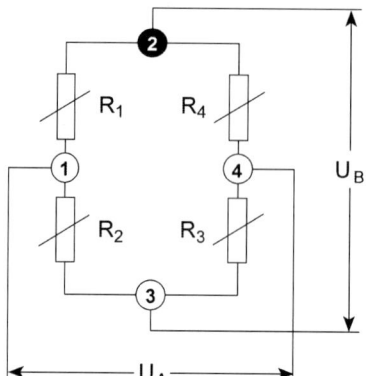

Abb. 1-9:
Wheatstone-Brückenschaltung

Falls für die Widerstände R_1 bis R_4 gilt

$$\frac{R_1}{R_2} = \frac{R_4}{R_3} \qquad (1\text{-}11)$$

so wird $U_A = 0$. Wird jetzt in einem Brückenzweig der Widerstand geringfügig verändert, so ergibt sich eine deutlich messbare Ausgangsspannung. Solange die Änderung des Widerstandes klein gegenüber dem Ausgangswiderstand ist, gilt:

$$\frac{U_A}{U_B} = \frac{1}{4}\left(\frac{\Delta R_1}{R_1} - \frac{\Delta R_2}{R_2} + \frac{\Delta R_3}{R_3} - \frac{\Delta R_4}{R_4}\right) \qquad (1\text{-}12)$$

Solange die „Belastung" durch die nachfolgende Schaltung nicht zu groß ist, erhält man so die Ausgangsspannung als direktes Maß für die Widerstandsänderung eines oder mehrerer Brückenzweige. Dies ist für die heutigen Messverstärker mit Eingangswiderständen bis in den Megaohmbereich mit Sicherheit erfüllt. Ein Vorteil der Schaltung ist, dass durch die unterschiedlichen Vorzeichen der einzelnen Brückenzweige Signale sowohl addiert als auch subtrahiert werden können. In der Praxis wird dies für zwei unterschiedliche Ziele verwendet:

1. Kompensation unerwünschter Signalkomponenten.
2. Kompensation von Temperatureffekten.

Kompensation unerwünschter Signalkomponenten

Dieser Effekt wird an Abb. 1-10 deutlich: Solange die Kraft F_1 an der Biegefeder angreift, ergeben sich sowohl an den DMS auf der Oberseite als auch den DMS an der Unterseite positive Dehnungen. Wird DMS 1 in Brückenzweig 1 und DMS 2 in

Grundlagen des elektrischen Messens mechanischer Größen

Brückenzweig 2 geschaltet (R_1 und R_2 in Abb. 1-9), so werden die Signale kompensiert, das Ausgangssignal ist null.

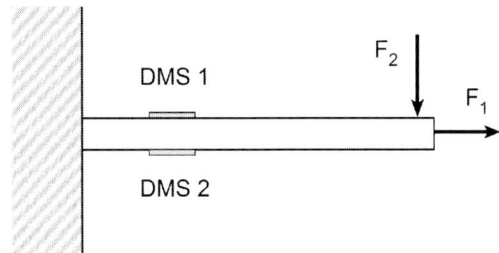

Abb. 1-10:
Biegefeder mit DMS
in Längsrichtung auf
Ober- und Unterseite

Wirkt dagegen eine Kraft F_2 auf die Biegefeder, so ergeben sich oben auf der Biegefeder eine positive Dehnung und unten eine negative Dehnung. Die negative Dehnung im negativen Brückenzweig wird jedoch als positives Signal angezeigt, genauso wie die positive Dehnung auf der Oberseite; in der Summe ergibt sich damit ein doppelt so großes Signal.

Kompensation von Temperatureffekten

Ein ähnlicher Effekt wird zur Kompensation von Temperatureinflüssen verwendet (Abb. 1-11). Bei dieser Schaltung werden nicht nur Dehnungen durch Biegemomente eliminiert, auch Dehnungen aufgrund von Wärmedehnungen des Materials werden dadurch kompensiert, dass sie überall auf der Biegefeder identisch sind, in der Brücke jedoch in den Zweigen 1 (plus) und 2 (minus) liegen.

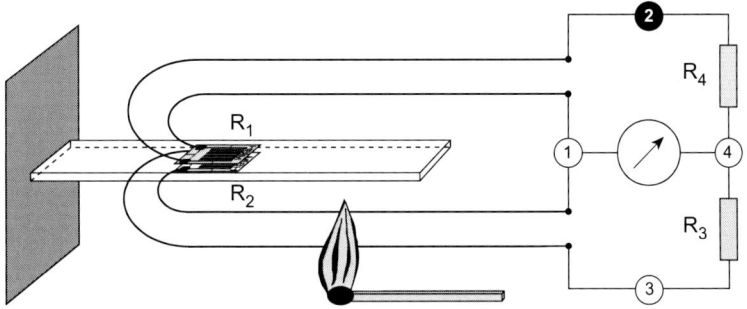

Abb. 1-11: Kompensation der Wärmedehnung eines Materials

21

Kapitel 1

Vor allem in der DMS-Literatur finden sich zahlreiche Hinweise über die verschiedenen Möglichkeiten von DMS-Orientierung am Objekt und Verschaltung in den Brückenzweigen (siehe auch Abschnitt 1.6.2.2 ab Seite 22).

Die Wheatstone-Brückenschaltung arbeitet sowohl mit Gleich- als auch mit Wechselspannung, daher lassen sich auch andere als rein ohmsche Brückenzweige verwenden, siehe Abb. 1-12.

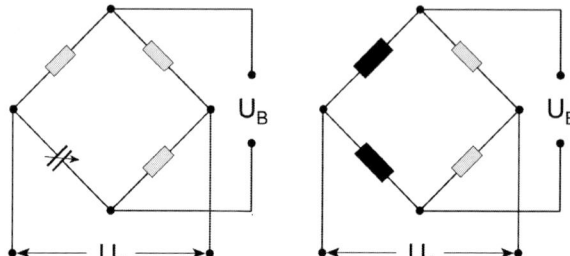

Abb. 1-12:
Brückenschaltung
für kapazitive und
induktive Sensoren

1.6.2.2 Anwendungsformen der Wheatstone-Brücke

Obwohl die Wheatstone-Brückenschaltung immer mit vier Brückenzweigen verwendet wird, spricht man von unterschiedlichen Schaltungen, je nachdem wie viele der Zweige „aktiv" sind. Während im Aufnehmerbau *immer* Vollbrücken verwendet werden, um ein möglichst großes Ausgangssignal zu erhalten, werden in der experimentellen Spannungsanalyse sehr unterschiedliche Schaltungen verwendet. Hinzu kommt, dass ein wesentlicher Nachteil der Wheatstone-Brückenschaltung, der Einfluss der Zuleitungen, heute in der Regel durch elektronische Schaltungen kompensiert werden kann, sodass in der Praxis eine ganze Reihe unterschiedlicher Schaltungsvarianten zur Verfügung stehen. Die Unterschiede zwischen diesen Schaltungen werden im Folgenden erläutert.

Grundlagen des elektrischen Messens mechanischer Größen

Anschluss in Vollbrückenschaltung

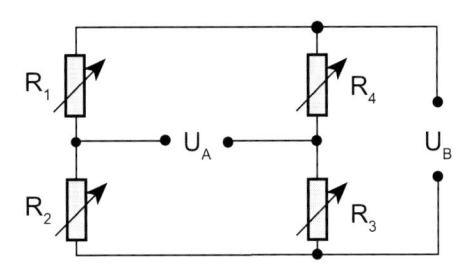

Abb. 1-13: DMS-Vollbrücke

Die Vollbrückenschaltung wird vor allem im Aufnehmerbau verwendet. Dabei können auch mehrere DMS pro Brückenzweig vorhanden sein, allerdings erhöht dies das Ausgangssignal nicht. Je nach Installationsstelle und Verschaltung ergeben sich Brückenfaktoren (Multiplikationsfaktoren gegenüber einem einzelnen DMS) zwischen ca. 1,4 und 4.

Anschluss in Viertelbrückenschaltung (1/4-Brücke)

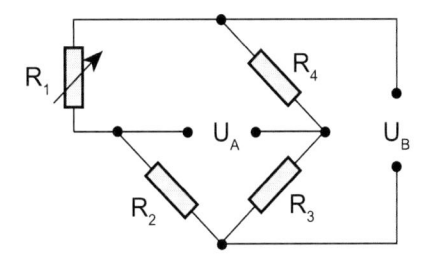

Abb. 1-14: DMS-Viertelbrücke

Die Viertelbrücke ist die klassische Schaltung der experimentellen Spannungsanalyse. Allerdings kann sie so eigentlich nur im Labor angewandt werden, da eine Temperaturänderung am Objekt nur teilweise kompensiert wird (siehe hierzu Abschnitt 2.3.4 ab Seite 52). Auch in der hier dargestellten Form des Anschlusses mit nur zwei Leitungen kann sie nur in Ausnahmefällen verwendet werden, siehe dazu den Abschnitt „Anschluss eines DMS mit zwei Leitungen" und folgende ab Seite 32.

Kapitel 1

Anschluss in Halbbrückenschaltung(1/2-Brücke)

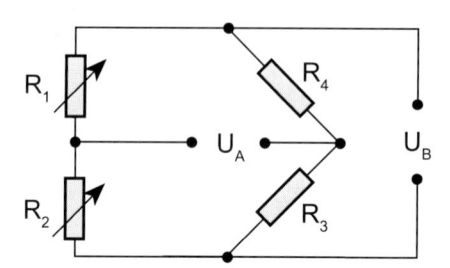

Abb. 1-15: DMS-Halbbrücke

Die Halbbrückenschaltung mit zwei aktiven DMS ist eher ein Sonderfall, da hier positive und negative Dehnungen gleicher Amplitude benötigt werden. In der Variante mit einem aktiven DMS in Brückenzweig 1 und einem „passiven" DMS, der den Temperaturgang des Objektes kompensiert, ist diese Schaltung eine in der experimentellen Spannungsanalyse häufig verwendete Form. Sie ermöglicht es, mit einem DMS die durch Belastung des Bauteils hervorgerufene Dehnung zu messen (R_1) und gleichzeitig die durch Temperaturgang hervorgerufene Dehnung des Bauteils zu kompensieren (R_2). Eine solche Temperaturkompensation ist bei allen Messungen außerhalb des Labors zwingend, bei größeren Temperaturänderungen muss die Kompensation auch im Labor verwendet werden. Allerdings wird heute vielfach trotzdem in einer Viertelbrückenschaltung (Abb. 1-14) gemessen, da meist viele DMS bzw. Messgitter gemessen werden müssen. Die Kompensation wird dann über eine weitere Viertelbrücke (zusätzlicher Kanal) rechnerisch durchgeführt, d.h. über Software. Damit lassen sich viele DMS(-Messgitter) mit einem einzigen Kompensations-DMS temperaturkompensieren.

Die Zweiviertelbrückenschaltung (2/4-Brücke)

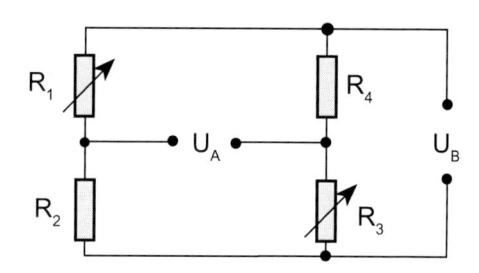

Abb. 1-16: DMS-Zweiviertelbrücke

Grundlagen des elektrischen Messens mechanischer Größen

Diese Schaltung ist eher unüblich. Ein Vorteil wäre, dass das Ausgangssignal doppelt so hoch ist wie mit einem einzigen DMS. Allerdings erfolgt keine Temperaturkompensation, d.h., der Temperatureffekt ist ebenfalls doppelt so hoch. Daher kann diese Schaltung höchstens im Labor bei konstanter Temperatur verwendet werden.

Übersicht

Einen Überblick über verschiedene DMS-Installations- und Verschaltungsvarianten zeigen Abb. 1-17 und Abb. 1-18. Dabei sind auch nicht sinnvolle Anordnungen/Verschaltungen, um die Konsequenzen falscher Verschaltung oder Klebung aufzuzeigen.

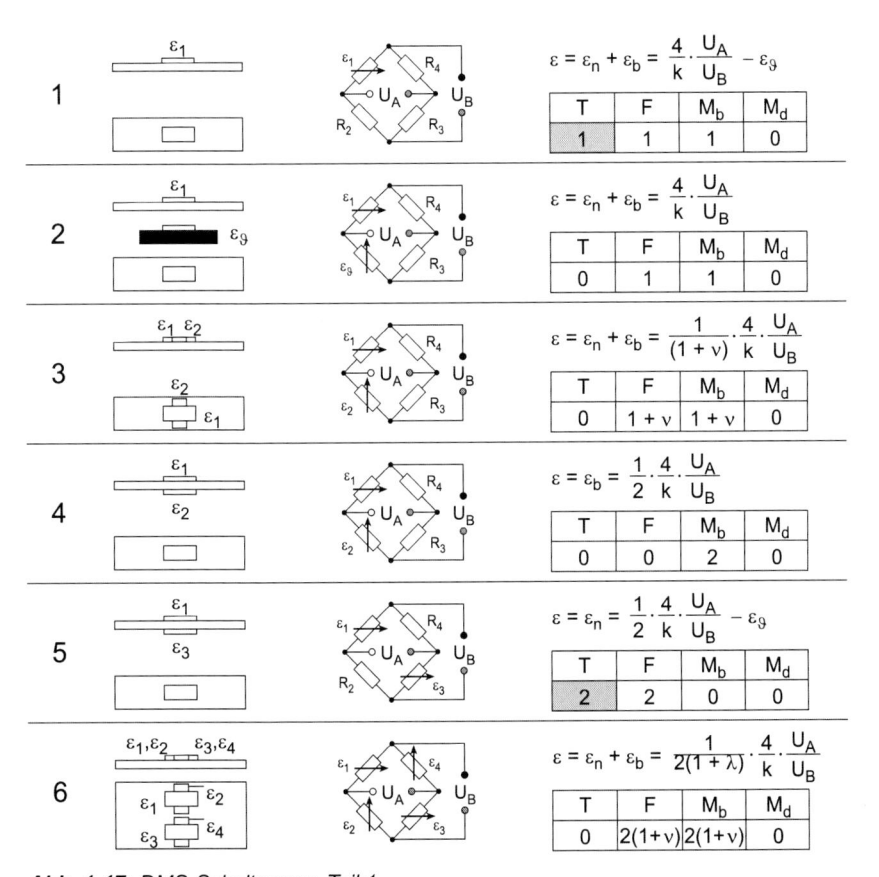

Nr.	Installation	Schaltung	Formel	T	F	M_b	M_d
1	ε_1	$\varepsilon_1, R_4, R_2, R_3$	$\varepsilon = \varepsilon_n + \varepsilon_b = \frac{4}{k} \cdot \frac{U_A}{U_B} - \varepsilon_9$	1	1	1	0
2	$\varepsilon_1, \varepsilon_9$	$\varepsilon_1, R_4, \varepsilon_9, R_3$	$\varepsilon = \varepsilon_n + \varepsilon_b = \frac{4}{k} \cdot \frac{U_A}{U_B}$	0	1	1	0
3	$\varepsilon_1, \varepsilon_2, \varepsilon_2, \varepsilon_1$	$\varepsilon_1, R_4, \varepsilon_2, R_3$	$\varepsilon = \varepsilon_n + \varepsilon_b = \frac{1}{(1+\nu)} \cdot \frac{4}{k} \cdot \frac{U_A}{U_B}$	0	$1+\nu$	$1+\nu$	0
4	$\varepsilon_1, \varepsilon_2$	$\varepsilon_1, R_4, \varepsilon_2, R_3$	$\varepsilon = \varepsilon_b = \frac{1}{2} \cdot \frac{4}{k} \cdot \frac{U_A}{U_B}$	0	0	2	0
5	$\varepsilon_1, \varepsilon_3$	$\varepsilon_1, R_4, R_2, \varepsilon_3$	$\varepsilon = \varepsilon_n = \frac{1}{2} \cdot \frac{4}{k} \cdot \frac{U_A}{U_B} - \varepsilon_9$	2	2	0	0
6	$\varepsilon_1,\varepsilon_2 \; \varepsilon_3,\varepsilon_4$; $\varepsilon_1, \varepsilon_2, \varepsilon_3, \varepsilon_4$	$\varepsilon_1, \varepsilon_4, \varepsilon_2, \varepsilon_3$	$\varepsilon = \varepsilon_n + \varepsilon_b = \frac{1}{2(1+\lambda)} \cdot \frac{4}{k} \cdot \frac{U_A}{U_B}$	0	$2(1+\nu)$	$2(1+\nu)$	0

Abb. 1-17: DMS-Schaltungen, Teil 1

Kapitel 1

7

$$\varepsilon = \varepsilon_n = \frac{1}{2} \cdot \frac{4}{k} \cdot \frac{U_A}{U_B}$$

T	F	M_b	M_d
0	2	0	0

8

$$\varepsilon = \varepsilon_b = \frac{1}{4} \cdot \frac{4}{k} \cdot \frac{U_A}{U_B}$$

T	F	M_b	M_d
0	0	4	0

9

$$\varepsilon = \varepsilon_b = \frac{1}{2} \cdot \frac{4}{k} \cdot \frac{U_A}{U_B}$$

T	F	M_b	M_d
0	0	2	0

10

$$\varepsilon = \varepsilon_b = \frac{1}{2(1-\nu)} \cdot \frac{4}{k} \cdot \frac{U_A}{U_B}$$

T	F	M_b	M_d
0	0	$2(1-\nu)$	0

11

$$\varepsilon = \varepsilon_b = \frac{1}{2(1+\nu)} \cdot \frac{4}{k} \cdot \frac{U_A}{U_B}$$

T	F	M_b	M_d
0	0	$2(1+\nu)$	0

12

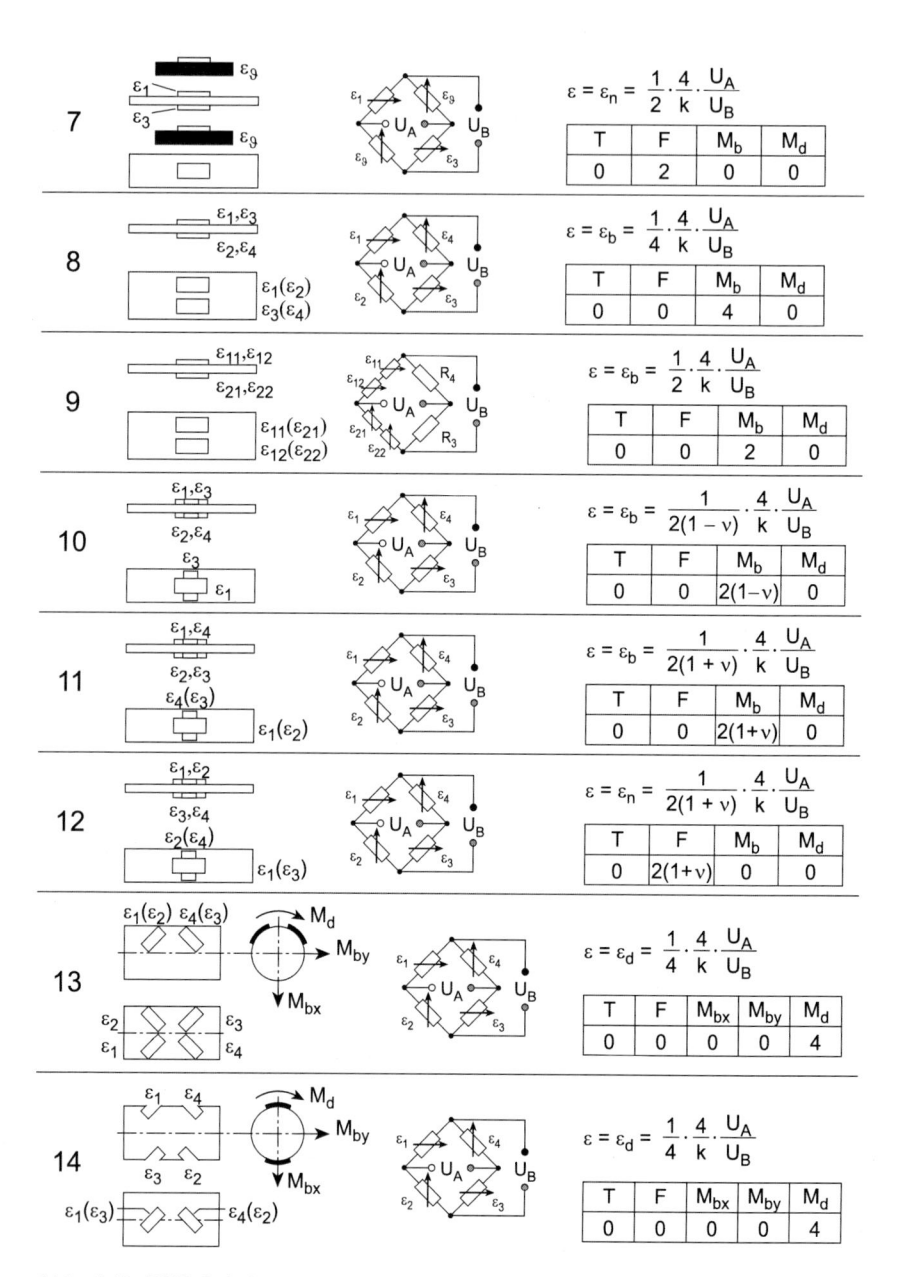

$$\varepsilon = \varepsilon_n = \frac{1}{2(1+\nu)} \cdot \frac{4}{k} \cdot \frac{U_A}{U_B}$$

T	F	M_b	M_d
0	$2(1+\nu)$	0	0

13

$$\varepsilon = \varepsilon_d = \frac{1}{4} \cdot \frac{4}{k} \cdot \frac{U_A}{U_B}$$

T	F	M_{bx}	M_{by}	M_d
0	0	0	0	4

14

$$\varepsilon = \varepsilon_d = \frac{1}{4} \cdot \frac{4}{k} \cdot \frac{U_A}{U_B}$$

T	F	M_{bx}	M_{by}	M_d
0	0	0	0	4

Abb. 1-18: *DMS-Schaltungen, Teil 2*

Grundlagen des elektrischen Messens mechanischer Größen

Anschluss einer Vollbrücke mit vier Leitungen (4-Leiterschaltung)

In diesem Fall wird die Brückenschaltung an zwei Eckpunkten mit dem Generator, d.h. der Speisespannung, verbunden, die anderen zwei Eckpunkte liefern das Ausgangssignal.

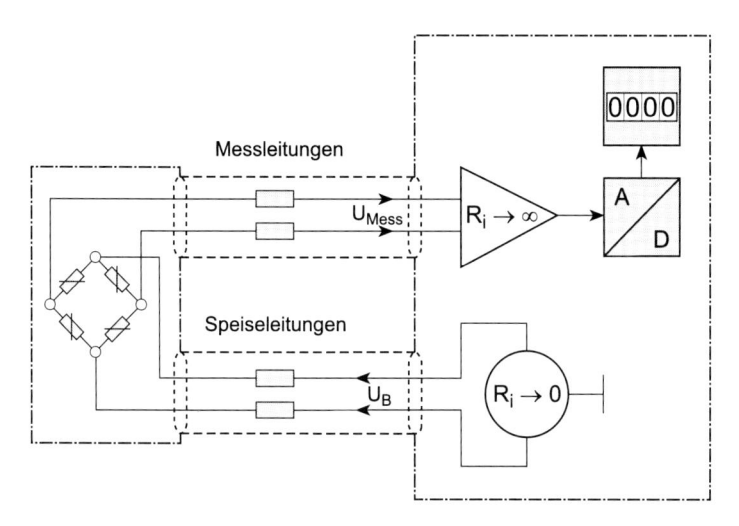

Abb. 1-19: *Anschluss einer Vollbrücke mit 4 Leitungen, der ohmsche Widerstand der Leitungen ist bereits eingezeichnet*

Wenn Sie schon einmal eine Messung ohne Verlängerungskabel und danach mit einem längeren Anschlusskabel in dieser Konfiguration gemacht haben, ist Ihnen vielleicht der Effekt von Beispiel 1-1 aufgefallen.

Beispiel 1-1

Kalibriergerät 350 Ω mit einem Kalibriersignal von 2 mV/V.

Der Messverstärker wird mit dem direkt angeschlossenen Kalibriergerät auf eine Anzeige von 1000 bei 2 mV/V abgeglichen.

Danach wird ein 50 m langes Kabel (2x2x0,14mm^2) zwischen den Verstärker und das Kalibriergerät geschaltet und wieder um 2 mV/V verstimmt.

☞ Die Anzeige beträgt nur noch 965.

Die Erklärung für den Verlust liefert Abb. 1-19: Der Widerstand der Speiseleitung verursacht einen Spannungsabfall. Dadurch erhält der Aufnehmer bzw. das Kalibriergerät weniger Spannung als vom Generator vorgesehen. Weil der Verstärkereingang hochohmig ist, ergibt sich nur bei der Speiseleitung ein Verlust. Die Höhe

27

Kapitel 1

des Verlustes ist abhängig vom Kabelwiderstand, der sich aus der Länge und dem Querschnitt des Kabels ergibt.

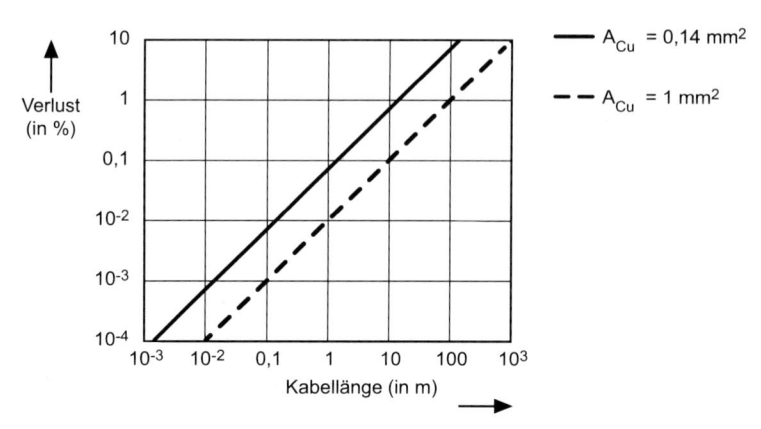

Abb. 1-20: *Empfindlichkeitsminderung als Funktion des Leitungsquerschnitts und der Kabellänge bei einem Brückenwiderstand von 350 Ω*

Um den Effekt von Querschnittsänderungen zu demonstrieren, zwei Beispiele.

Beispiel 1-2

50 m Kabel (2 x 2 x 0,14 mm^2), Brückenwiderstand 350 Ω.

☞ Es entsteht ein Verlust von 3,5% (siehe auch Abb. 1-21 auf Seite 30).

Beispiel 1-3

50 m Kabel (2 x 2 x 1 mm^2), Brückenwiderstand 350 Ω.

☞ Diesmal ergibt sich ein Verlust von 0,5%.

Wie Sie in Abb. 1-20 sehen, spielt sowohl die Länge des Kabels als auch sein Querschnitt für mögliche Messfehler eine Rolle. Eine Abschätzung ist durch Berechnung der auftretenden Widerstände möglich. Beachten Sie aber, dass der Kabelwiderstand aufgrund von Fertigungstoleranzen des Durchmessers streut. Für ein handelsübliches Kabel der Länge *l* ergibt sich:

$$R_{Kabel} = \frac{2 \cdot l \cdot (0,0175 \Omega mm^2/m)}{\text{Querschnitt in mm}^2} \tag{1-13}$$

Daraus folgt ein Verlust und damit relativer Fehler von

Grundlagen des elektrischen Messens mechanischer Größen

$$F_{rel} = \frac{R_{Kabel}}{R_{Kabel} + R_{Brücke}} \qquad (1\text{-}14)$$

Bei genauer Betrachtung der Ergebnisse werden Ihnen noch zwei weitere Punkte auffallen:

1. Der Kabelwiderstand ist keine konstante Größe, sondern ändert sich mit der Temperatur (α = 0,004/K). Das bedeutet, dass bei steigender Temperatur der Widerstand des Kabels größer wird.
2. Auch der Widerstand der Brücke spielt eine Rolle.

Beispiel 1-4

50 m Kabel (2 x 2 x 0,14 mm^2), Brückenwiderstand 350 Ω, Temperaturbereich -10 °C ... +40 °C.

Die Änderung des Kabelwiderstandes ΔR_k errechnet sich zu

$$\Delta R_k = 12,5\,\Omega \cdot 0,004\frac{1}{K} \cdot 50K = 2,5\,\Omega$$

☞ Daraus folgt eine Änderung des Verlustes durch Temperaturgang um mehr als 0,6 %.

Beispiel 1-4 zeigt, dass bei größeren Temperaturschwankungen und längeren Kabeln keine hochpräzisen Messungen mit normaler Anschalttechnik möglich sind. Hier muss eine andere Anschlussart, z. B. die 6-Leitertechnik verwendet werden (siehe folgenden Abschnitt). Für die DMS-Messtechnik in der experimentellen Spannungsanalyse ist der Verlust u. U. noch tolerierbar; speziell bei größeren Querschnitten und nicht allzu langen Kabeln ergeben sich nur kleine Abweichungen (Beispiel 1-5), die bei Messungen mit DMS eventuell vernachlässigt werden können.

Beispiel 1-5

50 m Kabel (2 x 2 x 1 mm^2), Brückenwiderstand 120 Ω, Temperaturbereich -10 °C ... +40 °C.

☞ Verlust (absolut, aber kalibrierbar) 1,4 %.

☞ Verluständerung 0,3 %.

Ein weiterer, bis jetzt noch nicht betrachteter Punkt ist der Widerstand des Aufnehmers bzw. der Anschlusswiderstand des Kalibriergerätes. Der Standardwiderstandswert für DMS-Aufnehmer beträgt 350 Ω, in der experimentellen Spannungsanalyse werden meist DMS mit 120 Ω verwendet. Daher sind Kalibriergeräte

Kapitel 1

sowohl für 350Ω als auch für 120Ω erhältlich. Wie die Gleichung 1-14 zeigt, muss dieser Widerstandswert ebenfalls in die Berechnung des Verlustes eingehen.

Beispiel 1-6

Kalibriergerät 120Ω, Kalibriersignal 2mV/V, Kabel 50m (2 x 2 x 0,14 mm²)
Zunächst Anzeige auf 1000 abgleichen, dann Kalibriergerät 350Ω anschließen und Signal 2mV/V einstellen.
☞ Die Anzeige ist 1028.

Es entsteht also eine zu hohe Anzeige! Der Zusammenhang zwischen dem Kabelwiderstand und dem Brücken- bzw. DMS-Widerstand ist in Abb. 1-21 noch einmal grafisch dargestellt. Die vollständige Erklärung für die Effekte durch den Kabelwiderstand lautet also: Durch den Spannungsabfall auf der Speiseleitung entsteht ein Verlust, dessen Höhe nicht nur abhängig ist vom Kabelwiderstand (Länge und Querschnitt), sondern auch von der Höhe des Stromes durch das Kabel. Das wiederum hängt von der Höhe des Lastwiderstandes ab, also ob ein 120Ω- oder 350Ω-Kalibriergerät (oder eine DMS-Brücke) verwendet wird. Bei 120Ω (kleiner Widerstand) ergibt sich ein (relativ) großer Strom und damit ein hoher Verlust, der durch Kalibrierung und Justierung eliminiert werden kann. Ändert sich jedoch der Aufnehmerwiderstand (in Beispiel 1-6 bei der zweiten Messung 350Ω, also großer Widerstand), so wird auch der Strom kleiner und damit bei gegebenem Kabel der Verlust ebenfalls. Deshalb stimmt die Anzeige nicht mehr, sie ist – in diesem Beispiel – zu hoch.

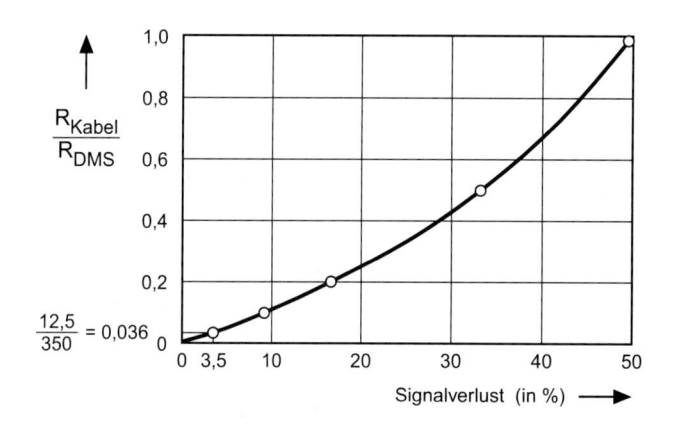

Abb. 1-21: *Signalverlust über dem Widerstandsverhältnis von Kabel zu Brücke*

Grundlagen des elektrischen Messens mechanischer Größen

Anschluss einer Vollbrücke mit sechs Leitungen (6-Leiterschaltung)

Um die im letzten Anschnitt gezeigten Fehlermöglichkeiten zu vermeiden und die Handhabung von Aufnehmern zu vereinfachen, werden seit vielen Jahren am Markt fast ausschließlich DMS-Aufnehmer und Messverstärker mit einer speziellen Schaltung angeboten, der 6-Leiterschaltung. Das Prinzip ist aus Abb. 1-22 ersichtlich: Der Spannungsabfall auf den Speiseleitungen wird über Fühlerleitungen und hochohmige Eingänge am Messverstärker erfasst und daraufhin die Speisespannung am Ausgang des Verstärkers so lange nachgeregelt, bis die Soll-Speisespannung auch wirklich am Aufnehmer anliegt. Dies hat mehrere Vorteile:

- Die Kabelverluste werden ausgeregelt, eine Erfassung über den Abgleich mit einem Kalibriergerät ist nicht notwendig.
- Alle Änderungen des Kabelwiderstandes z.B. aufgrund von Temperaturänderungen werden automatisch mit ausgeregelt.
- Der Wert des Brückenwiderstandes des Aufnehmers ist beliebig, da das Verhältnis von Kabel- zu Brückenwiderstand keine Rolle spielt.
- Wie in Kapitel 8, *Messverstärker*, gezeigt, bringt die 6-Leiterschaltung auch Vorteile für Messungen mit Trägerfrequenz, da C-Abgleich und Referenzphaseneinstellung bei geeigneter Ausführung des Messverstärkers entfallen können.

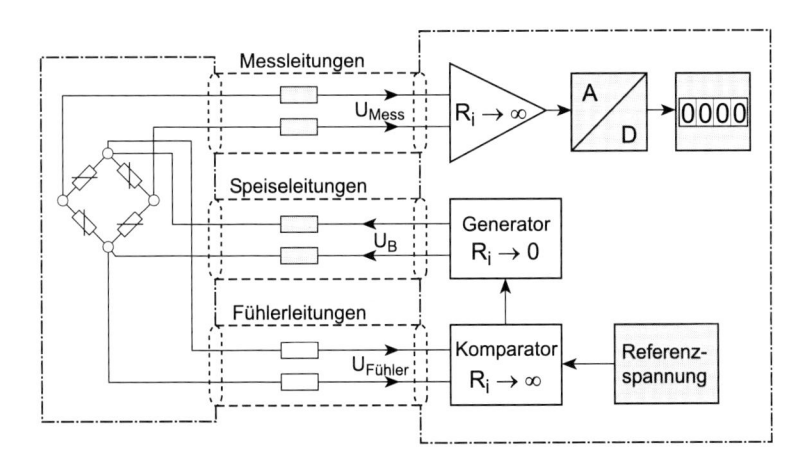

Abb. 1-22: Aufnehmer und Messverstärker in 6-Leiterschaltung

Dies alles sind Gründe, warum bei Messungen im Aufnehmerbereich ausschließlich die 6-Leitertechnik verwendet wird. Wie in Beispiel 1-4 gezeigt, kann sich bei

Kapitel 1

Temperaturen zwischen -10 °C und +40 °C durchaus ein Fehler von 0,6% ergeben. Dies ist natürlich nicht zu vertreten, wenn Aufnehmer mit Gesamtfehlern von 0,1% oder kleiner verwendet werden.

Anschluss eines DMS mit zwei Leitungen

Dies ist im Prinzip die einfachste Methode, einen einzelnen DMS in der Wheatstone-Brückenschaltung zu verwenden. Allerdings kann diese Schaltung (Abb. 1-23) nur in Ausnahmefällen verwendet werden: Die Zuleitungen zum DMS liegen *im* Brückenzweig, gehen also in die Messung noch stärker mit ein als bei den bisher behandelten Schaltungen. In der Praxis ergeben sich drei mögliche Probleme:

1. Die Zuleitungswiderstände verringern das Signal, es gibt einen Verlust.
2. Der Verlust ist aufgrund von Temperaturschwankungen, die den Kabelwiderstand ändern, nicht konstant.
3. Der Kabelwiderstand ist so groß, dass der Nullabgleichbereich des Messverstärkers nicht mehr ausreicht.

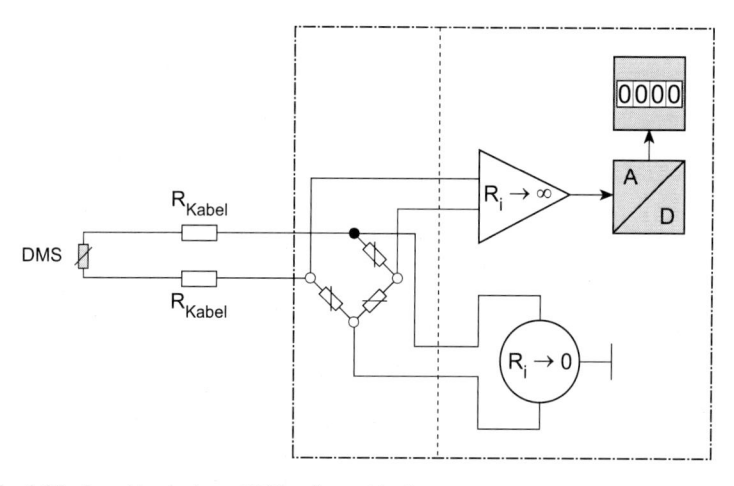

Abb. 1-23: Anschluss eines DMS mit zwei Leitungen

Punkt 1 ist bei nicht allzu langen Leitungen meist nicht problematisch, da der Verlust durch eine Kalibrierung und Justierung ausgeglichen werden kann. Auch Punkt 2 ist bei etwas dickeren und nicht allzu langen Leitungen, z.B. 1 mm^2 und 5 bis 15 m, nicht so gravierend. Außerdem liegt die Messunsicherheit bei DMS-Messungen in der Regel im Prozentbereich, sodass Abweichungen unter 0,1% oft als

Grundlagen des elektrischen Messens mechanischer Größen

nicht weiter störend betrachtet werden. Der letzte Punkt kann allerdings eine Messung verhindern: Angenommen, das Kabel habe einen Querschnitt von $0{,}14\,mm^2$ und eine Länge von 5 m, so ergibt sich nach Gleichung 1-13 auf Seite 28 ein Widerstand von $1{,}25\,\Omega$, der jetzt zusätzlich in einem Brückenzweig liegt und damit eine starke Unsymmetrie bewirkt. Dieser Widerstand entspricht für einen DMS mit $120\,\Omega$ einer Dehnung von über $5000\,\mu m/m$ bzw. einem Ausgangssignal der Brücke von über $2\,mV/V$. Damit ist bei einigen Messverstärkern der Aussteuerungsbereich bereits überschritten und ein Nullabgleich nicht mehr möglich. Deshalb ist diese Schaltungsart nur bei sehr kurzen und dickeren Kabeln sinnvoll.

Anschluss eines DMS mit drei Leitungen: 3-Leiterschaltung

Die im obigen Beispiel entstehende Unsymmetrie der Brückenzweige lässt sich durch die 3-Leiterschaltung (Abb. 1-24) verhindern.

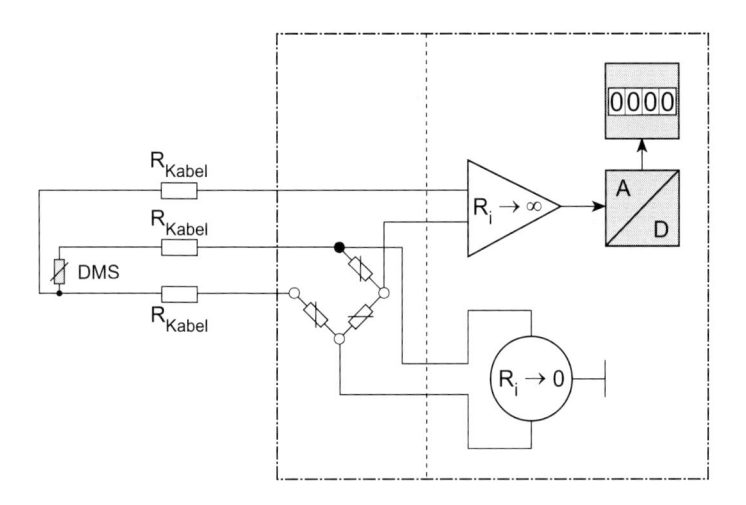

Abb. 1-24: Prinzip der 3-Leiterschaltung

Hier wird der Eingang des Messverstärkers direkt mit dem DMS verbunden, d.h. für den Verstärker liegt ein Teil des Kabelwiderstandes in Brückenzweig 1 und der andere in Zweig 2. (Der Widerstand im Kabel zum Verstärker spielt keine Rolle, da hier aufgrund des hochohmigen Eingangs praktisch kein Strom fließt.) Die Schaltung hat darüber hinaus den Vorteil, dass bei Temperaturschwankungen des Kabels der Nullpunkt stabil bleibt, da die Widerstandsänderungen des Kabels sowohl im Zweig 1 als auch im Zweig 2 auftreten und sich damit kompensieren.

Kapitel 1

Nachteilig ist allerdings, dass bedingt durch den Kabelwiderstand ein Signalverlust auftritt, der über einen Abgleich des Verstärkers eliminiert werden muss. Auch ist nach wie vor eine Temperaturabhängigkeit des Signals gegeben, allerdings ist der Effekt in der Praxis oft vernachlässigbar.

Beispiel 1-7

DMS mit 120Ω, 5m Kabel mit 0,14mm^2 in 3-Leiterschaltung, Temperaturbereich -10°C ... +40°C.
Die Änderung des Kabelwiderstandes ΔR_k errechnet sich zu

$$\Delta R_k = 1{,}25\Omega \cdot 0{,}004\frac{1}{K} \cdot 50K = 0{,}25\Omega$$

Der absolute Verlust beträgt daher rund 1%. Gemessen wird $\Delta R/R$, d.h. für 1000μm/m = 0,24Ω folgt für die Verstimmung

$$V = \frac{0{,}24}{121{,}25}$$

Wenn sich nun die Temperatur gegenüber dem Abgleich um 20°C erhöht oder erniedrigt, so verändert sich gleichfalls der Widerstand R, es folgt daher

$$V = \frac{0{,}24}{121{,}25 + 0{,}125} = \frac{0{,}24}{121{,}375}$$

Die Differenz zwischen diesen beiden Verstimmungen entspricht dem Verlust durch Temperaturänderung.

Der absolute Verlust von 1% kann mit einer Kalibrierung, z.B. mit Shunt, ermittelt und abgeglichen werden. Die Änderung des Kabelwiderstandes wird für den Nullpunkt über die Brückenschaltung ausgeglichen, allerdings wird eine Dehnung von z.B. 1000μm/m nicht immer gleich angezeigt, sondern je nach Temperatur unterschiedlich: Falls der Abgleich bei 20°C stattgefunden hat, so werden bei 40°C nur noch 999μm/m angezeigt. Ein Fehler dieser Größenordnung ist jedoch meist zu vernachlässigen.

Anschluss eines DMS mit drei Leitungen: geregelte 3-Leiterschaltung

Im vorherigen Beispiel musste der absolute Verlust noch durch eine Kalibrierung ermittelt werden. Einige Verstärker bieten daher an, über eine dritte Leitung den Verlust des Kabels zu messen, mit zwei zu multiplizieren (es sind ja zwei Kabel in der Brücke) und zu kompensieren. Um dieses Verfahren, das ebenfalls mit drei Leitungen arbeitet, von der 3-Leiterschaltung abzuheben, wird es meist als geregelte 3-Leiterschaltung bezeichnet (Abb. 1-25). Bei Kabellängen bis zu einigen 10 Metern arbeitet diese Schaltung in der Regel zufriedenstellend, allerdings ist zu berücksichtigen, dass Unsymmetrien im Kabel zu Fehlern führen, da der Effekt in nur einem Kabel gemessen und auf beide Leitungen „hochgerechnet" wird.

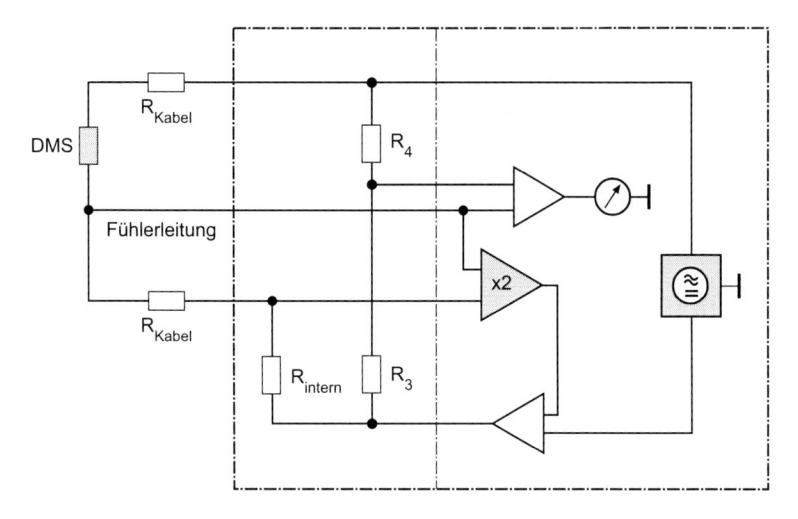

Grundlagen des elektrischen Messens mechanischer Größen

Abb. 1-25: Geregelte 3-Leiterschaltung

Anschluss eines DMS mit vier Leitungen: geregelte 4-Leiterschaltung

Wenn eine vollständige Kompensation aller Kabeleffekte für einen einzeln angeschalteten DMS gewünscht wird, so muss mit vier Leitungen gearbeitet werden. Um diese Schaltung nicht mit der einfachen Vollbrückenschaltung zu verwechseln, wird auch oft von der geregelten 4-Leiterschaltung gesprochen. Dabei kann mit entsprechender Elektronik eine aktive Kompensation aller Einflüsse und Verluste erreicht werden (Abb. 1-26 auf Seite 36). Eine solche Schaltung ist allerdings meist erst bei Leitungslängen über 10m notwendig, wenn der Aufwand für Abgleich und Justierung von Messverstärkern entsprechend hoch wird. In allen anderen Fällen kann mit einer der 3-Leiterschaltungen gearbeitet werden.

In allen Fällen der 3-Leiterschaltung ist zu beachten, dass nur der Einfluss der Leitungen berücksichtigt wurde, der Einfluss von Temperatur auf DMS und Objekt ist hierbei nicht berücksichtigt, bei der 4-Leiterschaltung wird nur der Einfluss der Temperatur auf die Leitungen berücksichtigt. Wie in Kapitel 2, *Grundlagen und Anwendung der Dehnungsmessstreifen-Technik*, in Abschnitt 2.3.3 ab Seite 51 gezeigt wird, empfiehlt sich bei Temperaturänderungen am Objekt jedoch eine Schaltung aus zwei DMS, die den Temperaturgang des Objektes kompensieren. Daher sind die oben angeführten Schaltungen in der Regel auf den Einsatz im Labor beschränkt. Sobald eine Messung mit DMS vor Ort nötig ist, wird man eine Halbbrücke verwenden.

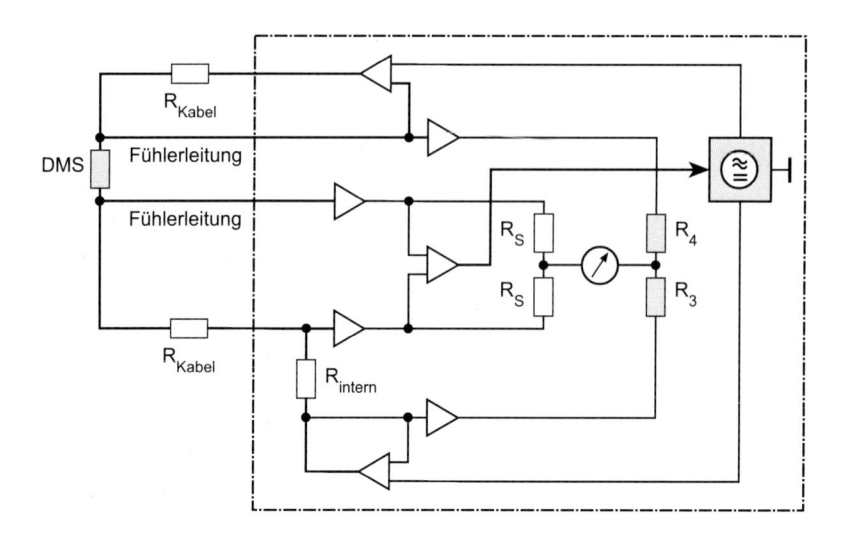

Abb. 1-26: *Geregelte 4-Leiterschaltung zur fehlerfreien Anschaltung von Einzel-DMS*

Anschluss einer Halbbrücke mit drei Leitungen

Beim Anschluss einer Halbbrücke mit drei Leitungen ergibt sich das gleiche Problem wie bei einer Vollbrücke mit vier Leitungen: Der Widerstand der Zuleitungen führt zu Verlusten. Die Schaltung eignet sich daher nur für sehr kurze oder dickere Leitungen, bei denen der Effekt klein genug bleibt. Die Beispiele für die Vollbrücke gelten hier in ähnlicher Form, allerdings ist bei Halbbrücken der Fehler nur halb so groß, da der Brückenwiderstand nur halb so groß ist.

Anschluss einer Halbbrücke mit fünf Leitungen (6-Leiterschaltung)

Dies entspricht dem normalen Anschluss von Aufnehmern mit allen Vorteilen, die die elektronische Regelung bietet: kein Verlust durch Leitungswiderstände, kein Effekt von Temperaturänderungen. Durch die Halbbrücke werden auch die Effekte der Temperaturänderung des Objektes kompensiert (Abschnitt 2.3.3 ab Seite 51), sodass dies die Standardschaltung für alle Messungen mit Temperaturänderungen darstellt. Ob dabei zwei aktive DMS verwendet werden oder – wie meist in der experimentellen Spannungsanalyse – ein aktiver DMS und ein zweiter identischer DMS, der auf das gleiche Material geklebt ist, aus dem auch das Prüfobjekt besteht, ist für die Funktion unerheblich.

Grundlagen des elektrischen Messens mechanischer Größen

Anschluss einer Halbbrücke mit acht Leitungen

Dieser Anschluss stellt einen Sonderfall der geregelten 4-Leiterschaltung dar. Wie oben ausgeführt, werden in der experimentellen Spannungsanalyse häufig zwei DMS verwendet, um Temperaturänderungen des Objektes kompensieren zu können. Falls dabei mit Umschaltanlagen gearbeitet wird (Abschnitt 9.2.3 ab Seite 193), so werden nicht alle DMS gleichzeitig gemessen. Andererseits sollen oft mehrere hundert Messstellen erfasst werden. Dies bedingt einen großen Aufwand bei der Installation von DMS, da ja für jede Messstelle zwei DMS benötigt werden. Falls nun die DMS räumlich nicht allzu weit auseinanderliegen, kann *ein* DMS zur Kompensation des Temperatureffektes *mehrerer* Messstellen verwendet werden. In diesem Fall können auch die letztlich in einer Brücke zusammengeschalteten DMS mit je vier Leitungen angeschlossen werden.

Das Verfahren hatte früher eine große Bedeutung, da in der Vielstellenmesstechnik eine Reduzierung des Installationsaufwandes nur auf diese Weise möglich war. Seit der Verfügbarkeit leistungsfähiger PCs steht eine Alternative zur Verfügung: Der „Kompensations-DMS" wird mit einem separaten Kanal gemessen und über den PC rechnerisch von den Dehnungswerten der aktiven (unkompensierten) Kanäle abgezogen. Dabei können dann im Gegensatz zu Umschaltanlagen auch dynamische Messungen erfolgen.

1.6.2.3 Vor- und Nachteile der Wheatstone-Brücke

Als Vorteile sind die hohe Empfindlichkeit und die Möglichkeit des Ausgleichs von mechanischen und thermischen Störgrößen am wichtigsten. Aber auch die Tatsache, dass sowohl Gleich- als auch Wechselspannung und damit nicht nur resistive, sondern auch kapazitive oder induktive Brückenzweige verwendet werden können, hat zu der breiten Anwendung der Wheatstone-Brückenschaltung geführt. Für die Hersteller von Aufnehmern lassen sich leicht noch Erweiterungen zur Kompensation weiterer Aufnehmereffekte wie z.B. Temperaturgang des Endwertes aufgrund der Änderung des E-Moduls einfügen.

Nachteilig ist allerdings, dass durch die Zuleitungen Fehler entstehen können. So gehen die kapazitiven, induktiven und ohmschen Parameter der verwendeten Kabel in die Messung mit ein. Um diesbezügliche Messabweichungen zu verhindern, sind jedoch heute, wie in Abschnitt 1.6.2.2 in diesem Kapitel erläutert, elektronische Schaltungen üblich, die den entsprechenden Verlust erfassen und korrigieren.

Kapitel 1

1.6.3 Speisung mit Konstantstrom

Eine Alternative zur Wheatstone-Brückenschaltung ist die Speisung von resistiven Sensorelementen mit Konstantstrom. Bei Messungen mit der Wheatstone-Brückenschaltung muss die Speisespannung konstant gehalten werden, während sich der Strom entsprechend den Widerstandsänderungen verändert. Hält man im Gegensatz hierzu den Strom i konstant, so gilt für die Änderung des Spannungsabfalls ΔU an einem Widerstand R bei einer Widerstandsänderung ΔR

$$\Delta U = i \cdot \Delta R \tag{1-15}$$

Verwendet man zwei Stromquellen, die jeweils einen konstanten Strom i liefern, und schaltet man die Widerstände R_1 und R_2 so, dass sich die an ihnen abfallenden Spannungen U_1 und U_2 aufheben (Abb. 1-27), so gilt

$$\Delta U = U_1 - U_2 = i(R_1 - R_2) \tag{1-16}$$

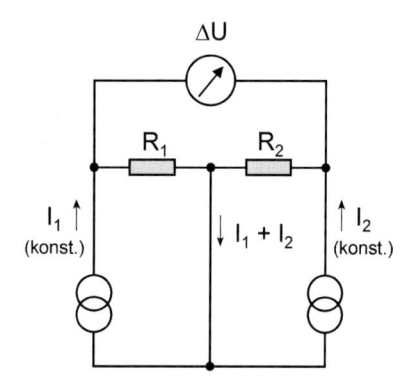

Abb. 1-27:
Konstantstromverfahren

Ist $R_1 = R + \Delta R$ und $R_2 = R$, so gilt

$$\Delta U = i \cdot R \cdot \frac{\Delta R}{R} = i \cdot R \cdot k \cdot \varepsilon \tag{1-17}$$

Diese schon lange bekannte Schaltung kann neben der Brückenschaltung ebenfalls verwendet werden. Allerdings erfordert die Realisierung zwei identische Gleich- oder Wechselstromquellen und ist daher technologisch aufwendiger als eine (einzige) Spannungsquelle.

Grundlagen des elektrischen Messens mechanischer Größen

Vorteile

Streng lineare Beziehung zwischen ΔU und ΔR, auch für sehr große ΔR; deshalb ist eine Messung ohne vorherigen Abgleich der Fertigungstoleranzen des Widerstandes von DMS möglich. Änderungen der Leitungswiderstände beeinflussen die Messung nicht, da i = konst. unabhängig von den vorhandenen Leitungswiderständen gehalten wird. Die Widerstände der Leitungen zur Messung von ΔU beeinflussen dieses nicht, da sie in Reihe geschaltet sind mit dem sehr hohen Eingangswiderstand eines Digitalvoltmeters o. ä.

Nachteile

Leider unterliegen die Zuleitungen wie auch bei der Wheatstone-Brückenschaltung nicht nur ohmschen, sondern auch kapazitiven und induktiven Einflüssen, die hier ebenfalls stören (vgl. Abschnitt 10.5 ab Seite 229). Da zur Speisung meist konstanter Gleichstrom, keine Wechselstromspeisung, verwendet wird, kann die Schaltung in der Regel nur für ohmsche Aufnehmer verwendet werden. Eine Störunterdrückung wie bei Trägerfrequenz ist dann nicht möglich.

1.6.4 Messketten mit Frequenzmessung (Schwingkreis)

Bei Aufnehmern, die mit kapazitiven oder induktiven Prinzipien arbeiten, kann als Alternative zur Wheatstone-Brückenschaltung auch ein Schwingkreis aufgebaut werden, der den Aufnehmer als frequenzbestimmendes Glied enthält (Abb. 1-28).

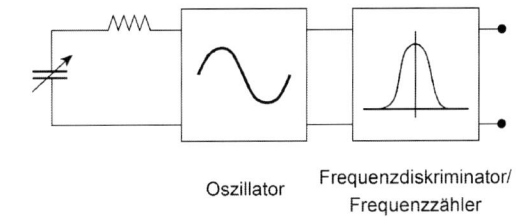

Abb. 1-28:
Schwingkreis (Oszillator) mit Aufnehmer als frequenzbestimmendem Glied

Oszillator   Frequenzdiskriminator/ Frequenzzähler

Anstelle der in Abb. 1-28 eingezeichneten veränderlichen Kapazität kann auch die Induktivität veränderbar sein. Der Vorteil dieser Anschaltung ist, dass die Information über die zu messende Größe in der Frequenz enthalten ist, die sich leicht und direkt digital messen lässt, sodass die A/D-Wandlung eines analogen Signals entfällt. Je nach verwendeter Oszillatorfrequenz können damit auch schnelle Signale im Bereich von einigen 10 kHz bis über 500 kHz gemessen werden.

Problematisch ist allerdings, dass auch die Kapazitäten und Induktivitäten der Zuleitung in die Messung mit eingehen. Daher müssen entweder

- Schaltungen gewählt werden, bei denen eine Änderung parasitärer Kapazitäten oder Induktivitäten keine große Rolle spielen, da sie nur Bruchteile der aktiv an der Messung beteiligten ausmachen

oder

- Schaltungen mit aktiver Kompensation gewählt werden. Zum Beispiel können die Kabel mit einer Abschirmung versehen werden, die über einen Verstärker auf dem gleichen Signalpegel gehalten wird. Damit kann zwischen Kabel und Schirm kein elektrisches Feld mehr entstehen und der Aufnehmer muss nicht mehr direkt im Schwingkreis sitzen. Allerdings sind auch hier die maximalen Kabellängen auf wenige Meter beschränkt, da die Kapazitäten und Induktivitäten des Kabels durch diesen „Trick" nicht verschwinden.

Deshalb wird bei dieser Schaltung häufig der Schwingkreis in den Aufnehmer integriert und nur das Frequenzsignal an eine nachfolgende Signalverarbeitung oder Auswertung übertragen. Dies ist relativ unproblematisch, da die Amplitude praktisch keine Rolle mehr spielt, nur die Frequenz muss messbar sein. Falls hohe Amplituden verwendet werden, ist eine solche Übertragung auch unempfindlich gegen Störungen und Einstrahlung.

1.6.5 Ladungsverstärker

Die breite Anwendung piezoelektrischer Aufnehmer in der Praxis ergab sich erst mit der Einführung des Ladungsverstärkers durch den Physiker Walter P. Kistler. Bei diesem Verstärker kann die Kabelkapazität weitgehend vernachlässigt werden. Die untere Grenzfrequenz piezoelektrischer Messketten ist nun nicht mehr wie beim Elektrometerverstärker durch die Isolationswiderstände bestimmt, sondern hängt in erster Linie von den sehr geringen Leckströmen des Ladungsverstärkers ab. Quasistatische Kalibrierungen von Quarzaufnehmern wurden erst dadurch ermöglicht.

Der Ladungsverstärker ist im Prinzip ein Integrierverstärker. Er integriert den Eingangsstrom $i = dQ/dt$, der durch die Ladungsänderung am Quarzaufnehmer entsteht. Verwirklicht wird er durch einen kapazitiv gegengekoppelten Verstärker mit hohem Isolationswiderstand am Eingang und hoher Leerlaufverstärkung.

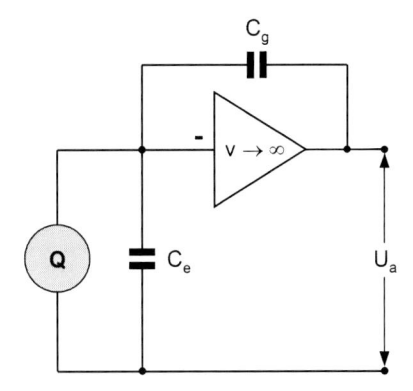

Grundlagen des elektrischen Messens mechanischer Größen

Abb. 1-29:
Prinzip eines Ladungsverstärkers;
Q = Ladung, die von der idealen Ladungsquelle erzeugt wird, C_e = Kapazität von Aufnehmer, Kabel und Verstärkereingang, C_g = Gegenkopplungskapazität, v = Spannungsverstärkung.

Aus dem Ersatzschaltbild für den Ladungsverstärker mit Ladungsquelle und Kabel (Abb. 1-29) lässt sich der Zusammenhang zwischen der Ladung Q am Aufnehmer und der Verstärkerausgangsspannung u_a ableiten.

$$u_a = -\frac{Q}{C_g\left(1+\frac{1}{v}\right) + C_e \cdot \frac{1}{v}} \quad (1\text{-}18)$$

für $v \gg 1$ kann man näherungsweise schreiben

$$u_a = -\frac{Q}{C_g} \quad (1\text{-}19)$$

Damit ist u_a unabhängig von der Kabelkapazität und ist direkt proportional zur erzeugten Ladung Q.

Kapitel 1

2 Grundlagen und Anwendung der Dehnungsmessstreifen-Technik

K. Gehrke

2.1 Einleitung

Dehnungsmessstreifen dienen in erster Linie zur Messung von Dehnungen. Sie wandeln eine mechanische Dehnung in ein elektrisches Signal und erlauben so das elektrische Messen mechanischer Größen. Im allgemeinen Sprachgebrauch bezeichnet man mit Dehnung eine Verlängerung eines Körpers. Für eine Verkürzung wird meist der Begriff Stauchung verwendet. Die Technik benutzt Dehnung für beide Erscheinungen und unterscheidet sie durch das Vorzeichen:

Verlängerung = positive Dehnung,

Stauchung = negative Dehnung.

Dehnungen entstehen als Folge der Einwirkung von Kraft, Druck, Drehmoment, aber auch durch Temperaturänderung. In der experimentellen Spannungsanalyse wird aus der am Bauteil gemessenen Dehnung die Spannung im Werkstoff ermittelt. Damit wird dann die Haltbarkeit und Sicherheit des Teils bewertet.

Ein Sonderfall ist die Messung von Eigenspannungen. Dies ist mit DMS nur möglich, wenn das Bauteil so verändert wird, dass die Eigenspannungen ausgelöst werden. Aus der Rückfederung in den spannungsfreien Zustand kann man berechnen, welche Eigenspannung vor der Veränderung im Bauteil herrschte.

Das zweite große Anwendungsgebiet von DMS ist der Bau von Aufnehmern. DMS-Aufnehmer sind für jede mechanische Größe realisierbar, die sich mithilfe eines Federkörpers in eine Dehnung umwandeln lässt. Häufig angewendet werden DMS-Aufnehmer für Kraft, Gewicht, Druck und Drehmoment.

Ein weiteres Anwendungsgebiet von DMS ist die Bestimmung des thermischen Ausdehnungskoeffizienten in der Materialprüfung.

DMS bieten bei richtiger Anwendung viele Vorteile. So lassen sich Temperaturänderungen und überlagerte Störgrößen kompensieren. Mit DMS lassen sich Dehnungen bis zu ±100000 µm/m messen bei Temperaturen von -269 bis +250 °C. Es lassen sich statische und dynamische Signale messen. Die obere Grenzfrequenz der DMS ist bis heute nicht bekannt. Sie liegt mit Sicherheit oberhalb von 4 MHz.

Kapitel 2

2.2 Grundlagen und Wirkungsweise von DMS

Für die Beurteilung der Haltbarkeit eines Bauteils ist es wichtig zu wissen, welche Spannungen bei bestimmten Belastungen im Werkstoff auftreten. Diese Spannungen sind aber direkt nicht messbar. Mit DMS kann man die Dehnung messen und daraus die Spannung ermitteln.

2.2.1 Das hookesche Gesetz

Im Jahre 1678 fand Robert Hooke heraus, dass ein bestimmter Zusammenhang besteht zwischen der auftretenden Dehnung und der Spannung im Werkstoff. Er formulierte das später nach ihm benannte Gesetz:

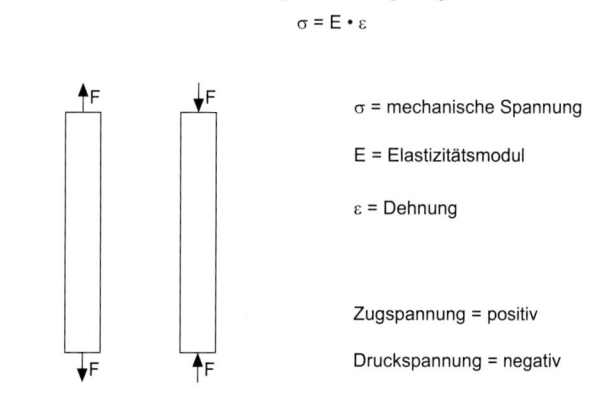

im einachsigen Spannungsfall gilt:

$$\sigma = E \cdot \varepsilon$$

σ = mechanische Spannung

E = Elastizitätsmodul

ε = Dehnung

Zugspannung = positiv

Druckspannung = negativ

Abb. 2-1:
Das hookesche Gesetz

Allerdings ist das hookesche Gesetz nur gültig bis zur Proportionalitätsgrenze, das heißt im rein elastischen Bereich. Oberhalb der Proportionalitätsgrenze kann man zwar die Dehnung mit DMS messen, aber man kann nicht einfach die Spannung nach der genannten Formel ausrechnen.

Grundlagen und Anwendung der Dehnungsmessstreifen-Technik

Spannung σ

Fließbeginn

Proportionalitätsgrenze

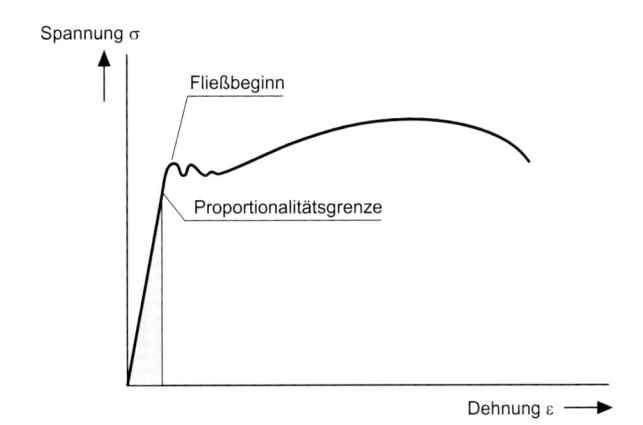

Abb. 2-2:
Spannungs-Dehnungs-Diagramm

Dehnung ε ⟶

2.2.2 Die Dehnung

Die Dehnung ist eine reine Verhältnisgröße und hat eigentlich keine Maßeinheit. Da aber die Längenänderung ΔL sehr viel kleiner ist als die Ausgangslänge L_0 entsteht für die reine Verhältnisgröße meist ein Zahlenwert mit sehr vielen Nachkommastellen. Deshalb wird meist für die Längenänderung µm benutzt, und so entsteht die Einheit der Dehnung als µm/m. In amerikanisch beeinflusster Literatur wird oft statt µm/m der Ausdruck „µε" benutzt. Diese Mischung aus Formelzeichen und Einheit sollte man möglichst vermeiden.

$$\varepsilon = \frac{\Delta L}{L_0}$$

ΔL in m
L_0 in m

ε ist eine Verhältnisgröße

Da ΔL sehr klein ist, wird 10^{-6} = µm benutzt

Abb. 2-3:
Die Maßeinheit der Dehnung

$[\varepsilon]$ = µm/m

Bei Werkstoffkundlern ist Prozent als Einheit der Dehnung sehr beliebt. In der Messtechnik wird das Ergebnis üblicherweise zusammen mit der „Genauigkeit" in Prozent angegeben. Um Verwechslungen und Fehldeutungen zu vermeiden, sollte man deshalb Prozent (%) nicht als Einheit der Dehnung verwenden.

Kapitel 2

2.2.3 Der Thomson-Versuch

Im Jahre 1856 fand William Thomson (später geadelt als Lord Kelvin) heraus, dass ein elektrischer Leiter seinen Widerstand ändert, wenn man ihn dehnt.

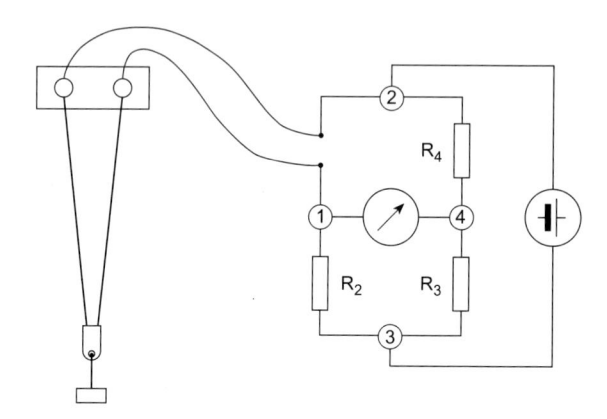

Abb. 2-4:
Thomson-Versuch

Dieser Effekt ist das Grundprinzip der Dehnungsmessstreifen. Die relative Widerstandsänderung $\Delta R/R$ ist proportional zur Dehnung ε. Fügt man einen Proportionalitätsfaktor k ein, erhält man die Grundgleichung der Dehnungsmessstreifen.

$$\frac{\Delta R}{R} \sim \frac{\Delta l}{l}$$

$$\frac{\Delta R}{R} \sim \varepsilon$$

$$\boxed{\frac{\Delta R}{R} = k \cdot \varepsilon}$$

Abb. 2-5:
Grundgleichung der DMS

Der Proportionalitätsfaktor k ist vom Material des elektrischen Leiters und dessen Vorbehandlung abhängig. Deshalb wird bei der Herstellung von DMS für jedes Fertigungslos der k-Faktor experimentell bestimmt und auf der Verpackung angegeben.

2.2.4 Die Erfindung des DMS

Im Jahre 1938 fasste Prof. Ruge am MIT die bekannten Effekte zusammen und erfand den Dehnungsmessstreifen. Für seine Forschungstätigkeit musste er dynamische Messungen an Modellen auf einem Rütteltisch durchführen. Für diese Art der Messung war keine der bereits vorhandenen Dehnungsmesseinrichtungen geeignet, und so musste er einen neuen Weg suchen. So entstanden die ersten DMS.

Mit dem freien Draht (Thomson-Versuch) ließen sich nur positive Dehnungen messen. Mit dem angeklebten DMS lassen sich positive und negative Dehnungen erfassen. Bei Untersuchungen mit DMS findet man eine durchgängige gerade Kennlinie für den positiven und den negativen Dehnungsbereich.

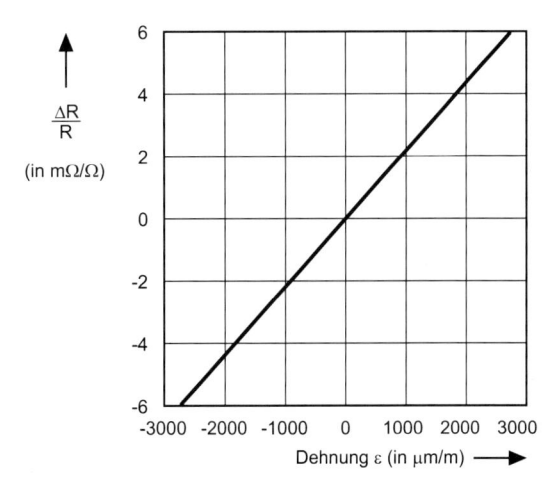

Abb. 2-6:
Kennlinie eines DMS
mit Konstantan-Messgitter

2.2.5 Folien-DMS

Heute enthalten DMS üblicherweise eine Metallfolie als Messelement. Diese Metallfolie wird auf eine Schichtstärke von 3 bis 5 µm ausgewalzt. Eine Seite der Folie wird mit einem flüssigen Kunststoff beschichtet. Dieser wird fest und bildet die Trägerfolie für den DMS.

Kapitel 2

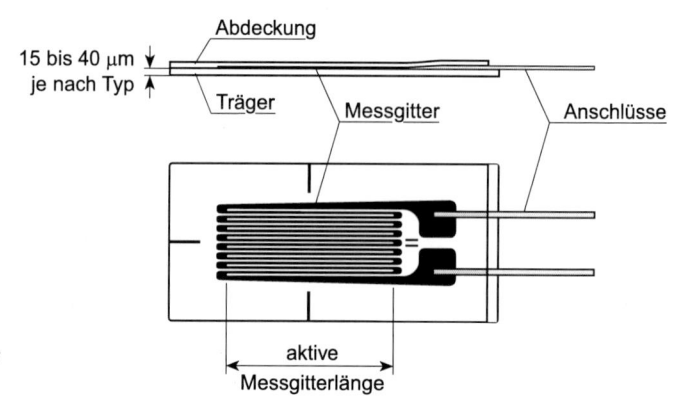

Abb. 2-7:
Aufbau eines Folien-DMS

(15 bis 40 μm je nach Typ; Abdeckung, Träger, Messgitter, Anschlüsse, aktive Messgitterlänge)

Die andere Seite der Metallfolie wird mit einer lichtempfindlichen Schicht versehen und diese unter einem fotografischen Negativ belichtet. An den Stellen, an denen Licht durch das Negativ tritt, wird die lichtempfindliche Schicht gehärtet. Im Entwicklungsvorgang werden alle nicht gehärteten Stellen entfernt. Anschließend wird eine Ätzflüssigkeit aufgebracht und alles freiliegende Metall weggeätzt. Nach dem Entfernen der gehärteten Teile der lichtempfindlichen Schicht ist der DMS prinzipiell fertig, er kann noch mit Anschlussbändchen und einer Schutzabdeckung versehen werden.

Mit DMS können statische Signale gemessen werden (Thomson-Versuch) aber auch dynamische (Ruge). Mehrfach wurde versucht, die maximale mit DMS messbare Signalfrequenz zu bestimmen. Dazu wollte man mechanisch ein Dehnungssignal erzeugen, das für den DMS nicht mehr korrekt messbar war. Aus dem Unterschied zwischen mechanischem Signal und DMS-Signal hätte man dann die Grenzfrequenz bestimmen können. Für diese Untersuchungen hat man Stoßwellen verwendet. Um die Stoßzeit und damit die Signalanstiegszeit möglichst kurz zu halten, hat man extrem glatt polierte Oberflächen aneinanderstoßen lassen, um mechanisch Signalfrequenzen von 4 bis 6 MHz zu erzeugen. Die angebrachten DMS haben diese Signale korrekt gemessen.

Bis heute hat niemand mechanische Signale erzeugt, die für DMS zu schnell waren. Daher ist die Grenzfrequenz für DMS noch nicht bekannt.

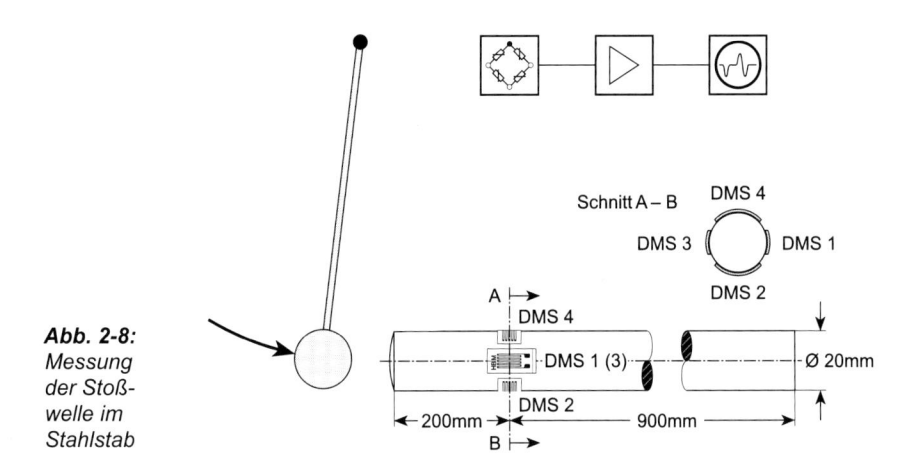

Grundlagen und Anwendung der Dehnungsmessstreifen-Technik

Abb. 2-8:
Messung der Stoßwelle im Stahlstab

Auch Dauerschwinguntersuchungen wurden für DMS durchgeführt. Das Ergebnis zeigt einen typischen Kurvenverlauf, wie er auch bei anderen Bauteilen auftritt. Wenn eine bestimmte Größe der Dauerschwingamplitude nicht überschritten wird, sind DMS dauerfest.

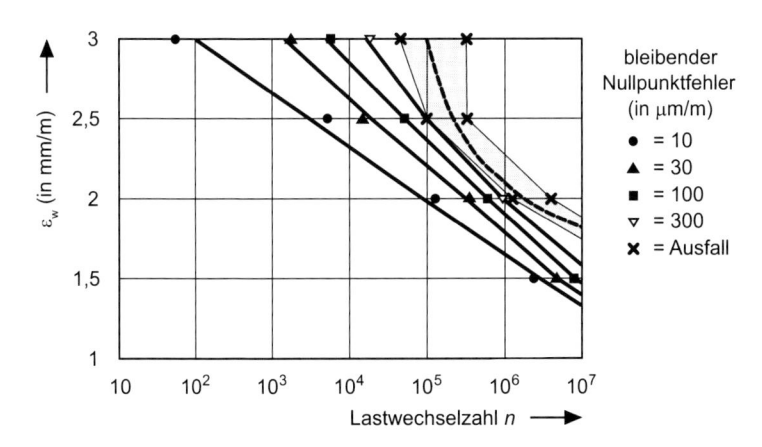

Abb. 2-9: *Dauerschwingdiagramm von DMS*

2.3 Die Wheatstone-Brücke

Die Brückenschaltung wurde 1843 durch Sir Charles Wheatstone erfunden. Sie erlaubt den Vergleich unbekannter Widerstände mit bereits bekannten. Zusätzlich

49

bietet sie die Möglichkeit, sehr kleine Widerstandsänderungen zu messen. Dies ist für die DMS-Technik von großer Bedeutung. Ein Beispiel soll dies verdeutlichen: Wenn ein DMS mit einem Widerstand von 120Ω und mit dem k-Faktor 2,00 um 1 µm/m gedehnt wird, entsteht eine Widerstandsänderung von 0,24 Milliohm. Eine derartige Widerstandsänderung ist ohne Brückenschaltung praktisch nicht messbar.

2.3.1 Darstellung und Wirkungsweise

Die Rhombus-Form (links) ist die übliche Darstellung der Brückenschaltung, die auch in der Literatur meist zu finden ist. Die Abbildung daneben ist die gleiche elektrische Schaltung, für manche jedoch leichter verständlich.

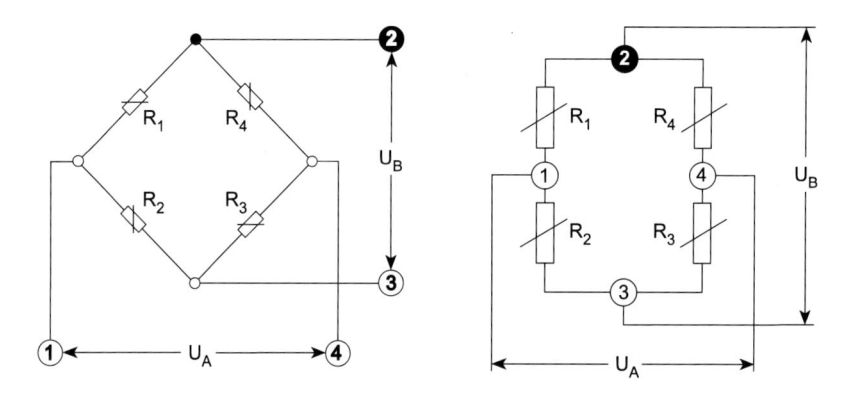

Abb. 2-10: *Darstellungsweisen der Wheatstone-Brücke*

Die Brückenarme, auch Zweige genannt, werden durch die Widerstände R_1 bis R_4 gebildet. Für die Benennung der Brückeneckpunkte gibt es keine Norm. Die Bezeichnung mit den Zahlen 1 bis 4 oder mit den Farben Weiß, Schwarz, Blau, Rot entspricht einer Vereinbarung bei HBM. In der Literatur findet man die unterschiedlichsten Bezeichnungen. Wichtig ist, dass sie immer im Zusammenhang mit den dazugehörigen Brückengleichungen gesehen werden.

Die Brücke kann sowohl mit Gleichspannung als auch mit Wechselspannung gespeist werden.

Legt man an die Brückenpunkte 2 und 3 eine Spannung an, die sogenannte Eingangsspannung U_B, so entsteht zwischen den Punkten 1 und 4 eine Brückenausgangsspannung U_A, deren Größe von den Widerstandswerten abhängt. Zusätzlich hängt die Höhe der Ausgangsspannung von der Speisespannung ab. Man erhält ein Signal in mV pro Volt Speisung, mV/V, siehe dazu auch Abschnitt 1.6.2 in Kapitel 1 auf Seite 19. Es gilt:

$$\frac{U_A}{U_B} = \frac{k}{4}(\varepsilon_1 - \varepsilon_2 + \varepsilon_3 - \varepsilon_4) \qquad (2\text{-}1)$$

Aus der Formel der Wheatstone-Brücke wird ersichtlich, dass Widerstandsänderungen bzw. die sie verursachenden Dehnungen benachbarter DMS sich subtrahieren, wenn sie gleiches Vorzeichen haben, und sich addieren bei ungleichen Vorzeichen.

2.3.2 Anwendungsformen

Je nachdem, wie viele und welche Widerstände in der Brückenschaltung durch die zu messende Größe verändert werden, unterscheidet man folgende Schaltungen:

- Viertelbrücke
  1 Widerstand ändert sich um ΔR
- Halbbrücke
  2 benachbarte Widerstände ändern sich
- Zweiviertel- oder Diagonalbrücke
  2 gegenüberliegende Widerstände ändern sich
- Vollbrücke
  4 Widerstände ändern sich

Achtung: *Es wird immer eine vollständige Brückenschaltung benutzt.*

Die Bezeichnung Halbbrücke heißt, dass zwei aktiv messende DMS, die sich am Messobjekt befinden, durch zwei Festwiderstände ergänzt werden. Diese Festwiderstände sind oft in den Messgeräten enthalten.

2.3.3 Kompensation von Störgrößen

Mit der Wheatstone-Brücke lassen sich unerwünschte Größen eliminieren. Dies soll durch einen einfachen Versuch verdeutlicht werden. An einer Biegefeder aus Aluminium ist ein DMS auf der Oberseite angebracht und im Brückenarm 1 verschaltet. Die anderen Brückenarme sind durch Festwiderstände ergänzt. Bei Belastung durch ein Biegemoment entsteht ein positives Ausgangssignal. Wird das Metall erhitzt, entsteht eine thermische Dehnung, die ebenfalls ein positives Signal erzeugt. Es entsteht eine deutliche Nullpunktverschiebung.

Kapitel 2

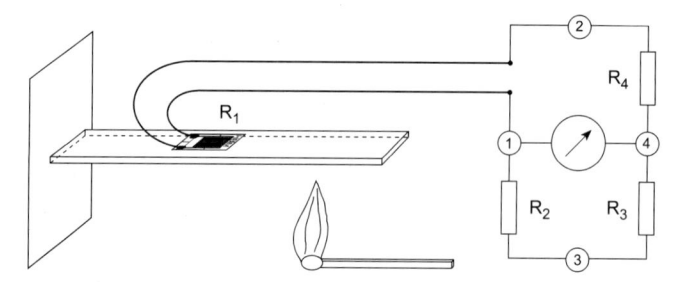

Abb. 2-11: *Nullpunktverschiebung durch thermische Dehnung*

Wird nun ein zweiter DMS, der auf der Unterseite der Biegefeder angebracht ist, in den Brückenarm 2 geschaltet, so verdoppelt sich das Ausgangssignal für eine Biegebelastung. Bei Erwärmung erhalten beide DMS die gleiche thermische Dehnung, und es entsteht kein Nullversatz.

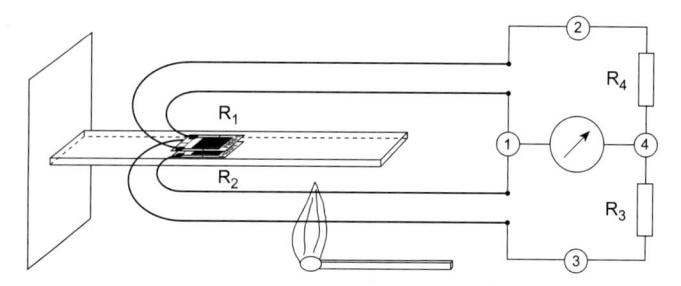

Abb. 2-12: *Temperaturkompensation mit Halbbrückenschaltung*

In diesem Fall wird also der Einfluss einer Temperaturänderung kompensiert. Würde man dieses Bauteil auf Zug belasten, so entstände auf Ober- und Unterseite die gleiche positive Dehnung. Auch diese würde durch die Brückenschaltung kompensiert. Für die praktische Anwendung kann man sich für jede Aufgabenstellung aus Tabellen eine geeignete Anbringung und Verschaltung der DMS auswählen, die alle unerwünschten Größen kompensiert.

2.3.4 Selbstkompensierende DMS

In dem durchgeführten Versuch wurde bisher nur die thermische Dehnung angesprochen. Es gibt noch einen zweiten Effekt, der ebenfalls auftritt, und zwar eine

Grundlagen und Anwendung der Dehnungsmessstreifen-Technik

Signaländerung des DMS infolge der Temperatureinwirkung. Dieser Temperaturkoeffizient des DMS ist negativ, seine Größe kann bei der Herstellung der DMS beeinflusst werden. Üblicherweise werden DMS so hergestellt, dass ihr Temperaturkoeffizient betragsmäßig gleich groß ist wie der (positive) Ausdehnungskoeffizient eines bestimmten Werkstoffes. Das heißt: DMS werden angepasst für bestimmte Materialien.

Im Versuch in Abschnitt 2.3.3 in diesem Kapitel hatten wir Aluminium als Bauteilwerkstoff mit einem Ausdehnungskoeffizienten von α = 23 x 10^{-6}/K mit DMS, die für Stahl angepasst sind, TK = -12 x 10^{-6}/K. Durch diese Fehlanpassung entstand ein großer Nullversatz. In einem weiteren Versuch soll gezeigt werden, was passiert, wenn man einen richtig angepassten DMS verwendet.

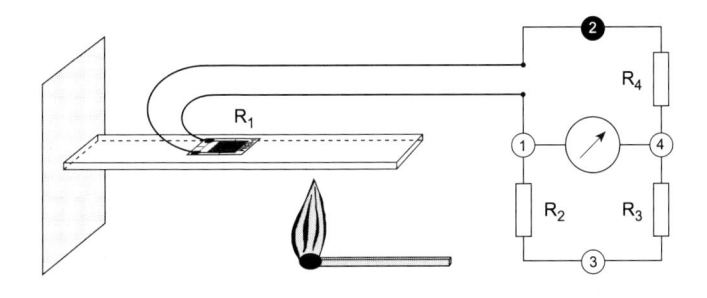

Bauteilwerkstoff: Aluminium, α = 23 · 10^{-6}/K
DMS: angepasst an Aluminium, TK = –23 · 10^{-6}/K

Abb. 2-13: Temperaturgang bei richtig angepasstem DMS

Als Ergebnis erhält man einen deutlich reduzierten Nullversatz. Eine vollständige Kompensation der beiden Effekte ist leider nicht möglich, da der Temperaturkoeffizient des DMS nicht linear ist. Auf jeder DMS-Packung ist eine Restfehlerkurve angegeben, mit der man die Größe des temperaturabhängigen Nullversatzes abschätzen kann. Diese Restfehlerkurve gilt allerdings nur, wenn man einen DMS aus der Packung auf Material mit exakt dem angegebenen Ausdehnungskoeffizienten klebt.

Kapitel 2

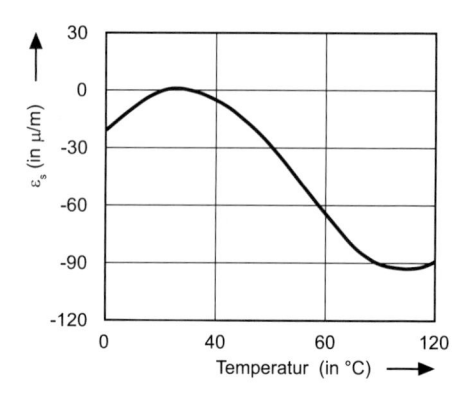

Abb. 2-14:
Restfehlerkurve (Beispiel)

Bei genauer Betrachtung stellt man allerdings fest, dass auch die Ausdehnungskoeffizienten der verschiedenen Materialien nicht konstant sind, sondern sich mit der Temperatur ändern. Zusätzlich hat die Vorbehandlung einen Einfluss auf das Ausdehnungsverhalten.

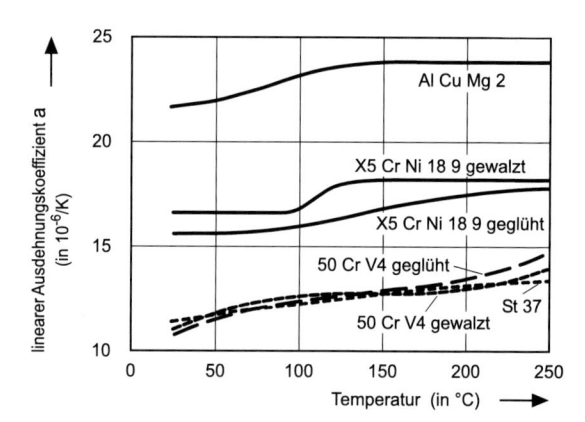

Abb. 2-15:
Wärmedehnungskoeffizienten über der Temperatur

Mit der Wheatstone-Brücke kann man auch diese Effekte kompensieren. Es müssen aber einige Bedingungen erfüllt sein, damit die Kompensation funktioniert. Beide DMS müssen:

- exakt die gleiche Temperatur bekommen,
- auf exakt dem gleichen Material installiert sein,
- bei nicht ebenen Oberflächen genau gleich zur Wölbung ausgerichtet sein,
- exakt gleiches physikalisches Verhalten aufweisen.

Grundlagen und Anwendung der Dehnungsmessstreifen-Technik

2.4 Ausführungsformen von DMS

In der Vergangenheit gab es mehrere verschiedene Grundtypen von DMS. Die wichtigsten Arten waren DMS mit metallischem Messgitter und die Halbleiter-DMS, wobei die DMS mit metallischem Messgitter noch zu trennen waren in Draht-DMS und Folien-DMS.

Die ersten DMS waren ausschließlich Draht-DMS. Zur Herstellung wurde ein sehr dünner Draht zum Messgitter geformt und auf eine isolierende Schicht (anfangs Papier) geklebt. Diese Herstellung erfordert einen großen Aufwand, um gleichmäßige Qualität zu erhalten, und ist damit relativ teuer. Außerdem zeigen Draht-DMS eine relativ hohe Empfindlichkeit gegenüber Dehnungen, die quer zur Messrichtung auftreten. In der Spannungsanalyse mit Draht-DMS sind häufig ausführliche Korrekturrechnungen für diese Querempfindlichkeit erforderlich.

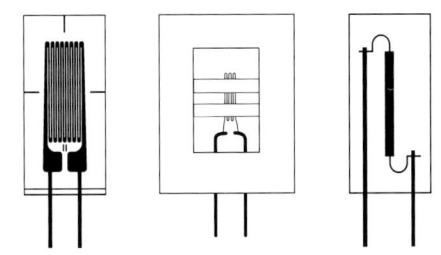

Abb. 2-16:
DMS mit Folien-,
Draht- und Halbleiter-
Messgitter

Die Anwendung von Draht-DMS beschränkt sich heute fast ausschließlich auf Messungen bei Temperaturen oberhalb von 250°C. Dazu wird die Sonderform des Freigitter-DMS (Abb. 2-16 Mitte) benutzt. Bei diesen DMS wird das Draht-Messgitter in eine keramische Masse eingebettet oder im Flammspritzverfahren befestigt. Bei der sehr zeitintensiven Installation wird der im Bild dargestellte Hilfsträger vollständig entfernt, übrig bleibt nur das Drahtmessgitter.

Halbleiter-DMS (Abb. 2-16 rechts) enthalten einen Streifen Halbleitermaterial, meist Silizium, als messendes Element. Der Vorteil dieser DMS liegt in dem erheblich höheren k-Faktor als bei Metall-DMS. Metall-DMS haben meist einen k-Faktor um 2, Halbleiter-DMS ca. 60 bis 80. Dies war besonders wichtig, als die Verstärkertechnik noch nicht den heutigen Standard hatte.

Aus heutiger Sicht überwiegen die Nachteile der Halbleiter-DMS, diese sind:
- nicht lineare Kennlinie,
- Probleme bei der Temperaturkompensation,
- Sprödigkeit des Halbleiters und damit Bruchgefahr bei der Installation,
- Preis.

Kapitel 2

Heute werden Halbleiter-DMS in der Spannungsanalyse nur noch in Sonderfällen eingesetzt.

Folien-DMS (Abb. 2-16 links) werden in der Spannungsanalyse dagegen fast immer eingesetzt. Bedingt durch das Herstellungsverfahren ist es möglich, jede beliebige Form des Messgitters herzustellen. Dadurch lassen sich DMS für die verschiedensten Anwendungen erzeugen, die Querempfindlichkeit kann bis zur Bedeutungslosigkeit reduziert werden, und andere Effekte wie das Kriechverhalten lassen sich wunschgemäß verändern.

2.5 Auswahl von DMS

In den Standardprogrammen der DMS-Hersteller gibt es eine Vielzahl unterschiedlicher DMS-Typen, und es ist notwendig, für eine Messaufgabe den richtigen DMS auszuwählen. Einige Auswahlkriterien können die Aufgabe erleichtern, diese sind:

- die Messaufgabe,
- der Temperaturbereich,
- das Material des Messobjektes,
- die Form und Größe der Messstelle,
- die Umgebungsbedingungen.

Die Messaufgabe bestimmt, wie viele Messgitter auf dem DMS vorhanden sein müssen, z.B. drei Messgitter in verschiedenen Richtungen für die Spannungsanalyse im zweiachsigen Spannungszustand bei unbekannten Hauptrichtungen, zwei Messgitter im Winkel von 90° zueinander für den zweiachsigen Spannungszustand mit bekannten Hauptrichtungen oder nur ein Messgitter für den einachsigen Spannungszustand. Anhand der technischen Daten kann der passende DMS für den gewünschten Temperaturbereich ausgewählt werden. Hierbei ist es wichtig, den gesamten Temperaturbereich zu berücksichtigen, den der DMS durchleben soll, auch ohne Messung.

Das Material des Messobjektes beeinflusst die Auswahl der Temperaturanpassung, aber eventuell auch die Länge des Messgitters.

Form und Größe der Messstelle bestimmen auch Geometrie und Größe des DMS.

Die Umgebungsbedingungen können unter Umständen Spezial-DMS erforderlich machen.

Abb. 2-17 zeigt einige Beispiele für DMS mit *einem* Messgitter. Im Normalfall wird man sich auf die Standard-Gitterlängen beschränken, diese sind 3, 6 oder 10 mm.

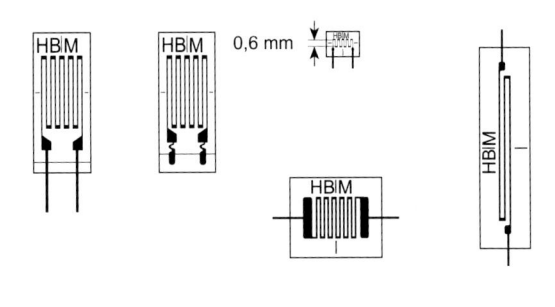

Grundlagen und Anwendung der Dehnungsmessstreifen-Technik

Abb. 2-17:
Beispiele für DMS mit einem Messgitter

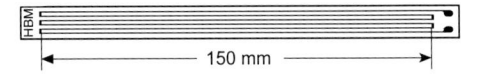

An einem Objekt mit homogener Dehnung hat die Länge des Messgitters keinen Einfluss auf die Größe des Signals, da die Widerstandsänderung proportional zur Dehnung ist und nicht zur Längenänderung. Anders ausgedrückt heißt das, der k-Faktor ist unabhängig von der Messgitterlänge.

Ein inhomogenes Dehnungsfeld hat allerdings entscheidenden Einfluss auf die benötigte Messgitterlänge. Ein inhomogenes Dehnungsfeld entsteht z.B. bei einem inhomogenen Werkstoff wie Beton. DMS mit kurzem Messgitter messen in diesem Fall die Dehnung an dem Material, das sich unter dem DMS befindet, und können so zu sehr unterschiedlichen Ergebnissen führen. Will man den Mittelwert der Dehnung des Stoffgemisches Beton bestimmen, benötigt man ein entsprechend langes Messgitter.

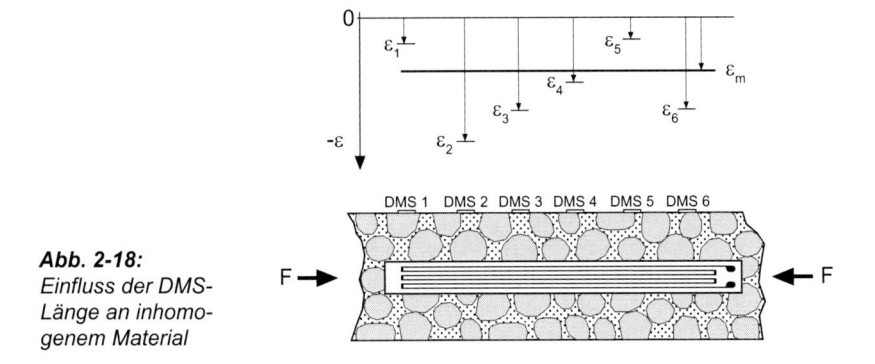

Abb. 2-18:
Einfluss der DMS-Länge an inhomogenem Material

Bei einem veränderlichen Querschnitt des Objektes tritt auch bei homogenem Material ein inhomogenes Dehnungsfeld auf.

Kapitel 2

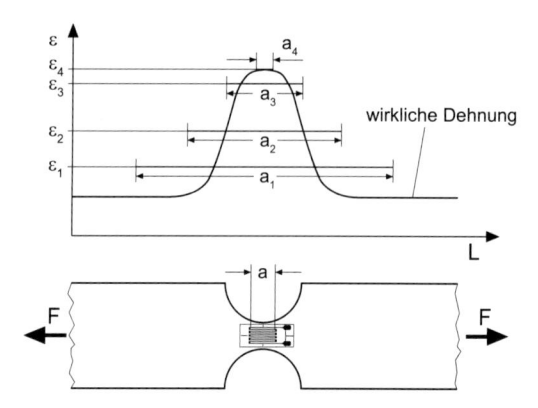

Abb. 2-19:
Einfluss der Messgitterlänge bei inhomogener Dehnung

Will man die maximale Dehnung messen, um daraus die maximale Spannung zu bestimmen, benötigt man ein sehr kurzes Messgitter an exakt der richtigen Stelle.

Ist die Position der maximalen Dehnung nicht bekannt oder soll der Verlauf der Dehnung bestimmt werden, so benötigt man mehrere kurze Messgitter dicht beieinander. In diesem Falle bieten sich DMS-Ketten an, die in kleinster Bauart 10 Messgitter auf 1 cm Länge enthalten.

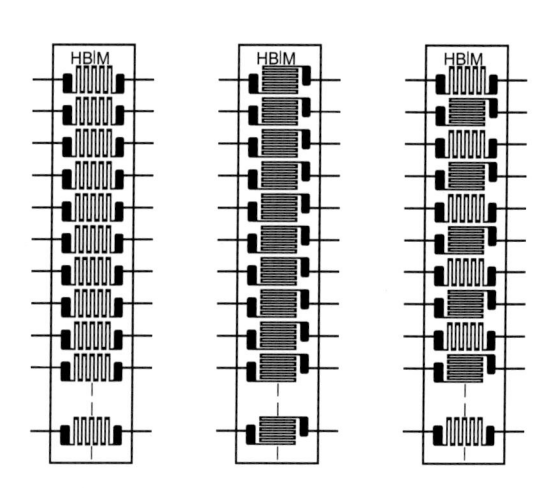

Abb. 2-20:
DMS-Ketten

Materialien mit einem sehr großen elastischen Dehnungsbereich können den Einsatz von Spezial-DMS für hohe Dehnungen erfordern. Abb. 2-21 zeigt einen solchen Spezial-DMS, der für Dehnungen bis zu ±100000 µm/m (10%) spezifiziert ist.

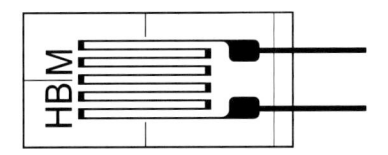

Grundlagen und Anwendung der Dehnungsmessstreifen-Technik

Abb. 2-21:
DMS für hohe Dehnungen

Es kann passieren, dass die Trägerfolie des ausgewählten DMS größer ist als der vorhandene Platz an der Messstelle. In diesem Fall kann man die Trägerfolie beschneiden. Parallel zum Messgitter kann relativ viel Trägerfolie abgeschnitten werden, es muss nur ausreichend Isolation zwischen Messgitter und Messobjekt verbleiben. Quer zum Messgitter sollte man die Trägerfolie möglichst wenig kürzen, um die Unstetigkeiten der Dehnung an den Übergängen zwischen den verschiedenen Materialien nicht in den Bereich des Messgitters zu verschieben.

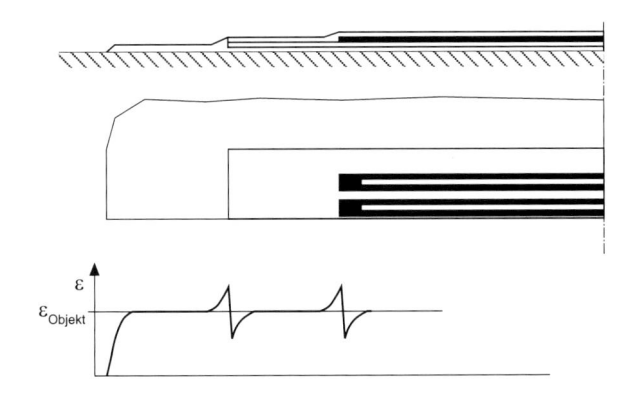

Abb. 2-22:
Einleitung der Dehnung in den DMS

Als Beispiel für besondere Umgebungsbedingungen zeigt Abb. 2-23 einen gekapselten DMS, der beständig ist gegen Feuchtigkeit und bestimmte Chemikalien.

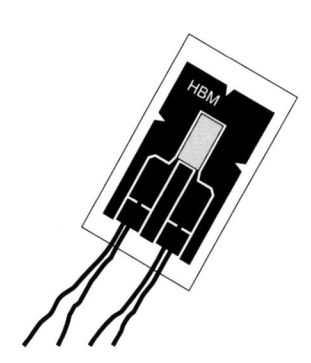

Abb. 2-23:
Gekapselter DMS

Kapitel 2

2.6 Die Installation von DMS

Eine Messung mit DMS kann nur dann zu einem guten Ergebnis führen, wenn die Dehnung vom Messobjekt korrekt auf das Messgitter übertragen wird. Bei der Installation von DMS sind deshalb äußerste Sorgfalt und Sauberkeit erforderlich. Wenn die Installation nicht korrekt erfolgt ist, gibt es später keine Möglichkeit, die Ergebnisse zu korrigieren. Bei einer schlechten Installation ist es unmöglich, die Größe der Abweichung abzuschätzen und einen Korrekturfaktor zu ermitteln. Vielfach ist sogar nicht einmal das Vorzeichen der Abweichung bestimmbar.

Die beiden wichtigsten Möglichkeiten zur Verbindung des DMS mit dem Messobjekt sind Klebung und Punktschweißverfahren.

Für das Punktschweißverfahren werden Spezial-DMS benötigt, die eine schweißbare metallische Unterlage haben. Natürlich muss auch das Objekt für die Schweißung geeignet sein. Beim Schweißen darf der DMS nicht überhitzt und dadurch zerstört werden. Es sollten zwei parallele Reihen Schweißpunkte an allen vier Seiten der metallischen Unterlage entstehen, sodass sich die Punkte der zweiten Reihe mit den Lücken der ersten Reihe überdecken und von der Seite gesehen eine geschlossene Schweißlinie entsteht. Nur so ist gewährleistet, dass sowohl positive wie auch negative Dehnungen korrekt erfasst werden.

Weitaus häufiger als das Punktschweißverfahren ist die Klebung von DMS. Allerdings kann hierzu kein handelsüblicher Haushalts- oder Bastelklebstoff verwendet werden, da diese von den Herstellern so eingestellt werden, dass sie eine gewisse Elastizität behalten. Jegliche Elastizität zwischen Objekt und DMS führt aber zu einer Verfälschung der Dehnungsübertragung. Deshalb sind für die DMS-Installation nur spezielle, starr eingestellte DMS-Klebstoffe zu verwenden.

Die DMS-Klebstoffe sind zu unterteilen in kalthärtende und heiß härtende Kleber sowie Einkomponentenklebstoffe, die gebrauchsfertig geliefert werden, und Zweikomponentenklebstoffe, die vor Gebrauch gemischt werden müssen.

2.6.1 Kalthärtende Klebstoffe

Das Anwendungsgebiet der kalthärtenden Klebstoffe ist ausschließlich die experimentelle Spannungsanalyse und experimentelle Mechanik. Als Einkomponentenklebstoffe dominieren hier solche auf Cyanoacrylatbasis, die unter Druckeinwirkung bei Luftabschluss fest werden. Die Installation eines DMS mit Cyanoacrylatklebstoff benötigt den geringsten Zeitaufwand, um eine messfähige Installation zu erhalten. Allerdings kann die Anwendbarkeit dieser Kleber bei extremen klimatischen Bedingungen (Temperatur, Luftfeuchtigkeit) eingeschränkt sein. Nähere Angaben hierzu finden sich in den technischen Angaben der Hersteller. Außerdem sind nicht alle Objektwerkstoffe für Cyanoacrylatkleber geeignet. Bei

Grundlagen und Anwendung der Dehnungsmessstreifen-Technik

ungünstigen geometrischen Bedingungen (über Kopf, senkrechte Wand) kann die Anwendung sehr stark erschwert oder unmöglich werden.

Ein Zweikomponentenkleber beruht auf einer Acrylharzbasis, wobei eine Komponente flüssig, die andere pulverförmig ist. Geringe Mengen der beiden Komponenten werden unmittelbar vor Gebrauch zu einer zähflüssigen Masse vermischt und auf die Klebestelle aufgetragen. Der Klebstoff wird dann zu einer dünnen Schicht ausgewalzt und wird in wenigen Minuten fest. Dieser Acrylharzklebstoff ist auf sehr vielen Werkstoffen einsetzbar, auch unter ungünstigen geometrischen Bedingungen.

Weiterhin gibt es kalthärtende Zweikomponentenklebstoffe auf Epoxydharzbasis. Hier bestehen beide Komponenten aus Harzen, die kurz vor Gebrauch gemischt werden. Die Aushärtung kann bei Raumtemperatur unter ständigem Anpressdruck erfolgen. Allerdings ist die Aushärtezeit bei Raumtemperatur recht lang, z.B. 8 Stunden. Falls die Aushärtung unter erhöhter Temperatur erfolgen kann, verkürzt sich die Aushärtezeit deutlich, z.B. 1 Stunde bei 90°C. Diese Klebstoffe sind auf vielen Materialien einsetzbar und sehr gut beständig gegen Feuchtigkeit.

2.6.2 Heiß härtende Klebstoffe

Die meisten heiß härtenden DMS-Klebstoffe bestehen aus Epoxydharz, das in zwei separaten Komponenten ausgeliefert wird. Die Komponenten sind nach Gebrauchsanweisung zu mischen.

Bei einer Art des Epoxydharzklebstoffes sind beide Komponenten flüssig, und auch ihre Mischung bleibt dünnflüssig. Dieser Klebstoff wird sehr dünn mit einem Pinsel auf DMS und Bauteil aufgetragen. Der Klebstoff erhält seine Konsistenz durch enthaltene Lösemittel, die nach dem Auftragen verdunsten sollen. Wird die Ausdampfzeit nicht abgewartet, entstehen während des Härteprozesses Blasen in der Klebstoffschicht.

Eine andere Art heiß härtender Epoxydharzklebstoff besteht aus einem Harz und einem pulverförmigen Härter mit Füllstoffen. Nachdem die Komponenten gemischt sind, entsteht eine zähe Paste, die mit einem Spatel extrem dünn aufgetragen wird. Eine Ausdampfzeit ist hier nicht erforderlich. Der besondere Vorteil dieses Klebstoffs liegt in seiner Klebrigkeit während der Verarbeitungszeit. Er kann sehr dünn auf die Klebeseite des DMS aufgetragen werden. Anschließend wird der DMS mit der Pinzette grob am Bauteil platziert und haftet dort von selber, kann aber noch verschoben werden. Dadurch ist es möglich, den DMS mithilfe einer großen Lupe exakt auszurichten.

Außerdem gibt es die Möglichkeit, DMS zu verwenden, die vom Hersteller auf der Klebeseite mit einem heiß härtenden Klebstoff beschichtet sind. Der Klebstoff ist trocken und haftet nicht von selbst. Die DMS müssen nur am Bauteil exakt platziert werden. Bei dieser Variante wird immer die richtige Schichtdicke des Klebstoffs erreicht, allerdings ist die Lagerfähigkeit dieser beschichteten DMS begrenzt.

Bei allen heiß härtenden Klebstoffen erfolgt nach der Platzierung der DMS ein Härteprozess unter erhöhter Temperatur bei gleichzeitig wirkender Anpresskraft. Genaue Angaben zu Temperatur, Härtedauer und Anpresskraft finden sich in der jeweiligen Gebrauchsanweisung.

2.6.3 Weitere Materialien

Alle Materialien, die für eine DMS-Installation benutzt werden, müssen für diese Anwendung geeignet sein.

Das Lösungsmittel, das für die Reinigung der Klebestelle benutzt wird, muss chemisch rein sein. Andernfalls bleiben nach dem Verdunsten des Lösungsmittels Reste von gelösten Fremdstoffen zurück, welche die Klebung behindern und Fehlmessungen hervorrufen können.

Die Kabel, mit denen die DMS angeschlossen werden, müssen für die Umgebungsbedingungen, z.B. Temperatur oder Feuchtigkeit, geeignet sein. Die Kabel sollten nahe der Lötstelle befestigt werden, sodass bei Zugkräften am Kabel keine Kraft auf die Lötung wirkt. Die Art der Befestigung richtet sich nach den Umgebungsbedingungen.

Das Lötzinn muss unter Berücksichtigung der Temperatur ausgewählt werden. Der Schmelzpunkt muss deutlich über der Anwendungstemperatur liegen. Besonders tiefe Temperaturen, z.B. in flüssigen Gasen, erfordern spezielle Legierungsbestandteile im Lötzinn, um Zinnpest zu verhindern.

Flussmittel ist bei der Lötung erforderlich, um die Oxidation des flüssigen Lötzinns zu verhindern. Allerdings dürfen keine aggressiven Flussmittel verwendet werden. Nach der Lötung muss das Flussmittel vollständig entfernt werden. Nicht entferntes Flussmittel kann zu Nullpunktschwankungen führen, wenn sich während der Messung die Temperatur oder die Luftfeuchtigkeit ändert.

Jede DMS-Messstelle sollte eine Schutzabdeckung erhalten. Je nach Anforderungen können Abdeckmittel verwendet werden, die nur Schutz gegen Feuchtigkeit oder chemische Einflüsse bieten, oder solche, die auch Schutz gegen mechanische Einwirkung bieten. Gängige Abdeckmittel sind z.B. Abdecklacke, dauerelastisches Silikongummi oder dauerplastische Knetmassen.

Grundlagen und Anwendung der Dehnungsmessstreifen-Technik

2.7 Ermittlung der Spannung aus der gemessenen Dehnung

In der Spannungsanalyse will man zur Dimensionierung von Bauteilen die unter Belastung auftretenden Spannungen ermitteln. Allerdings sind die Spannungen nicht direkt messbar. Deshalb misst man die Dehnung und errechnet nach dem hookeschen Gesetz die Spannungen.

2.7.1 Der einachsige Spannungszustand

Im einachsigen Spannungszustand wirkt auf das Bauteil nur eine Kraft in einer Richtung. Als Beispiel dient hier ein Stab unter reiner Zugbelastung. Bei Zugbelastung tritt in Kraftrichtung eine positive Dehnung auf, gleichzeitig entsteht quer zur Kraftrichtung eine negative Dehnung. Das Verhältnis der Quer- zur Längsdehnung ist abhängig vom Werkstoff des Bauteils und wird als Querdehnungszahl oder Poissonzahl bezeichnet.

Dabei ist es wichtig zu beachten, dass quer zur Kraftrichtung eine Dehnung auftritt, aber keine Spannung im Werkstoff besteht.

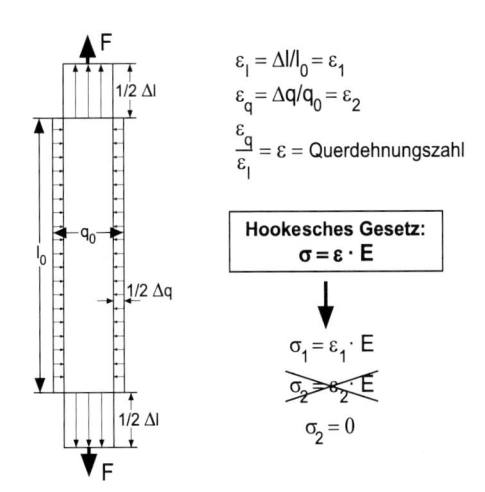

$\varepsilon_l = \Delta l/l_0 = \varepsilon_1$

$\varepsilon_q = \Delta q/q_0 = \varepsilon_2$

$\dfrac{\varepsilon_q}{\varepsilon_l} = \varepsilon =$ Querdehnungszahl

Hookesches Gesetz:
$\sigma = \varepsilon \cdot E$

$\sigma_1 = \varepsilon_1 \cdot E$

$\cancel{\sigma_2 = \varepsilon_2 \cdot E}$

$\sigma_2 = 0$

Abb. 2-24:
Zugstab

Abb. 2-25 zeigt die Verteilung der Dehnung im Zugstab. In Kraftrichtung ist die maximale positive Dehnung, im rechten Winkel dazu die maximale negative Dehnung. Bei ca. 60 Grad existiert eine neutrale Richtung, in der keinerlei Dehnung festgestellt werden kann. Diese neutrale Richtung wird teilweise zur Installation eines DMS für die Temperaturkompensation benutzt. Die exakte Lage des Über-

Kapitel 2

gangs zwischen positiver und negativer Dehnung hängt von der Querkontraktionszahl des Werkstoffes ab und kann anhand der Formel berechnet werden. Mit der Formel kann ebenfalls errechnet werden, wie groß die gemessene Dehnung in einer bestimmten Richtung ist. Damit kann man die Größe des Fehlers bei nicht richtig ausgerichtetem DMS abschätzen.

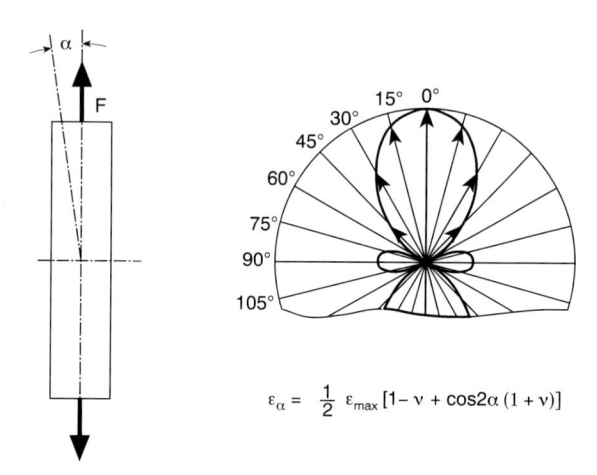

Abb. 2-25:
Dehnungsverteilung am Zugstab

$$\varepsilon_\alpha = \frac{1}{2} \varepsilon_{max} [1 - \nu + \cos 2\alpha (1 + \nu)]$$

Abb. 2-26 zeigt die Verteilung der Spannung im Zugstab und die Formel zur Berechnung der Spannung in einer bestimmten Richtung.

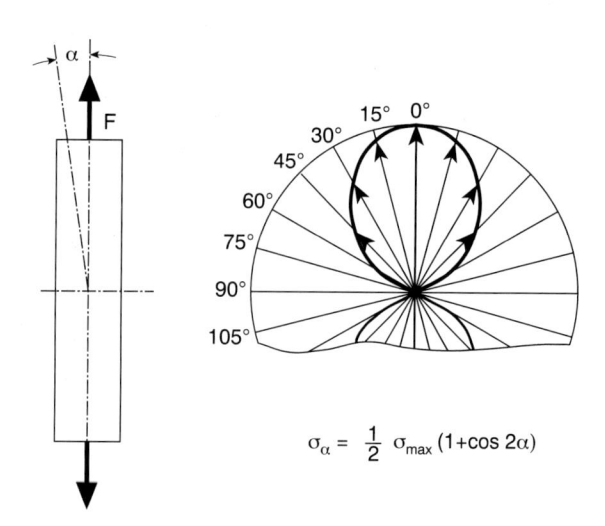

Abb. 2-26:
Spannungsverteilung am Zugstab

$$\sigma_\alpha = \frac{1}{2} \sigma_{max} (1 + \cos 2\alpha)$$

Grundlagen und Anwendung der Dehnungsmessstreifen-Technik

2.7.2 Der zweiachsige Spannungszustand

Ein zweiachsiger Spannungszustand entsteht, wenn zwei oder mehr Kräfte in verschiedenen Richtungen an einem Flächenelement wirken. Die Dehnungen durch die verschiedenen Kräfte überlagern sich wie in Abb. 2-27 gezeigt.

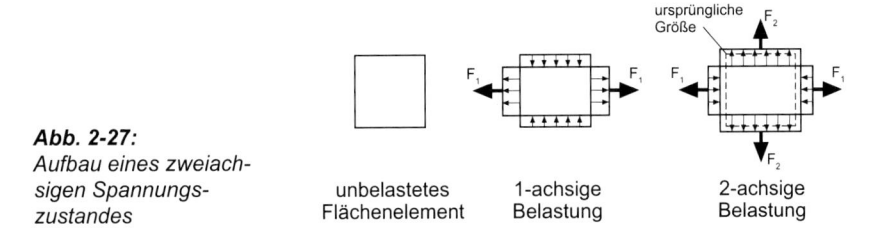

Abb. 2-27:
Aufbau eines zweiachsigen Spannungszustandes

unbelastetes Flächenelement   1-achsige Belastung   2-achsige Belastung

Unabhängig davon, wie viele Kräfte in welchen Richtungen angreifen, entstehen immer zwei Hauptspannungs- und Hauptdehnungsrichtungen im Werkstoff, die im rechten Winkel zueinander stehen. Dabei ist per Definition die größte Spannung in Zugrichtung die erste Hauptspannung und die größte in Druckrichtung die zweite Hauptspannung. Durch diese Definition ergibt sich, dass der Betrag der ersten Hauptspannung nicht immer größer ist als der Betrag der zweiten Hauptspannung.

In bestimmten Anwendungsfällen kennt man die Richtungen der Hauptspannungen und kann direkt die Dehnungen in diesen Richtungen messen. Dazu benutzt man üblicherweise DMS mit zwei Messgittern, die im rechten Winkel zueinander stehen. Abb. 2-28 zeigt einige Ausführungsformen solcher DMS und die Formeln zur Ermittlung der beiden Hauptspannungen.

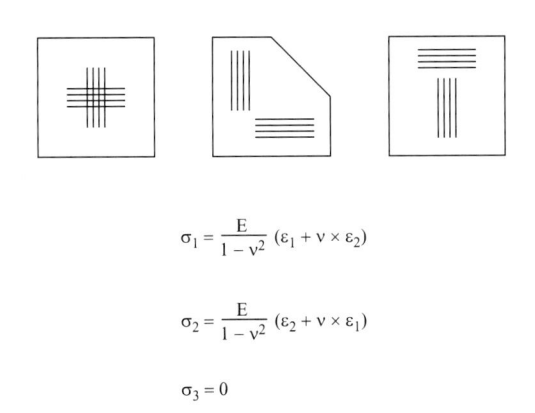

$$\sigma_1 = \frac{E}{1 - v^2} (\varepsilon_1 + v \times \varepsilon_2)$$

$$\sigma_2 = \frac{E}{1 - v^2} (\varepsilon_2 + v \times \varepsilon_1)$$

$$\sigma_3 = 0$$

Abb. 2-28:
Bekannte Hauptrichtungen

Kapitel 2

Falls die Richtungen der Hauptspannungen nicht bekannt sind, muss die Dehnung in drei verschiedenen Richtungen gemessen werden. Dazu benutzt man üblicherweise DMS mit drei Messgittern, sogenannte Rosetten. Abb. 2-29 zeigt einige Ausführungsformen solcher DMS und die Formeln zur Ermittlung der beiden Hauptspannungen.

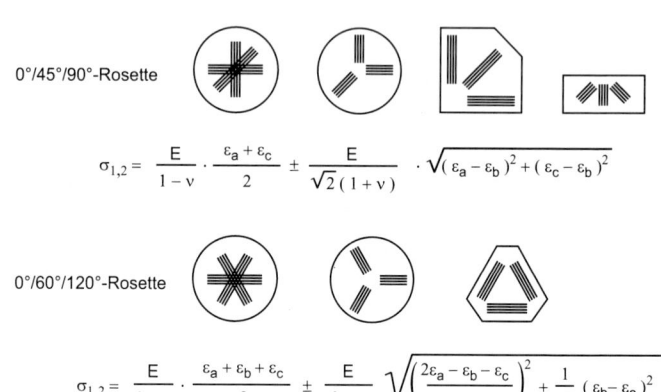

0°/45°/90°-Rosette

$$\sigma_{1,2} = \frac{E}{1-\nu} \cdot \frac{\varepsilon_a + \varepsilon_c}{2} \pm \frac{E}{\sqrt{2}(1+\nu)} \cdot \sqrt{(\varepsilon_a - \varepsilon_b)^2 + (\varepsilon_c - \varepsilon_b)^2}$$

0°/60°/120°-Rosette

Abb. 2-29:
Unbekannte Hauptrichtungen

$$\sigma_{1,2} = \frac{E}{1-\nu} \cdot \frac{\varepsilon_a + \varepsilon_b + \varepsilon_c}{3} \pm \frac{E}{1+\nu} \sqrt{\left(\frac{2\varepsilon_a - \varepsilon_b - \varepsilon_c}{3}\right)^2 + \frac{1}{3}(\varepsilon_b - \varepsilon_c)^2}$$

Für die Ermittlung der Hauptrichtungen wird zunächst ein Zwischenwinkel ψ bestimmt. Da die Funktion „tangens" mehrdeutig ist, muss über die Betrachtung der Vorzeichen von Zähler und Nenner des Bruchs ermittelt werden, in welchem Quadranten ψ liegt.

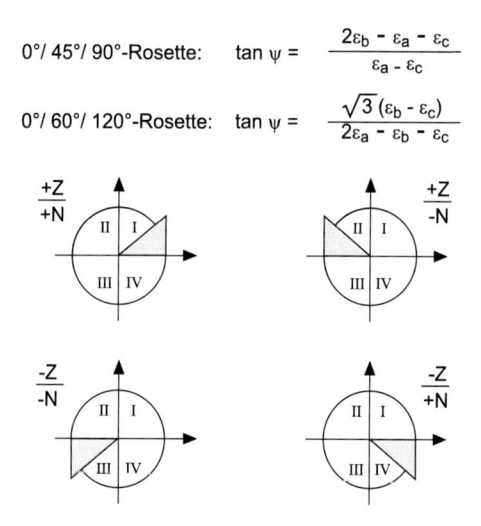

0°/ 45°/ 90°-Rosette: $\tan \psi = \dfrac{2\varepsilon_b - \varepsilon_a - \varepsilon_c}{\varepsilon_a - \varepsilon_c}$

0°/ 60°/ 120°-Rosette: $\tan \psi = \dfrac{\sqrt{3}(\varepsilon_b - \varepsilon_c)}{2\varepsilon_a - \varepsilon_b - \varepsilon_c}$

Abb. 2-30:
Ermittlung des Zwischenwinkels

Grundlagen und Anwendung der Dehnungsmessstreifen-Technik

Abb. 2-31 zeigt den Weg zum Winkel α, der die Richtung der ersten Hauptspannung angibt. Die drei Messgitter auf der Rosette sind mit den Buchstaben a, b, c beschriftet. Ausgehend von der Richtung des Messgitters a am Bauteil wird der Winkel α gegen den Uhrzeigersinn angetragen, um die Lage der ersten Hauptspannungsrichtung am Bauteil zu bestimmen.

Z	$\geq 0\,(+)$	$> 0\,(+)$	$\leq 0\,(-)$	$< 0\,(-)$
N	$> 0\,(+)$	$\leq 0\,(-)$	$< 0\,(-)$	$\geq 0\,(+)$
	I	II	III	IV
zugehöriger Quadrant	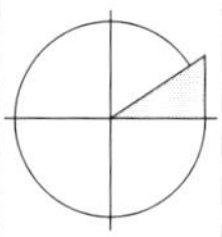	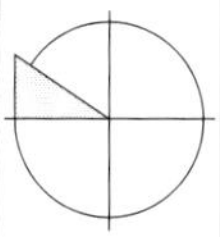	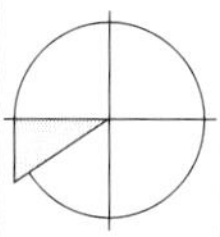	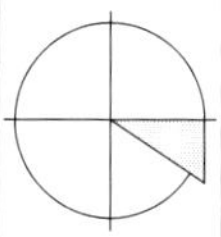
	$\frac{1}{2}\cdot(0° + \psi)$	$\frac{1}{2}\cdot(180° - \psi)$	$\frac{1}{2}\cdot(180° + \psi)$	$\frac{1}{2}\cdot(360° - \psi)$

Abb. 2-31:
Ermittlung des Winkels α

Kapitel 2

3 Aufnehmer mit Dehnungsmessstreifen

K. Gehrke

3.1 Einleitung

DMS-Aufnehmer sind für jede mechanische Größe realisierbar, die sich mithilfe eines Federkörpers in eine Dehnung umwandeln lässt. Häufig angewendet werden DMS-Aufnehmer für Kraft, Gewicht, Druck und Drehmoment. Die DMS können als diskret hergestellte DMS aufgeklebt sein oder – wie für viele Druckaufnehmer – mit der Dickschichttechnik oder mit der Dünnfilmtechnik aufgebracht werden. Bei der auch für Sensoren zur Kraft- und Gewichtsmessung verwendeten Dickschichttechnik werden die DMS sowie die benötigten Abgleichelemente im Siebdruckverfahren aufgebracht und nach dem Trocknen eingebrannt. Dabei werden insbesondere bei Druckaufnehmern auch nichtmetallische Werkstoffe, z.B. Keramik, für den Federkörper verwendet. Bei der Dünnfilmtechnik werden auf der polierten Oberfläche des Federkörpers zunächst Isolation und danach die DMS-Leiterbahnen durch Aufdampfen oder durch Sputtern (Zerstäuben unter Hochspannung) aufgebracht. Beim Aufdampfen werden die aufzubringenden Stoffe im Vakuum erhitzt und durch ein elektrisches Feld vom Federkörper angezogen und damit aufgebracht. Eine Maske bewirkt, dass die DMS nur an den gewünschten Stellen ausgebildet werden. Hierbei lassen sich insbesondere kleine Aufnehmer (also Aufnehmer für kleine Nennlasten) in größeren Stückzahlen fertigen. Nachteilig ist, dass keine Kriechkompensation erfolgen kann, d.h., das Kriechen des Federkörpers kann durch die DMS nicht kompensiert werden. Dafür können höhere Temperaturbereiche realisiert werden. Die Dickschichttechnik bietet den Vorteil, in wenigen Arbeitsgängen und sehr homogen die gesamte Beschaltung aufbringen zu können. Bei keramischen Trägermaterialien sind allerdings die unterschiedlichen Ausdehnungskoeffizienten von Träger und (metallischem) Gehäuse problematisch.

Die meisten DMS-Aufnehmer werden als passive Elemente ausgeführt, das heißt, sie benötigen eine Speisespannung und geben ein analoges Signal ab, welches in einer nachgeschalteten Elektronik (Messverstärker) verarbeitet wird. Es ist jedoch möglich, den Messverstärker in das Gehäuse des Aufnehmers zu integrieren und dann ein bereits verstärktes Spannungs- oder Stromsignal abzugeben. Seit einigen Jahren gibt es zusätzlich die Möglichkeit, einen Analog/Digital-Wandler und digitale Signalverarbeitung im oder am Aufnehmer zu platzieren. Der Ausgang erfolgt dann über eine Schnittstelle zur Einbindung der Signale in digitale Prozesssteuerungen oder zur Übernahme in einen PC.

Kapitel 3

Aufnehmer mit Dehnungsmessstreifen eignen sich zur Messung statischer und dynamischer Vorgänge.

3.2 Bauformen von Aufnehmern

Jeder Aufnehmer enthält einen Federkörper, der mit DMS versehen ist. Dieser Federkörper soll sich einerseits verformen, damit in den DMS ein Signal entsteht, andererseits soll aber die Veränderung am Aufnehmerkörper möglichst klein sein. Beispielsweise wünscht man bei Wägezellen eine möglichst geringe Einsenkung unter Belastung. Durch richtige Konstruktion lassen sich Wägezellen realisieren, deren Einsenkung unter Nennlast kleiner ist als 0,1 mm.

Typische Werkstoffe für Federkörper sind hoch legierte Stähle, Aluminiumlegierungen oder Kupferberryllium. Rostfreier Stahl wird seltener benutzt, da er eine sehr große innere Reibung aufweist, wodurch eine größere Hysterese entsteht.

3.2.1 Kraftaufnehmer und Wägezellen

Mit DMS-Aufnehmern können Kräfte und Gewichte sehr genau gemessen werden, im Extremfall wird die Unsicherheit nicht in Prozent, sondern in ppm angegeben. Für die meisten Anwendungen ist dies jedoch nicht nötig, und daher haben Standardaufnehmer üblicherweise eine Messabweichung, die kleiner als 1 % ist.

Prinzipiell sind Kraftaufnehmer und Wägezellen in Aufbau und Wirkung gleich, Unterschiede gibt es lediglich in der Kalibrierung. Bei Kraftaufnehmern ist das Ausgangssignal einer Belastung in Newton zugeordnet, bei Wägezellen einer Belastung in Kilogramm. Wenn man entsprechende Umrechnungsfaktoren berücksichtigt, ist es möglich, mit einem Kraftaufnehmer Massen zu bestimmen. Ebenso kann man mit einer Wägezelle Kräfte messen. DMS-Kraftaufnehmer gibt es für Nennlasten ab ca. 5 N. Nach oben gibt es praktisch keine Begrenzung, es sind schon Wägezellen mit einer Nennlast von mehr als 5000 Tonnen gebaut worden.

In Abb. 3-1 auf Seite 71 ist die Schnittzeichnung einer Wägezelle mit säulenförmigem Federkörper zu sehen. Die linke Variante ist nur für Druckbelastung geeignet, die rechte kann durch ihre Anschlussgewinde Zug- und Druckbelastungen aufnehmen. An der DMS-Installationsstelle ist die Säule in ihrem Querschnitt reduziert. Dadurch entsteht an der eigentlichen Messstelle eine ausreichend große Dehnung, obwohl der gesamte Federweg unter Belastung sehr klein ist, bei diesem Typ üblicherweise kleiner als 0,5 mm. Zusätzlich zu den zwingend notwendigen Bestandteilen (Federkörper und DMS) erkennt man ein Schutzgehäuse und Abdichtungselemente. Sie sollen den Federkörper und die DMS vor Schäden schützen.

Aufnehmer mit Dehnungsmessstreifen

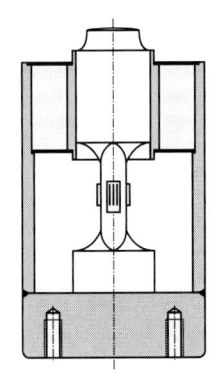

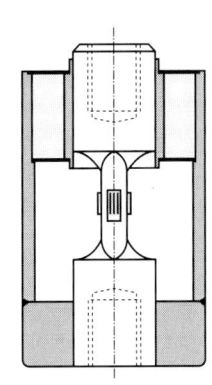

Abb. 3-1:
Wägezelle mit säulenförmigem Federkörper

Durch zwei gasdicht verschweißte Membranen ist der obere Teil des Federkörpers mit dem Schutzgehäuse verbunden. Sie sind sehr steif in horizontaler Richtung und schützen so vor Beschädigung durch Querkräfte, gleichzeitig sind die Membranen flexibel in Messrichtung, um das Messergebnis nicht zu verfälschen. Die elektrischen Anschlüsse werden mit einer ebenfalls gasdichten Glasdurchführung aus dem Gehäuse geführt. Dadurch entsteht ein vollständig hermetisch gekapselter Aufnehmer, bei dem Gase oder Flüssigkeiten die DMS-Installation nicht verändern können.

Häufig wird eine geringe Bauhöhe bei hoher Genauigkeit gefordert, zum Beispiel für den Einsatz in eichpflichtigen Waagen. Dies kann mit Federkörpern nach dem Ringtorsionsprinzip (Abb. 3-2 auf Seite 71) erreicht werden. Die Krafteinleitung erfolgt axial an der inneren Hülse, der Aufnehmer stützt sich mit der äußeren Hülse auf die Auflagefläche. Durch die Verschiebung der inneren gegenüber der äußeren Hülse wird der dazwischenliegende Ring gebogen, die DMS am Ring erzeugen das Messsignal. Kraftaufnehmer/Wägezellen nach diesem Prinzip vertragen Querbelastungen bis zu 30% der Nennlast, außerdem lassen sie sich gut abdichten.

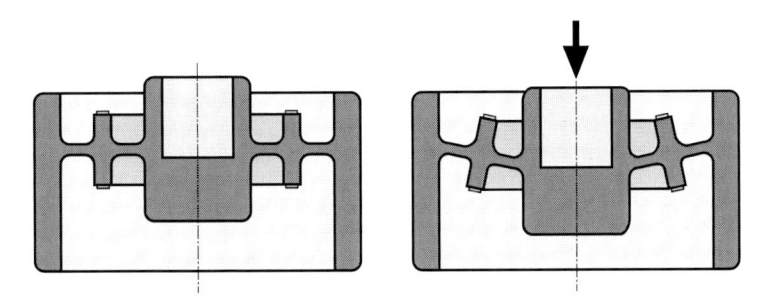

Abb. 3-2: *Ringtorsionsprinzip*

Kapitel 3

Für die Messung kleiner Kräfte und Gewichte (z.B. unter 5t) ist ein Federkörper mit direkter Materialbelastung nicht geeignet. Eine Möglichkeit bieten hier Federkörperformen, die aus dem Messbügel hervorgegangen sind. Abb. 3-3 zeigt einige Modifikationen, bei denen unter entsprechender Belastung Dehnungen in ausreichender Größe auftreten.

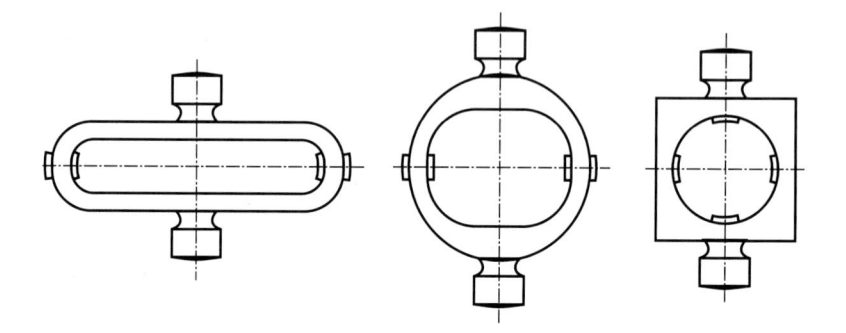

Abb. 3-3: *Messbügel-Modifikationen*

Für noch kleinere Kräfte bietet sich der Biegebalken an. Allerdings ist dabei das Signal abhängig vom Biegemoment, sodass bei gleicher Last unterschiedliche Signale auftreten, wenn sich der Krafteinleitungspunkt ändert. Daher ist der einfache Biegebalken in Aufnehmern selten, weil besondere Maßnahmen erforderlich sind, um den Krafteinleitungspunkt konstant zu halten.

Für Lasten bis zu 1t werden häufig Doppel-Biegebalken als Federkörper benutzt. Beim Doppel-Biegebalken sind zwei (oder mehr) Biegebalken übereinander angeordnet. Sie sind an der Einspannungs- und an der Lasteinleitungsseite durch starre Bauteile gekoppelt. Die starre Koppelung erzwingt eine rein vertikale Absenkung des Lastangriffspunkts und eine S-förmige Deformation der beiden Balken.

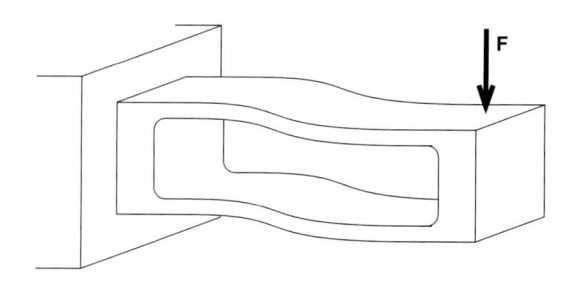

Abb. 3-4:
Prinzip des Doppel-Biegebalkens

Aufnehmer mit Dehnungsmessstreifen

Dieses System ist weniger empfindlich gegen Änderungen in der Lasteinleitung als ein einfacher Biegebalken. Durch die S-förmige Deformation treten an den Oberflächen Zonen positiver und negativer Dehnung dicht beieinander auf, was die Anbringung und Verschaltung der DMS vereinfacht. Abb. 3-5 zeigt verschiedene Ausführungsformen von Doppel-Biegebalken, die z.T. aus produktionstechnischen Gründen entwickelt wurden.

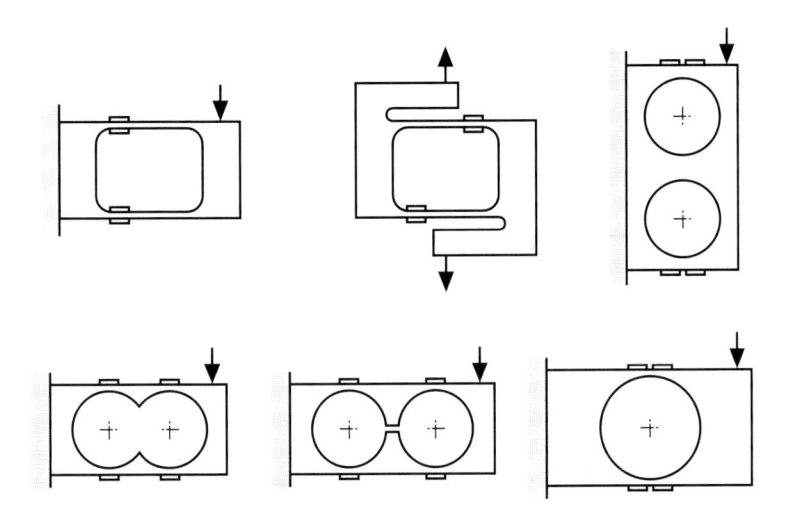

Abb. 3-5: *Doppel-Biegebalken-Federkörper*

Bei der Verwendung hermetisch gekapselter Aufnehmer zur Messung kleiner Kräfte und Gewichte können Schwankungen des Luftdrucks zu Änderungen des Messsignals bei konstanter Belastung führen. Um dieses Problem zu vermeiden, können Abhilfemöglichkeiten benutzt werden, wie z.B. in Abb. 3-6 gezeigt. Hier wird die Wirkung des atmosphärischen Drucks eliminiert, weil sie von oben und von unten gleichmäßig auf das starre Teil der Lasteinleitung wirkt.

Kapitel 3

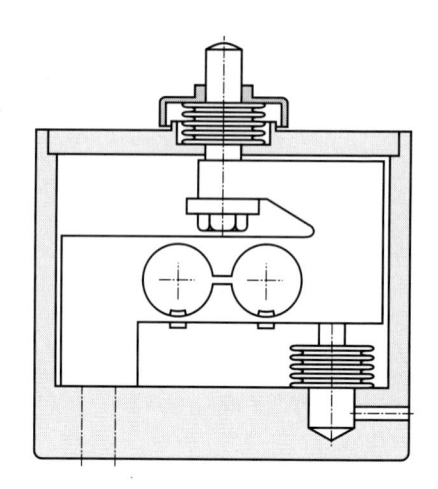

Abb. 3-6:
Wägezelle mit Druckausgleich

Eine Weiterentwicklung aus dem Doppel-Biegebalken ist der Multi-Biegebalken. Abb. 3-7 zeigt das Prinzip und eine mögliche Ausführungsform.

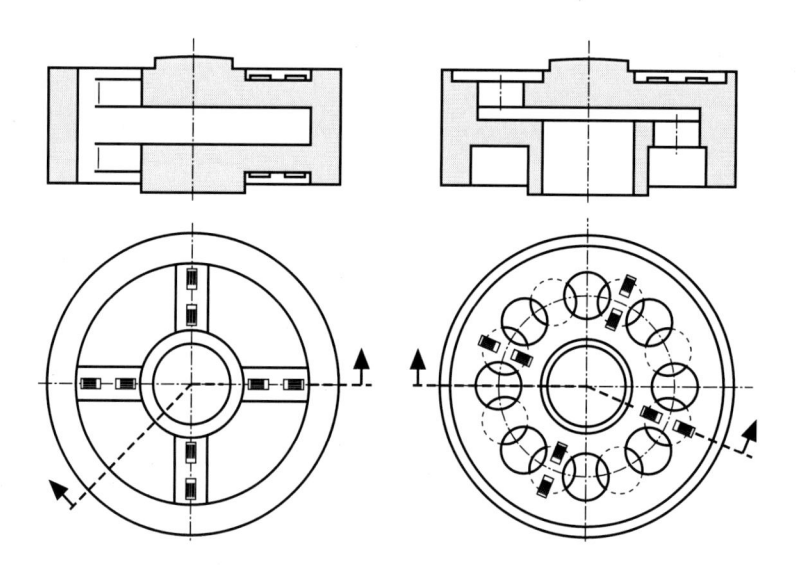

Abb. 3-7: Multi-Biegebalken-Federkörper

Der Multi-Biegebalken wird vor allem für Präzisionskraftaufnehmer benutzt, allerdings erfordert er große Genauigkeit in der Herstellung. In der Abbildung erkennt

Aufnehmer mit Dehnungsmessstreifen

man, dass in jedem Brückenarm der Wheatstone-Vollbrücke mehr als ein DMS benutzt wird. Dies ist notwendig, um die hohe Genauigkeit zu erreichen. Die zurzeit genauesten Kraftaufnehmer sind mit einem Multi-Biegebalken-System ausgestattet und enthalten bis zu 32 DMS, ihre zusammengesetzte Messabweichung ist kleiner als 20 ppm. Sie werden als Referenzaufnehmer für internationale Vergleichsmessungen zwischen der Physikalisch Technischen Bundesanstalt und anderen Staatsinstituten benutzt, um die Kraft- und Massenormale in den verschiedenen Ländern zu vergleichen.

Der größte Nachteil des einfachen Biegebalkens liegt darin, dass sein Signal abhängig vom Biegemoment und damit vom Krafteinleitungspunkt ist. An einem einseitig eingespannten Balken treten neben dem Biegemoment auch Scherkräfte und dadurch hervorgerufene Dehnungen auf.

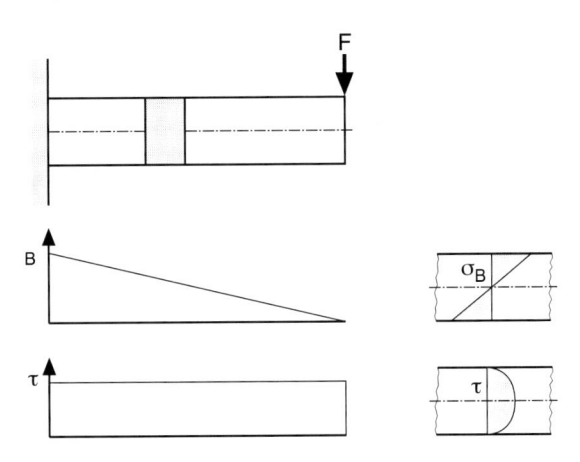

Abb. 3-8:
Spannungsverteilung
am Kragbalken

Diese sind im Gegensatz zu den Biegedehnungen konstant vom Krafteinleitungspunkt bis zur Einspannstelle. An der biegeneutralen Faser treten die Scherdehnungen unter ±45 Grad auf und sind dort nicht von Biegedehnungen überlagert, siehe Abb. 3-8. Dieser Effekt wird bei Scherstab-Aufnehmern ausgenutzt; Prinzipzeichnungen sind in Abb. 3-9 zu sehen. Um ausreichend große Scherdehnungen zu erhalten, ist der Querschnitt an der Installationsfläche der DMS reduziert zu einem Doppel-T-Profil. Diese Form bietet gute Stabilität gegen Seitenkräfte, einige Aufnehmer haben bis zu 100 % der Nennkraft als zulässige Seitenkraft. In der Abbildung ist zu sehen, dass sich die Scherdehnungen nicht ändern, wenn sich der Lasteinleitungspunkt innerhalb eines gewissen Bereichs bewegt. Dadurch wird das Signal unabhängig vom Lasteinleitungspunkt. Allerdings gilt dies nur in einer groben Betrachtung, da auch Sekundäreffekte das Ergebnis beeinflussen können.

Kapitel 3

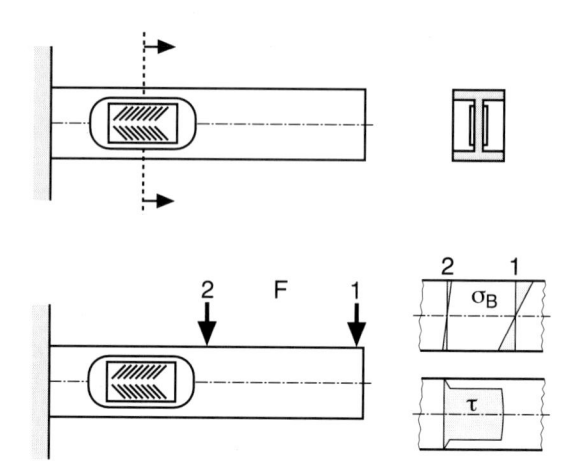

Abb. 3-9:
Scherstab-Federkörper

Kraftaufnehmer/Wägezellen mit Membran-Federkörper (Abb. 3-10) erlauben eine sehr kleine Baugröße und werden oft eingesetzt, wenn andere Typen aus Platzgründen nicht benutzbar sind. Die Einfederung bei Nennlast ist sehr klein, daraus folgend die Eigenfrequenz sehr hoch, bei einigen Aufnehmern über 20 kHz. Sie lassen sich kostengünstig herstellen und sind gut hermetisch verschließbar.

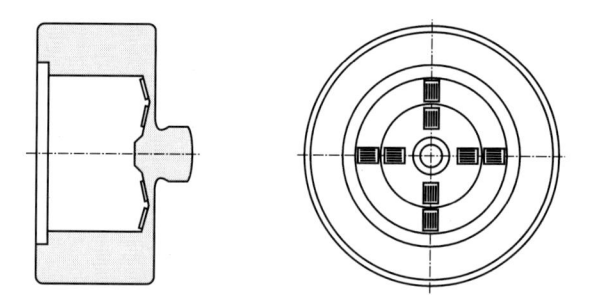

Abb. 3-10:
Membran-Federkörper

3.2.2 Druckaufnehmer

Generell haben sich zwei Typen von Federkörpern für die Druckmessung durchgesetzt:

- rohrförmige Federkörper,
- Membran-Federkörper.

Aufnehmer mit Dehnungsmessstreifen

Bei Aufnehmern mit rohrförmigem Federkörper wird der zu messende Druck in das Innere eines Hohlkörpers geleitet, dessen Deformation z.B. mit DMS gemessen wird. Der Hohlkörper kann unterschiedliche Querschnittsformen haben (Abb. 3-11). Dadurch lassen sich verschiedene Effekte realisieren, z.B. einfache Herstellung, großes Signal, Kompensation von Störgrößen.

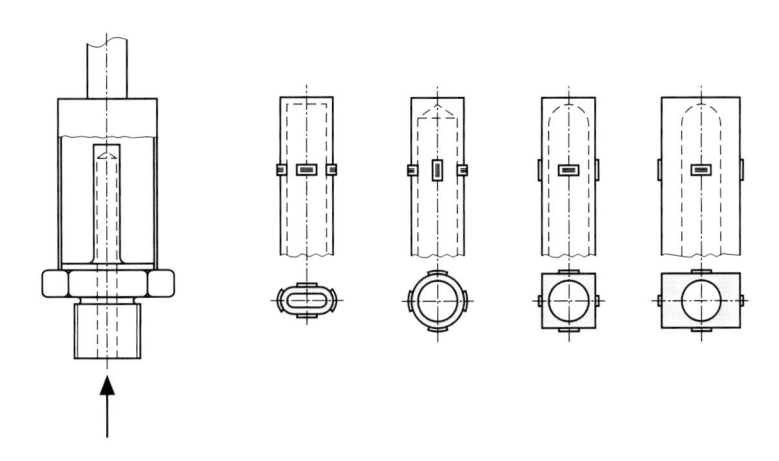

Abb. 3-11: Druckaufnehmer mit rohrförmigem Federkörper

Bei Druckaufnehmern mit Membran-Federkörper (Abb. 3-12) wirkt der zu messende Druck auf eine Seite der Membran und verformt sie elastisch. Diese Deformation wird durch Dehnungsmessstreifen erfasst. Meist wird hierzu eine spezielle DMS-Membranrosette auf der druckabgewandten Seite der Membran angebracht.

Druckaufnehmer mit Membran-Federkörper werden zur leichteren Montage häufig mit einem Anschlussstück versehen, das für die Membran als vorgeschalteter rohrförmiger Totraum wirkt. Für den Einbau ohne Totraum gibt es Aufnehmer mit Frontmembran, wie in Abb. 3-12 rechts zu sehen.

Kapitel 3

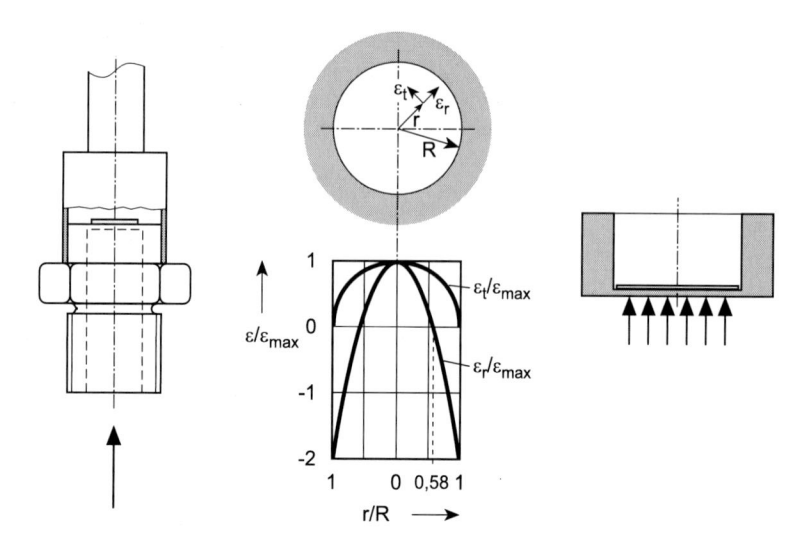

Abb. 3-12: Druckaufnehmer mit Membran-Federkörper

In einigen Fällen wird die Deformation der Membran auf ein anderes Element, an dem die DMS angebracht sind, übertragen, z.B. für besonders kleine Messbereiche oder für Messungen mit erhöhter Genauigkeit (bis zu ±0,05%) auf einen Biegebalken. Letztere können als Referenzaufnehmer oder Transfernormale benutzt werden. Bei ihnen wird die Deformation der Membran auf einen Multi-Biegebalken übertragen (Abb. 3-13).

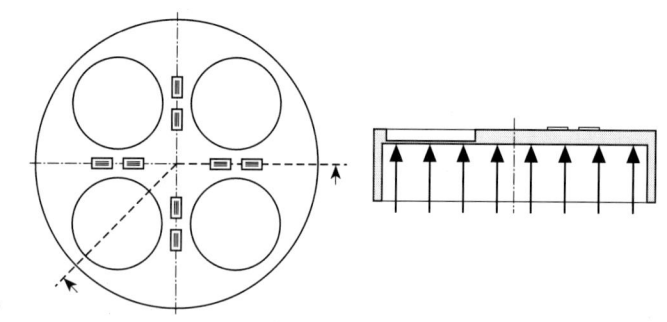

Abb. 3-13:
Membran mit
Multi-Biegebalken

Durch die Konstruktion eines Aufnehmers ist normalerweise vorgegeben, welche Druckart (Absolut-, Über- oder Differenzdruck) mit ihm gemessen werden kann.

Aufnehmer mit Dehnungsmessstreifen

Absolutdruckaufnehmer messen den am Federkörper anliegenden Druck unabhängig vom Umgebungsdruck (atmosphärischen Druck). Dazu benötigen sie eine Vakuum-Referenzkammer auf der anderen Seite des Federkörpers. Das Ausgangssignal eines Absolutdruckaufnehmers ist null, wenn auf der Messseite des Federkörpers ebenfalls Vakuum anliegt.

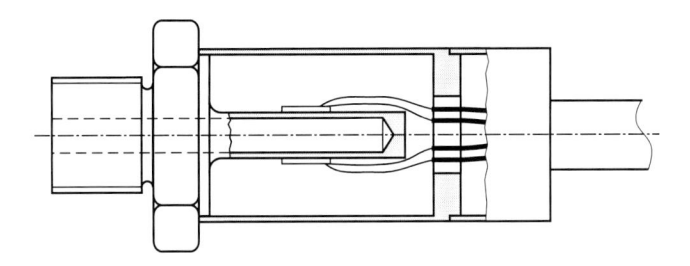

Abb. 3-14: Absolutdruckaufnehmer mit rohrförmigem Federkörper

Abb. 3-15 zeigt einen besonders kleinen Absolutdruckaufnehmer für totraumfreien Einbau mit Membran-Federkörper. Die DMS-Installation befindet sich bei beiden Aufnehmerarten in der hermetisch dicht gekapselten Vakuum-Referenzkammer und ist so gegen Beschädigung und Feuchtigkeit geschützt.

Der Einbau ohne Totvolumen erleichtert die Reinigung und ist für bestimmte Anwendungen (z.B. in der Lebensmittelindustrie) zwingend vorgeschrieben. Auch für die Messung dynamischer Druckverläufe ist diese Einbauform besser geeignet als ein Aufbau mit Totvolumen.

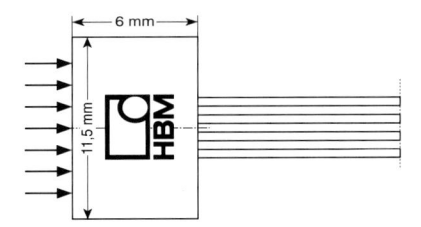

Abb. 3-15:
Miniaturaufnehmer mit
Frontmembran

Abb. 3-16 zeigt das Schnittbild eines Absolutdruckaufnehmers mit Membran-Federkörper und vorgeschaltetem Totraum. Bei dieser Bauform wurde auf die Vorteile der Frontmembran verzichtet, um den Aufnehmer leichter montieren zu können. In diesem Fall kann eine handelsübliche Klemm- oder Schneidringverschraubung benutzt werden.

Kapitel 3

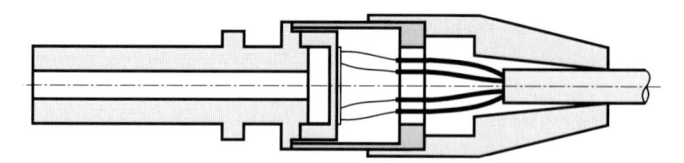

Abb. 3-16: *Aufnehmer mit Membran-Federkörper und Anschlussstück*

3.2.3 Drehmomentaufnehmer

Drehmomentaufnehmer bestehen in der Regel aus einem Federkörper mit Dehnungsmessstreifen, einem Übertragungsteil und einem Gehäuse. Zusätzlich können weitere Bestandteile auftreten, wie z.B. Lager.

Beim Federkörper kann es sich z.B. um eine Torsionswelle handeln. Bei einem konstanten Drehmoment ist die Größe des Messsignals abhängig von der Torsionssteifigkeit der Welle. Durch Auswahl des Materials und des Querschnitts der Welle kann daher die Größe des Ausgangssignals beeinflusst werden. Dieses Verfahren wird benutzt, um ein ausreichend großes Messsignal bei anliegendem Nenndrehmoment zu erhalten. Leider sind nicht alle Materialien für den Aufnehmerbau geeignet, außerdem sind der Verkleinerung des Querschnitts aus Stabilitätsgründen Grenzen gesetzt. Deshalb wird als Federkörper für Drehmomentaufnehmer oft eine Hohlwelle benutzt.

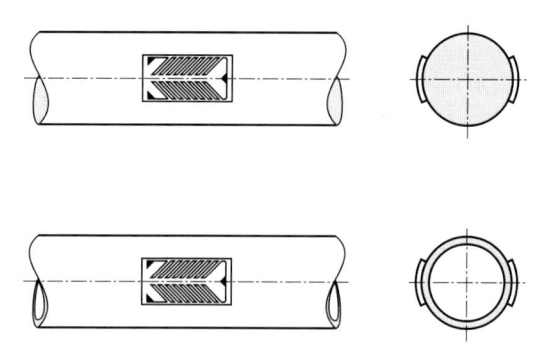

Abb. 3-17:
*Federkörper des
Wellen-Typs*

Aufnehmer für besonders kleine Drehmomente enthalten häufig einen Federkörper des Käfig-Typs (Abb. 3-18). Hierbei wird das Drehmoment von der Welle über eine Scheibe auf vier Biegebalken übertragen, von dort auf eine zweite Scheibe und die Ausgangswelle. Die DMS erfassen die Biegedehnung an den Biegebalken und erzeugen so das Messsignal.

Aufnehmer mit Dehnungsmessstreifen

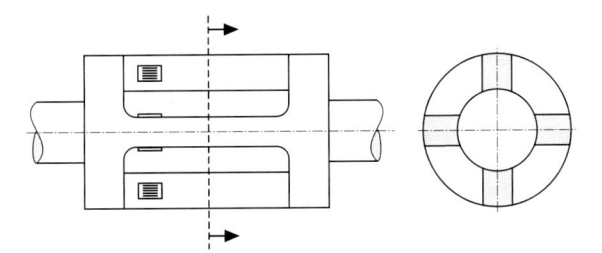

Abb. 3-18:
Federkörper des Käfig-Typs

Bei dem heute sehr oft verwendeten Scherstab-Federkörper (siehe Abb. 3-19 auf Seite 81) wird das Drehmoment durch 4 „Stäbe" vom Innenring zum Außenring übertragen. Die DMS messen die Scherdehnungen an den Stäben. Dieser Typ wird beispielsweise für Referenz-Drehmomentmessscheiben benutzt.

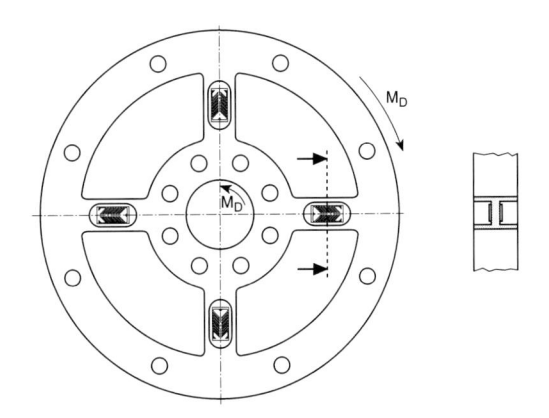

Abb. 3-19:
Scherstab-Federkörper

Messungen an ruhenden oder nur in einem eng begrenzten Bereich drehbaren Wellen stellen einen Sonderfall dar. Hierbei ist es möglich, die Wheatstone-Brücke auf der Welle durch normale Kabel mit dem Messgerät zu verbinden. Speise- und Signalspannung können problemlos auf diesem Weg zu- bzw. abgeführt werden.

Dieser Anwendungsfall tritt auf, wenn z.B. mit einer besonders genauen Referenz-Drehmomentmessscheibe andere Drehmomentaufnehmer oder Drehmomentschlüssel kalibriert werden sollen. Ein weiteres Anwendungsbeispiel ist die Dauerschwingprüfung von Bauteilen unter Torsionsbelastung.

Bei rotierenden Wellen kann eine Kabelverbindung normalerweise nicht benutzt werden.

Kapitel 3

Die Übertragung von Speise- und Signalspannung kann z.B. durch Bürsten und Schleifringe erfolgen. Bei diesem System rotieren üblicherweise die Schleifringe mit der Welle und die stillstehenden Kontaktbürsten werden durch Federkraft angepresst. Die Gleitgeschwindigkeit zwischen Bürste und Schleifring begrenzt die Anwendbarkeit dieses Systems. Auch bei besonders gut geeigneten Werkstoffkombinationen lässt sich eine höhere Drehzahl als ca. 6000 U/min nicht erreichen, da die zuverlässige Übertragung dann nicht mehr gewährleistet werden kann.

Eine zweite Möglichkeit stellt die berührungslose Übertragung von Speise- und Signalspannung dar. Dies kann auf kapazitivem oder induktivem Wege erfolgen. Bei diesem System sind höhere Drehzahlen möglich.

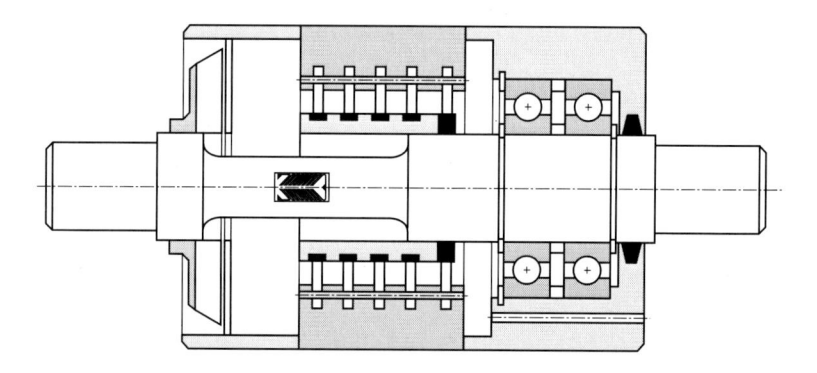

Abb. 3-20: Drehmomentaufnehmer mit Schleifringen

Abb. 3-20 zeigt die Schnittzeichnung eines Drehmomentaufnehmers mit Schleifringen und Bürsten zur Übertragung von Speise- und Signalspannung. Als Federkörper dient eine Vollwelle, die im Bereich der DMS einen reduzierten Querschnitt aufweist. Diese Form wurde gewählt, um ausreichende Steifigkeit zu erhalten und gleichzeitig an den DMS die erforderliche Dehnung bei Nenndrehmoment zu erreichen. Auf der Welle ist die mitrotierende Hülse mit fünf Schleifringen befestigt, zwei für die Speisespannung, zwei für die Signalspannung und einer als Massekontakt.

Ein Lüfterrad auf der Welle erzeugt einen stetigen Luftstrom durch das Aufnehmergehäuse. Dieser dient einerseits zur Kühlung, andererseits soll er Abrieb von Schleifringen und Bürsten entfernen.

Die Lagerung des Stators auf dem Rotor erfolgt durch zwei Wälzlager, die auf einer Seite des Aufnehmers angeordnet sind. Dadurch kann der Aufnehmer so eingebaut werden, dass die Lagerreibung keinen Einfluss auf das Messergebnis hat.

Aufnehmer mit Dehnungsmessstreifen

Abb. 3-21 zeigt eine Querschnittszeichnung durch den Übertragungsteil dieses Aufnehmers. Hier ist erkennbar, dass jeweils zwei Bürsten auf einem Schleifring laufen. Wenn durch eine kleine Abweichung von der idealen Kreisform des rotierenden Schleifrings eine Bürste abhebt, sorgt die zweite für unterbrechungsfreie Übertragung. Die Wahrscheinlichkeit, dass beide Bürsten gleichzeitig den Kontakt verlieren, ist sehr gering. Die maximal zulässige Dauerdrehzahl für solche Drehmomentaufnehmer richtet sich nach Bauart und Größe, maximal können 6000 U/min erreicht werden. In Messpausen können die Bürsten mit einem Hebel von den Schleifringen abgehoben werden, um den Verschleiß zu verringern und dadurch die Wartungsintervalle zu verlängern.

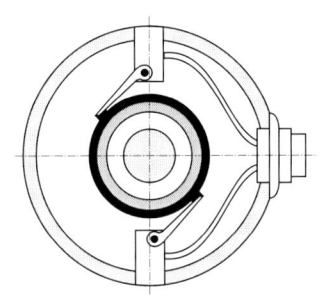

Abb. 3-21:
Übertragung mit Schleifring und Bürsten

Die Übertragungseinrichtung in Aufnehmern mit berührungsloser Signalübertragung unterliegt keinerlei Verschleiß, deshalb sind diese Drehmomentaufnehmer auch für den Dauerbetrieb geeignet. Außerdem erlauben sie Messungen bei höheren Drehzahlen, je nach Bauart bis zu 40000 U/min.

Die Speisung wird als Wechselspannung induktiv auf den Rotor übertragen. Für die Wheatstone-Brücke wird die Frequenz in eine stabilisierte Gleichspannung umgesetzt. Die Brücke gibt eine Signalspannung ab, die in eine Frequenz umgesetzt und kapazitiv oder induktiv zum Stator übertragen wird.

Durch zwei induktive oder zwei optische Aufnehmer werden Impulse proportional zur Drehzahl berührungslos erfasst, durch die Anordnung der Aufnehmer ist auch die Drehrichtung erkennbar. Mit entsprechenden Geräten lassen sich Drehrichtung, Drehzahl, Drehmoment und Leistung anzeigen.

Kapitel 3

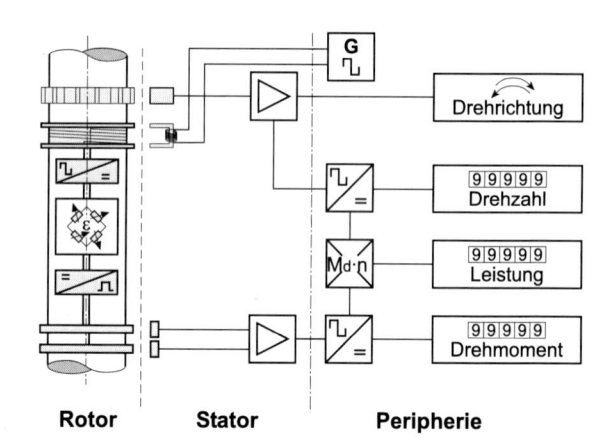

Abb. 3-22:
Prinzipschaltbild einer
Drehmomentmesswelle
mit berührungsloser
Übertragung

Die Schnittzeichnung eines Drehmomentaufnehmers, der die angegebenen Möglichkeiten enthält, ist in Abb. 3-23 zu sehen. Die mitrotierenden Teile der Elektronik sind im Inneren der Hohlwelle untergebracht. Dort sind sie einerseits gut geschützt, andererseits sind die auftretenden Fliehkräfte geringer als außen.

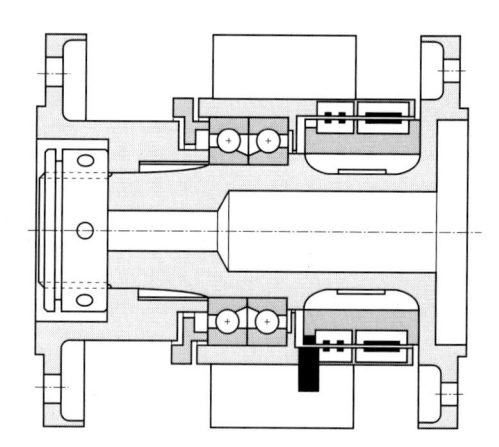

Abb. 3-23:
Schnittbild Drehmomentaufnehmer mit Lagern

Bei dieser Bauart ist der Stator durch zwei Wälzlager mit dem Rotor verbunden. Die Lager bestimmen die maximal zulässige Drehzahl, bei der hier gezeigten Messwelle sind bis zu 10000 U/min erreichbar.

Die in Abb. 3-24 gezeigte Drehmomentmesswelle bietet ebenfalls alle vorgenannten Möglichkeiten, sie ist jedoch lagerlos aufgebaut, sodass keinerlei Berührungspunkte zwischen Stator und Rotor existieren. Mit diesem Typ sind Drehzahlen bis

Aufnehmer mit Dehnungsmessstreifen

zu 40000 U/min erreichbar. Natürlich müssen bei einer lagerlosen Messwelle Rotor und Stator innerhalb der angegebenen Toleranzen positioniert sein.

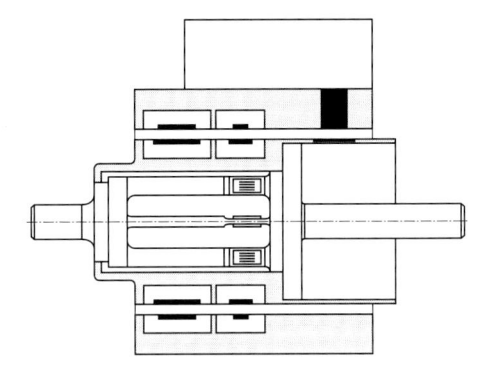

Abb. 3-24:
Schnittbild lagerloser Drehmomentaufnehmer

3.3 Eigenschaften von DMS-Aufnehmern

Aufnehmer mit Dehnungsmessstreifen als Messsystem enthalten generell eine Wheatstone-Vollbrücke, um ein möglichst großes Messsignal und gute Temperaturkompensation zu erhalten. Zusätzlich können eine ganze Reihe anderer Kompensations- oder Abgleichelemente enthalten sein. Abb. 3-25 zeigt das Schaltbild eines Präzisionsaufnehmers.

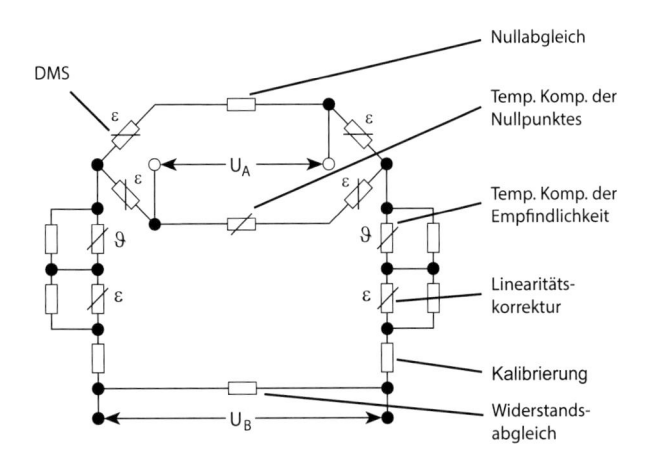

Abb. 3-25:
Schaltbild eines DMS-Aufnehmers

Beschriftungen: DMS, U_A, U_B, Nullabgleich, Temp. Komp. der Nullpunktes, Temp. Komp. der Empfindlichkeit, Linearitätskorrektur, Kalibrierung, Widerstandsabgleich

Kapitel 3

Die Genauigkeit der Aufnehmer richtet sich nach der vorgesehenen Anwendung, üblich sind Messabweichungen zwischen 2% und 0,015% der Nennlast. In Sonderfällen können auch noch genauere Kraftaufnehmer oder Wägezellen gebaut werden, so wurden z.b. Referenzaufnehmer gebaut mit einem zusammengesetzten Fehler von weniger als 20 ppm. Je höher die gewünschte Genauigkeit ist, desto mehr Aufwand ist bei Herstellung und Abgleich des Aufnehmers erforderlich, was sich natürlich im Preis bemerkbar macht.

Der Federkörper im Aufnehmer wird unter Belastung elastisch deformiert, dadurch entsteht eine Verschiebung des Kraftangriffspunktes, der Messweg. Dieser Messweg ist bei DMS-Aufnehmern sehr klein, üblich sind Messwege bei Nennlast zwischen 0,05 und 0,5 mm.

Der elektrische Widerstand der meisten DMS-Aufnehmer beträgt jeweils ca. 350 Ω zwischen den beiden Eingangs- und den beiden Ausgangsleitungen. Bei besonders preisgünstigen Aufnehmern kann er in einem größeren Streubereich um diesen Wert liegen. Neuerdings werden auch verstärkt Aufnehmer mit einem Brückenwiderstand von einigen Kiloohm gebaut; ihre DMS sind meist in Aufdampftechnik hergestellt.

Eine Reihe von Aufnehmern haben ein normiertes Ausgangssignal von z.B. 2 mV/V bei Nennlast. Das heißt, sie geben bei Nennlast ein Signal von 2 mV pro Volt Brückenspeisespannung ab. Ein normiertes Ausgangssignal erlaubt den problemlosen Austausch von Aufnehmern, außerdem wird das Kalibrieren der Messkette erheblich erleichtert. Sollen mehrere Aufnehmer parallel geschaltet werden, wie z.B. zur Behälterverwiegung üblich, so sind gleiches Ausgangssignal bei Nennlast und gleicher Brückenwiderstand zwingend notwendig. Für besonders preisgünstige Anwendungen gibt es auch Aufnehmer mit größeren Abweichungen zum normierten Ausgangssignal, in der Regel ist die Abweichung jedoch kleiner als 1% und das tatsächliche Ausgangssignal bei Nennlast wird im Kalibrierprotokoll des Aufnehmers angegeben.

Bei Aufnehmern, die in 4-Leiterschaltung kalibriert sind, gilt das angegebene Ausgangssignal am Ende des Originalaufnehmerkabels. Auch bei der Temperaturkompensation des Aufnehmers ist das Kabel mit einbezogen. Aus diesen Gründen darf man das Originalkabel eines Aufnehmers in 4-Leiterschaltung niemals kürzen. Bei Anwendung der 6-Leiterschaltung mit Aufnehmern, die in dieser Technik kalibriert sind, ist die Kabellänge ohne Bedeutung, da alle Einflüsse des Kabelwiderstands durch eine automatische Regelung eliminiert werden.

Mit dem Aufnehmer erhält man eine Bedienungsanleitung. In ihr stehen technische Daten und andere wichtige Informationen, die man vor Inbetriebnahme kennen sollte. Abb. 3-26 erläutert die angegebenen Laststufen für Aufnehmer.

Aufnehmer mit Dehnungsmessstreifen

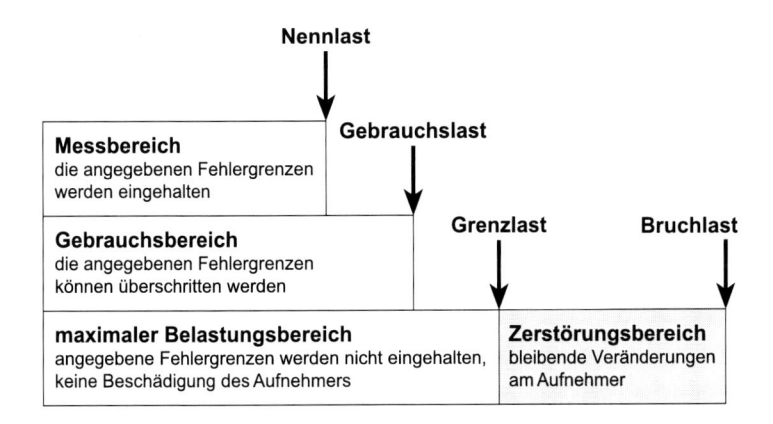

```
                    Nennlast
                       │
                       ▼
┌─────────────────────────────┐
│ Messbereich                 │ Gebrauchslast
│ die angegebenen Fehlergrenzen│      │
│ werden eingehalten          │      ▼
├─────────────────────────────┤─────────────────────────────
│ Gebrauchsbereich            │      Grenzlast        Bruchlast
│ die angegebenen Fehlergrenzen│         │               │
│ können überschritten werden │         ▼               ▼
├─────────────────────────────┼─────────────────────────────
│ maximaler Belastungsbereich │ Zerstörungsbereich        │
│ angegebene Fehlergrenzen werden nicht eingehalten, │ bleibende Veränderungen │
│ keine Beschädigung des Aufnehmers │ am Aufnehmer       │
└─────────────────────────────┴─────────────────────────────
```

Abb. 3-26: Laststufen für Kraftaufnehmer/Wägezellen

Die Nennlast kennzeichnet den Aufnehmer, sie begrenzt den Messbereich, für den die angegebenen Messabweichungen gelten. Alle anderen Laststufen sind in Prozent der Nennlast angegeben. Bis zur Grenzlast treten keine Schädigungen auf, erst wenn sie überschritten wird, entstehen bleibende Veränderungen. Die Größe der Grenzlast hängt vom Typ des Federkörpers ab, in vielen Fällen beträgt sie 150 %, manchmal auch bis zu 2000 % der Nennlast. In den meisten Schadensfällen tritt eine plastische Verformung des Federkörpers auf, hierzu reicht bereits eine einmalige kurzzeitige Überlastung. Eine plastische Verformung des Federkörpers erzeugt eine bleibende Veränderung des Nullsignals des Aufnehmers. Um prüfen zu können, ob ein Aufnehmer beschädigt wurde, ist es daher zweckmäßig, das Nullsignal eines jeden neuen Aufnehmers zu messen und zu registrieren. Das Nullsignal eines neuen Aufnehmers sollte ungefähr im Bereich von ± 1 % des Nennsignals um den Wert null liegen.

Bei Kraftaufnehmern/Wägezellen, die für Zug- und Druckbelastung konzipiert sind, ist zu beachten, dass zwei verschiedene Nullsignale auftreten können, abhängig davon, in welcher Richtung zuletzt belastet wurde. Wird bei einer späteren Nachmessung eine deutliche Änderung des Nullsignals festgestellt, so wird in den meisten Fällen eine vorausgegangene Überlastung die Ursache sein.

Eine weitere Angabe ist die zulässige Dauerschwingamplitude, sie wird ebenfalls in Prozent der Nennlast angegeben. Abb. 3-27 zeigt als Beispiel einen Aufnehmer für Zug- und Druckbelastung mit einer maximalen Dauerschwingbreite von 80 % der Nennlast. Dabei kann die Schwingamplitude an beliebiger Stelle zwischen positiver und negativer Nennlast liegen. Die gesamte Spanne zwischen positiver und negativer Nennlast entspricht 200 %, daher kann es vorkommen, dass für bestimmte Aufnehmer die maximale Dauerschwingbreite mit mehr als 100 % angegeben wird.

Kapitel 3

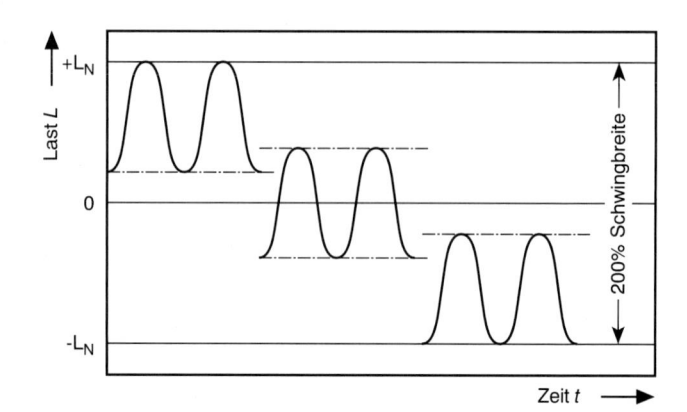

Abb. 3-27:
Zulässige Dauerschwingbelastung

Die Eigenfrequenz von Kraftaufnehmern/Wägezellen liegt meist über 1 kHz, allerdings wird sie kleiner, sobald eine Masse angekoppelt wird. Um Störungen zu vermeiden, z. B. durch Resonanzschwingungen, muss die Eigenfrequenz des gesamten Systems, Aufnehmer mit Masse, beachtet werden.

Der zusammengesetzte Fehler (siehe Abb. 3-28 auf Seite 88) berücksichtigt Nichtlinearitäten und Hysterese der Aufnehmer. Der zusammengesetzte Fehler gibt also die Breite des Toleranzbandes an, in dem jeder Punkt der Aufnehmerkennlinie liegt.

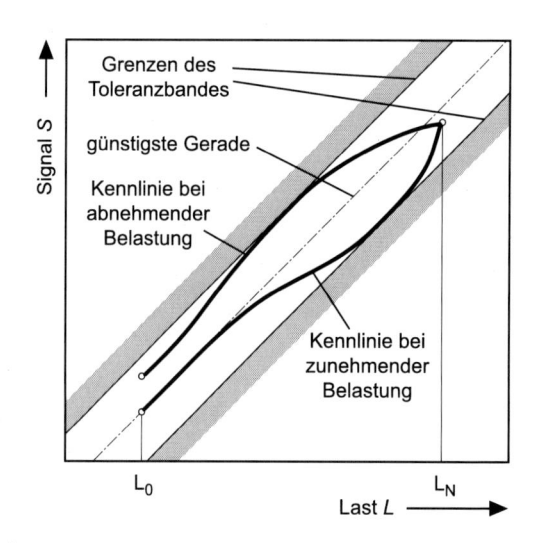

Abb. 3-28:
Zusammengesetzter Fehler

Aufnehmer mit Dehnungsmessstreifen

Sehr häufig soll Druck bei erhöhter Temperatur gemessen werden. In den technischen Daten der Druckaufnehmer finden sich verschiedene Temperaturangaben, Abb. 3-29 erläutert diese.

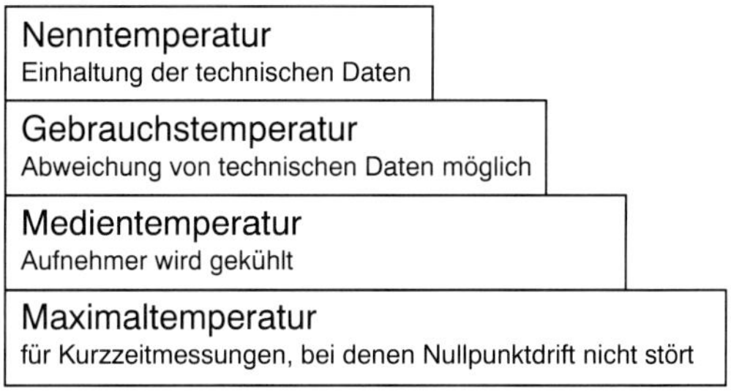

Abb. 3-29:
Temperaturbereiche für Druckaufnehmer

Nenntemperatur
Einhaltung der technischen Daten

Gebrauchstemperatur
Abweichung von technischen Daten möglich

Medientemperatur
Aufnehmer wird gekühlt

Maximaltemperatur
für Kurzzeitmessungen, bei denen Nullpunktdrift nicht stört

Bis zur Nenntemperatur gelten die angegebenen Messabweichungen. Darüber hinaus können Messungen bis zur Gebrauchstemperatur durchgeführt werden. Allerdings können dabei die Abweichungen größer werden als in den technischen Daten angegeben.

Das zu messende Druckmedium kann maximal die Medientemperatur aufweisen, wenn der Aufnehmer selbst gekühlt wird. Im jeweiligen Datenblatt ist angegeben, welche Temperatur für den Aufnehmer selbst eingehalten werden muss.

Kurzzeitmessungen können bis zur Maximaltemperatur durchgeführt werden. Allerdings kann dabei eine Nullpunktdrift auftreten.

Die Überschreitung der Temperaturgrenzen kann zur Zerstörung des Druckaufnehmers führen. Von bestimmten Typen gibt es allerdings auch Hochtemperaturversionen, die bis zu 300°C einsetzbar sind.

Als besondere Einsatzbedingung soll hier die Messung in explosionsgefährdeten Bereichen angesprochen werden. Zu diesem Zweck wird eine Anzahl von Aufnehmern in verschiedenen Ex-Versionen (explosionsgeschützt) angeboten. Das heißt, sie können (mit geeigneten Vorschaltgeräten) als eigensichere Betriebsmittel in explosionsgefährdeten Bereichen eingesetzt werden. Stichworte sind hier ATEX95/114 bzw. die Richtlinie 94/9/EG bzw. Richtlinie 94/9/EU.

3.4 Hinweise zum Einbau von Aufnehmern

Bei Messungen mit Aufnehmern können viele unterschiedliche Störeinflüsse auftreten. In diesem Abschnitt werden einige Beispiele angesprochen und mögliche Abhilfemaßnahmen aufgezeigt.

Kapitel 3

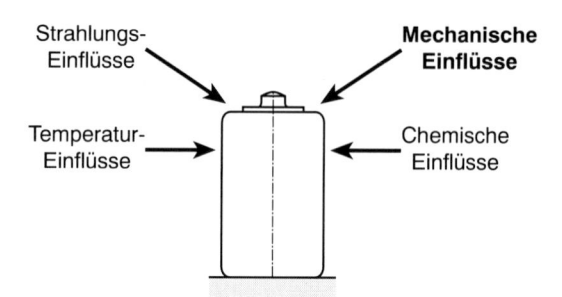

Abb. 3-30:
Mögliche Störeinflüsse

(Strahlungs-Einflüsse, Temperatur-Einflüsse, Mechanische Einflüsse, Chemische Einflüsse)

Mechanische Einflüsse haben die größte Bedeutung und werden deshalb im folgenden Kapitel ausführlich behandelt.

Chemische Einflüsse können den Aufnehmer bzw. die DMS verändern, z.B. durch Einwirkung von Feuchtigkeit oder Angriff aggressiver Medien. Eine Abhilfemöglichkeit liegt im Einsatz hermetisch gekapselter Aufnehmer. Es kann manchmal notwendig werden, einen Aufnehmer aus Material mit besonderen Eigenschaften zu wählen, z.B. aus säurebeständigem Stahl. Beachten Sie, dass auch die Kabel entsprechend widerstandsfähig sind bzw. geschützt werden müssen.

Thermische Einflüsse, die einseitig auf einen Aufnehmer wirken, können das Messergebnis verändern. Falls sich ungleichmäßige Umgebungstemperaturen nicht verhindern lassen, müssen Aufnehmer durch eine isolierende Ummantelung geschützt werden. Langsame gleichmäßige Temperaturänderungen haben keinen oder nur einen sehr kleinen Einfluss auf das Messergebnis, da die Aufnehmer üblicherweise Elemente zur Kompensation des Temperaturgangs enthalten. Bei Aufnehmern, die in 4-Leiterschaltung kalibriert sind, muss auch das Originalkabel des Aufnehmers die gleiche Temperatur haben wie der Aufnehmer selbst, andernfalls entstehen Messfehler. Bei Aufnehmern in 6-Leiterschaltung wird der Temperatureinfluss auf das Kabel durch die Elektronik im Messgerät ausgeregelt.

Ionisierende Strahlung hat bei normalen Umgebungsbedingungen keinen Einfluss auf DMS-Aufnehmer. In Zonen konzentrierter Strahlung, z.B. in einem Kernreaktor, kann jedoch jede Messung mit DMS unmöglich werden, weil die Strahlung die Metallstruktur des Messgitterwerkstoffs verändert und dadurch eine Widerstandsänderung erzeugt. Es ist unmöglich, die Widerstandsänderungen durch Strahlung von denen zu unterscheiden, die durch die zu messende Größe im DMS entstehen. Notfalls muss man auf ein anderes Messsystem ausweichen, z.B. induktive oder kapazitive Aufnehmer.

Magnetische Felder haben keinen Einfluss auf DMS mit Konstantan-Messgitter, da dieses Material nicht magnetisch ist. Falls der Aufnehmer aus magnetischem oder ferritischem Material besteht, kann durch die Wirkung des Magnetfeldes auf den Federkörper ein Messfehler entstehen. Die Wirkung elektrischer oder magneti-

Aufnehmer mit Dehnungsmessstreifen

scher Felder auf das Anschlusskabel führt zu Messfehlern, falls dies nicht durch das angeschlossene Messgerät verhindert wird.

3.4.1 Störungen für Kraft- und Gewichtsmessungen

Fehler in der Krafteinleitung, z.B. nicht zentrische oder nicht axiale Einleitung oder überlagerte Störkräfte, können die Messergebnisse verfälschen.

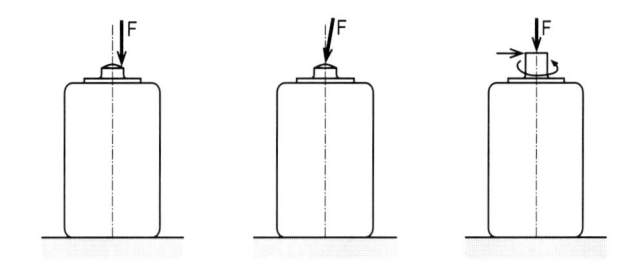

Abb. 3-31:
Fehler in der Krafteinleitung

Wenn die eingeleiteten Querkräfte oder Momente die zulässigen Werte überschreiten, kann zusätzlich das Messelement beschädigt werden. Eine nicht axial eingeleitete Kraft kann zerlegt werden in einen Anteil in Messrichtung und einen Seitenkraftanteil. Abb. 3-32 zeigt die Komponenten und ihre Berechnungsformeln.

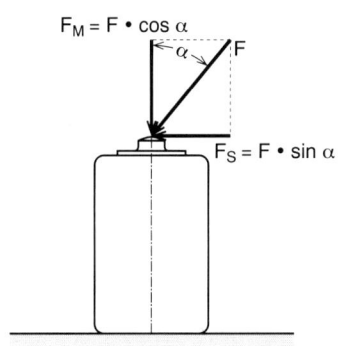

$F_M = F \cdot \cos \alpha$

$F_S = F \cdot \sin \alpha$

α	$\cos \alpha$	$\sin \alpha$
1°	0,99984	0,01745
2°	0,99939	0,03489
3°	0,99862	0,05234
4°	0,99756	0,06976
5°	0,99619	0,08716

F = aufgebrachte Kraft
α = Winkel der Kraft
F_M = Kraft in Messrichtung
F_S = Seitenkraft

Abb. 3-32:
Schräglast bei Kraftaufnehmern/ Wägezellen

Aus den angegebenen Werten erkennt man, dass bei einem Winkel von 5° in Messrichtung noch 99,6 % der Kraft wirken, die Seitenkraft aber bereits 8,7 % der Kraft beträgt. Eine Seitenkraft dieser Größe kann, bei Belastung nahe der Nennlast, einige Aufnehmer bereits zerstören. Beispielsweise kann die statische Grenz-

Kapitel 3

querbelastung für Wägezellen mit säulenförmigem Federkörper weniger als 10% der Nennlast betragen. Andere Typen können erheblich unempfindlicher sein, so haben Doppel-Biegebalken meist eine relative statische Grenzquerbelastung zwischen 50 und 200%.

Auch eine fehlerhafte Auflagefläche kann zu Messfehlern bzw. zur Zerstörung des Aufnehmers führen. Jeder Aufnehmer soll mit seiner gesamten Grundfläche auf der Stützfläche stehen, um örtliche Überlastungen zu vermeiden. Eine Auflagefläche, die sich unter Belastung durchbiegt, verfälscht zusätzlich das Messergebnis bei dynamischen Messungen.

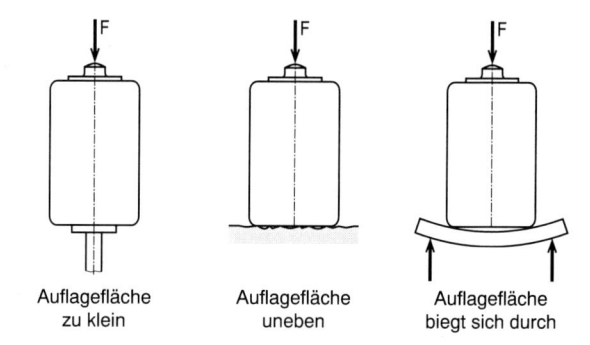

Abb. 3-33:
Fehlerhafte Auflageflächen

Auflagefläche zu klein   Auflagefläche uneben   Auflagefläche biegt sich durch

Bei Schwingbelastung ist, wie bereits erwähnt, die maximale Dauerschwingbreite zu berücksichtigen. Die in Abb. 3-34 dargestellte Dauerschwingung zwischen positiver und negativer Nennlast wird in der Regel zur Zerstörung des Aufnehmers führen.

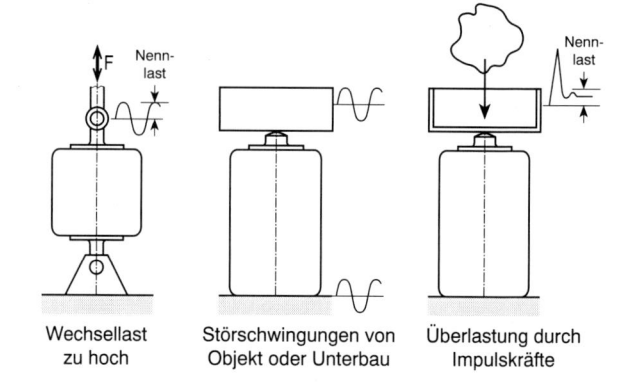

Abb. 3-34:
Dynamische Störeinflüsse

Wechsellast zu hoch   Störschwingungen von Objekt oder Unterbau   Überlastung durch Impulskräfte

92

Aufnehmer mit Dehnungsmessstreifen

Störschwingungen, die vom Objekt oder vom Unterbau eingeleitet werden, stellen meistens keine Gefahr für den Aufnehmer dar, weil sie von ihrer Größe her gegenüber der Last relativ klein sind. Eine Messung können solche Störschwingungen jedoch empfindlich stören oder gar unmöglich machen. Falls ein deutlicher Unterschied zwischen Stör- und Signalfrequenz besteht, kann die Störung unterdrückt werden, z.B. durch Auswahl eines Trägerfrequenzverstärkers mit geringer Bandbreite, durch ein Tiefpassfilter oder durch integrierende Anzeiger.

Sehr häufig wird die Wirkung von fallenden Massen auf einen Aufnehmer unterschätzt. Zur Demonstration dient der in Abb. 3-35 gezeigte Versuch. Bei diesem Versuch fällt eine Stahlkugel mit 135 g Masse aus 30 cm Höhe auf den Lastknopf einer Wägezelle, Nennlast 1000 kg. Über einen Gleichspannungsverstärker ist ein Speicheroszilloskop angeschlossen, mit dem der Signalverlauf aufgezeichnet werden kann. Durch die Kalibrierung wird der Kraftverlauf des Stoßvorgangs wie eine Gewichtskraft dargestellt.

Die Fragestellung ist nun, welche Masse erzeugt im Erdschwerefeld eine Gewichtskraft, die der Maximalkraft beim Stoßvorgang entspricht? Das Ergebnis kann rechnerisch bestimmt werden nach der Formel:

$$m \cdot g \cdot h = 1/2 \, F \cdot s. \tag{3-1}$$

Hierbei ist m die Masse der Kugel = 0,135 kg, g die Erdbeschleunigung, h die Fallhöhe = 0,3 m, s der Bremsweg (angenommen für die Einfederung der Wägezelle unter Nennlast) = 0,0001 m. Damit ergibt sich eine Kraft F = 7946 N. Die gleiche Kraft entsteht als Gewichtskraft bei einer Masse von 810 kg.

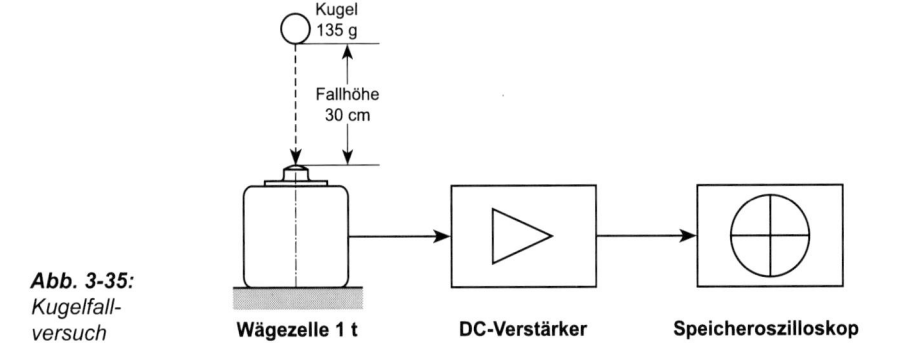

Abb. 3-35:
Kugelfallversuch

Wägezelle 1 t　　　DC-Verstärker　　　Speicheroszilloskop

Das Experiment wird ein etwas geringeres Resultat ergeben, weil die Elastizität der Stahlkugel und des Untergrunds unter der Wägezelle den Bremsweg s vergrößert. Mit diesem Ergebnis ist leicht erkennbar, dass eine Wägezelle durch fallende Massen sehr schnell überlastet und damit zerstört werden kann. Unter ungünsti-

Kapitel 3

gen Bedingungen kann eine Wägezelle bereits dadurch zerstört werden, dass sie auf den Boden fällt. Um einer Schädigung vorzubeugen, muss der Bremsweg vergrößert werden, z.B. durch geeignete Transportverpackung bzw. im Betrieb durch elastische Zwischenlagen zwischen der Wägeplattform und dem Lastknopf der Wägezelle.

3.4.2 Störungen bei Druckmessungen

An einigen Beispielen sollen nun mögliche Störeinflüsse bei Druckmessungen gezeigt werden.

Ein Fremdkörper, der die Druckeinleitung behindert, führt in jedem Fall zu einem Messfehler. Geeignete konstruktive Maßnahmen (z.B. vorgeschaltetes Sieb) können derartige Fehler verhindern.

Eine Membran stellt ein Feder-Masse-System dar, das durch äußere Beschleunigungen (z.B. Gehäusevibration) in Schwingung versetzt werden kann. Dynamische Messungen können dadurch unmöglich werden, statische Messungen können z.B. durch Filter oder integrierende Anzeiger ermöglicht werden.

Die Eigenfrequenz ist vom Messbereich und von der Dämpfung abhängig. Die in den technischen Daten genannte Eigenfrequenz gilt für Messungen in Luft, wenn die Strömungsverhältnisse an den Anschlüssen des Aufnehmers nicht gestört werden. Für die Auslegung einer Messeinrichtung ist die Eigenfrequenz des gesamten Systems (mit Rohrleitungen und Messmedium) entscheidend. Wenn die Messfrequenz größer als 10% der Eigenfrequenz ist, kann es zu Messfehlern kommen. Dabei können die Signale zu groß oder zu klein werden. Im Extremfall kann auch der Aufnehmer zerstört werden.

Abb. 3-36 und Abb. 3-37 auf Seite 95 zeigen verschiedene Messaufbauten mit Absolutdruckaufnehmern.

Will man den „Schaltschlag" in einer Flüssigkeit messen, so ist die Anordnung des Aufnehmers direkt vor dem Ventil richtig. Soll jedoch nur der normale Betriebsdruck in der Rohrleitung gemessen werden, besteht die Gefahr, dass der Aufnehmer überlastet wird, falls er für den Betriebsdruck und nicht für die Druckspitze des Schaltschlages ausgelegt wurde. Im Extremfall kann sogar der Aufnehmer aus der Verschraubung gerissen werden. Einen Eindruck von der Höhe einer solchen Druckspitze soll die Berechnung für ein sehr einfaches Beispiel geben. Die Höhe der Druckspitze (p_2) errechnet sich nach der Formel:

$$p_2 = p_1 + \rho \cdot l \cdot v_0/\Delta t \qquad (3\text{-}2)$$

Zum Beispiel sei der Betriebsdruck (p_1) 10 bar, die Dichte (ρ) 1000 kg/m^3, die Rohrlänge (l) vor dem Ventil 20 m, die Strömungsgeschwindigkeit (v_0) 5 m/s und die

Aufnehmer mit Dehnungsmessstreifen

Schließzeit des Ventils (Δt) 0,01 s. Dann entsteht eine Druckspitze in Höhe von 110 bar. Unter anderen Bedingungen können noch erheblich höhere Werte erreicht werden.

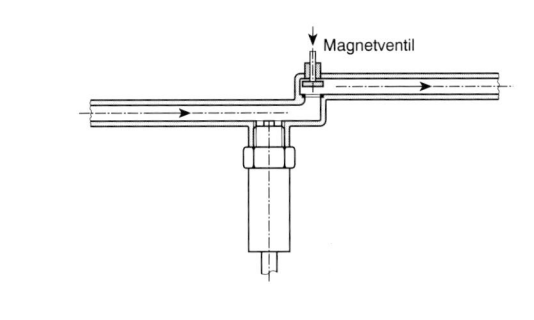

Abb. 3-36:
Störeinflüsse bei Druckmessungen

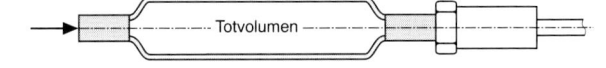

Die Anordnung des Aufnehmers hinter Drosselstellen und einem Totvolumen ist geeignet für statische Messungen. Bei dynamischen Messungen, insbesondere in kompressiblen Medien, wird der Druckverlauf nicht korrekt erfasst. Es kann notwendig sein, einen Aufnehmer mit Frontmembran totraumfrei einzubauen, um dynamische Vorgänge mit hinreichender Genauigkeit messen zu können.

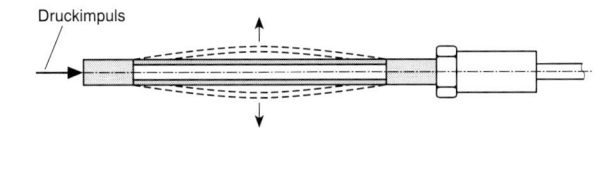

Abb. 3-37:
Störeinflüsse durch Elastizitäten

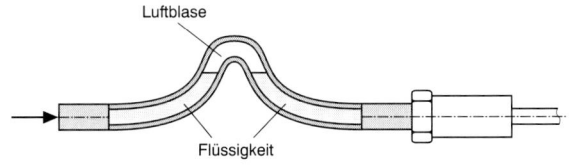

Elastische Zwischenglieder (Luftblase oder Schlauch) verringern die Wirkung von Druckspitzen auf den Aufnehmer. Für statische Messungen ist dies ohne Bedeutung, dynamische Messungen können jedoch stark gestört werden, da Druckspitzen niedriger erscheinen, als sie sind. Luftblasen im Totraum lassen sich vermeiden, wenn man den Aufnehmer von unten einbaut, siehe Abb. 3-36 oben.

3.4.3 Störungen bei Drehmomentmessungen

Einbau und Anwendung von Drehmomentaufnehmern sollte mit besonderer Sorgfalt erfolgen, um Fehlmessungen oder Schäden zu vermeiden. Im Idealfall befinden sich Antriebs- und Abtriebswelle und der Drehmomentaufnehmer exakt auf einer Achse.

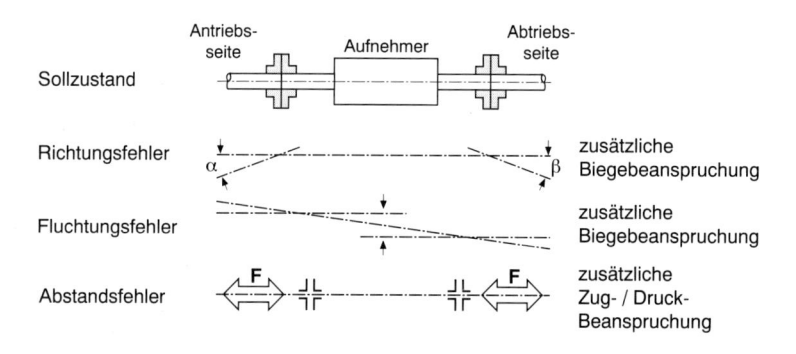

Abb. 3-38: *Mögliche Fehler beim Einbau eines Drehmomentaufnehmers*

Auftretende Richtungs- oder Fluchtungsfehler führen zu einer zusätzlichen Biegebeanspruchung für den Federkörper des Aufnehmers. Bei rotierender Welle entsteht so eine umlaufende Biegung, die zu Materialermüdung und Bruch führen kann.

Abstandsfehler beim Einbau führen zu einer axialen Zug- oder Druckbeanspruchung. Axialkräfte und Biegungen werden durch die Wheatstone-Brückenschaltung kompensiert und erscheinen nicht im Messergebnis, können aber im Extremfall den Aufnehmer beschädigen.

In der Praxis lassen sich auch bei sorgfältiger Arbeit gewisse Restfehler beim Ausrichten der Wellen und Aufnehmer nicht vermeiden. Durch Verwendung geeigneter Kupplungen lassen sich solche Restfehler kompensieren. In Abb. 3-39 sind Bogenzahnkupplungen zu sehen, mit denen Axialabstände, Richtungs- und Fluchtungsfehler ausgleichbar sind. Allerdings sind die zulässigen Fehler relativ klein (*einige Winkelminuten für Richtungsfehler*), und es ist trotz Verwendung dieser Kupplungen ein sorgfältiges Ausrichten erforderlich.

Aufnehmer mit Dehnungsmessstreifen

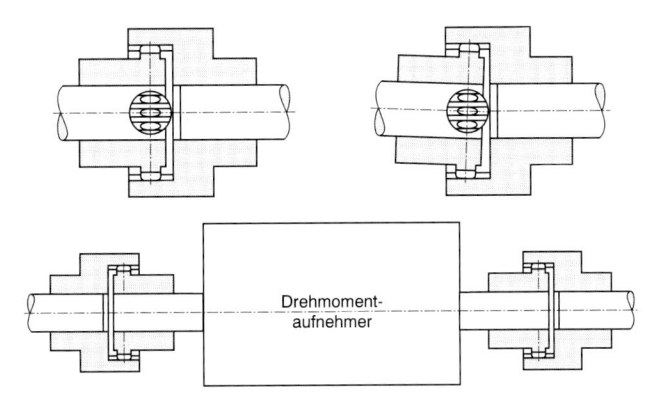

Abb. 3-39:
Bogenzahn-kupplungen

Ein besonders wichtiger Punkt ist die Auswahl des Drehmomentaufnehmers und seiner Nennlast. In Abb. 3-40 sind einige Fehler bei der Auslegung einer Messeinrichtung angedeutet.

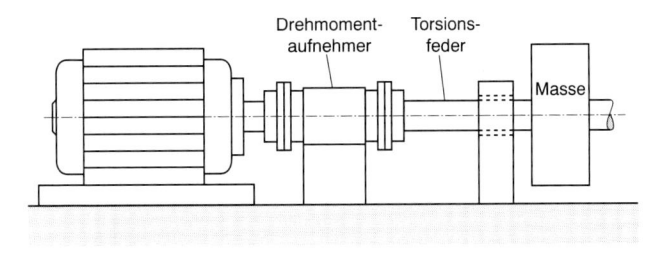

Abb. 3-40:
Mögliche Fehler bei der Auswahl des Aufnehmers

- Überlastung durch Torsionsschwingungen in kritischen Drehzahlbereichen
- Überlastung beim Anlauf

Ein Punkt ist die Torsionssteifigkeit des Antriebsstrangs in Verbindung mit der angetriebenen Masse. Da jede Welle als Torsionsfeder wirkt, liegt hier ein Feder-Masse-System mit einer bestimmten Eigenfrequenz vor. In ungünstigen Fällen können in bestimmten Drehzahlbereichen Torsionsschwingungen auftreten, welche den Drehmomentaufnehmer durch Resonanz zerstören. Im Zweifelsfall muss ein Drehmomentaufnehmer mit höherem Nennmoment und dadurch anderer Eigenfrequenz gewählt werden.

Sehr häufig wird der Fehler gemacht, den Aufnehmer nach dem Nenndrehmoment des Antriebsmotors zu dimensionieren. Wie man in Abb. 3-41 sehen kann, treten beim Anlauf eines Motors erheblich höhere Drehmomente als das Nennmoment auf. Wurde die Messwelle für das Nenndrehmoment ausgelegt, führt in diesem

Kapitel 3

Fall bereits der erste Start zur Zerstörung des Drehmomentaufnehmers. Es müssen also die *maximal auftretenden* Drehmomente bei der Auswahl berücksichtigt werden.

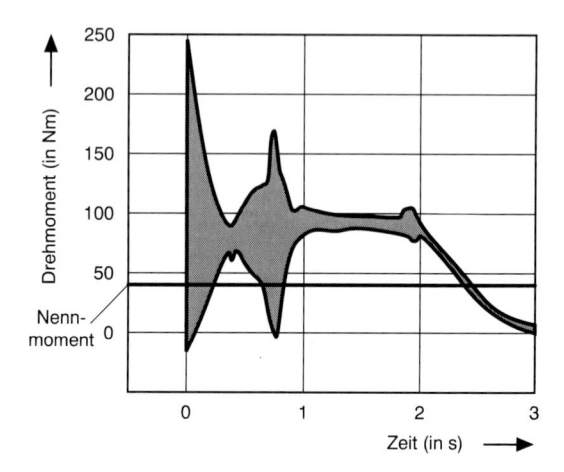

Abb. 3-41:
Anlaufvorgang eines Elektromotors

Bei einigen Untersuchungen ist der Anlaufvorgang unwichtig für die eigentliche Messaufgabe, nur das Drehmoment im normalen Betrieb soll möglichst genau erfasst werden. Legt man den Drehmomentaufnehmer mit seinem Nennmoment nach den Anlaufspitzen aus, steht für die Messung nur ein sehr kleines Signal zur Verfügung, da der Aufnehmer nur zu einem Bruchteil seines Nennmomentes belastet wird. Dieses Problem kann man umgehen, wenn man den Drehmomentaufnehmer mit seinem Grenzmoment nach den Anlaufspitzen auslegt. Dann kann der Anlaufvorgang zwar nicht genau gemessen werden, aber für die eigentliche Messung erhält man ein größeres Signal.

4 Piezoelektrische Sensoren

B. Bill

4.1 Einleitung

Piezoelektrische Messgeräte wurden erstmals bei der Entwicklung von Verbrennungsmotoren zum Messen des Drucks im Verbrennungsraum eingesetzt. Heute werden piezoelektrische Sensoren in sehr vielen Bereichen der Forschung und Produktion sowie als OEM-Komponenten angewendet. Sie dienen dazu, Kräfte, Drehmomente, Dehnungen, Drücke und Beschleunigungen zu messen.

Piezoelektrische Sensoren besitzen eine hohe mechanische Steifigkeit und können daher dynamische Änderungen einer mechanischen Größe bis in höchste Frequenzbereiche erfassen. Es gibt z.b. Drucksensoren, deren Eigenfrequenz weit über 100 kHz liegt. Anderseits lassen sich piezoelektrische Sensoren aber auch erfolgreich für quasistatische Messungen bis in den Bereich von einigen mHz verwenden.

Der Betriebstemperaturbereich piezoelektrischer Sensoren liegt – je nach Ausführung und verwendetem Material – zwischen etwa -263 und 1200 °C. Der nutzbare Messbereich erstreckt sich über mehrere Größenordnungen und das Verhältnis von Spanne zu Ansprechschwelle kann einen Wert von 10^8 erreichen. So ist es beispielsweise möglich, mit einem Kraftmesselement, dessen Messbereich über 200 kN umfasst, auch Kräfte von wenigen Newton zu messen.

Um die genannten mechanischen Größen mit maximaler Genauigkeit bestimmen zu können, gibt es die entsprechenden Sensoren mit verschiedenen Messbereichen. Bei Kraftsensoren erstrecken sie sich von 50 N bis über mehrere 100 kN. Der Messbereich von Drucksensoren kann von einigen wenigen bar bis zu 10 000 bar umfassen. Beschleunigungssensoren weisen Vollbereiche von 5 bis 100 000 g auf.

Piezoelektrischen Sensoren wird eine Elektronik nachgeschaltet, die der Aufbereitung des erzeugten Signals dient. Ist diese Elektronik im Sensorgehäuse integriert, spricht man von Sensoren mit Spannungsausgang. Erfolgt die Signalaufbereitung durch ein externes Gerät, handelt es sich um Sensoren mit Ladungsausgang.

Kapitel 4

4.2 Grundlagen

4.2.1 Die piezoelektrischen Effekte in Kristallen

Piezoelektrische Materialien erzeugen bei mechanischer Belastung (griechisch „piezo": drücken) auf ihren Prismenflächen positive und negative elektrische Ladungen. Die Brüder Pierre und Jacques Curie erbrachten 1880 den experimentellen Nachweis für den Zusammenhang zwischen mechanischer Belastung und erzeugter elektrischer Ladung – den so genannten direkten piezoelektrischen Effekt. Diesen Effekt konnten sie zunächst an Turmalin, dann auch an Quarz (SiO_2) und Seignettesalz nachweisen.

Der Piezoeffekt hat folgende Ursache: Durch die Deformation des Kristallgitters, die eine von außen einwirkende Kraft verursacht, werden die positiven und negativen Gitterbausteine gegeneinander verschoben. Dadurch entsteht ein elektrisches Dipolmoment. Abhängig von der Lage der polaren Kristallachsen zur einwirkenden Kraft kann man verschiedene Piezoeffekte unterscheiden.

Beim Longitudinaleffekt entsteht die Ladung wie in Abb. 4-1 gezeigt auf den Angriffsflächen der Kraft und kann dort abgenommen werden. Die Größe der entstehenden Ladung hängt beim longitudinalen piezoelektrischen Effekt nicht von den geometrischen Abmessungen der Kristallscheiben ab, sondern nur von der aufgebrachten Kraft F_x. Die einzige Möglichkeit die Ladungsausbeute zu erhöhen besteht darin, mehrere Scheiben mechanisch in Reihe und elektrisch parallel zu schalten.

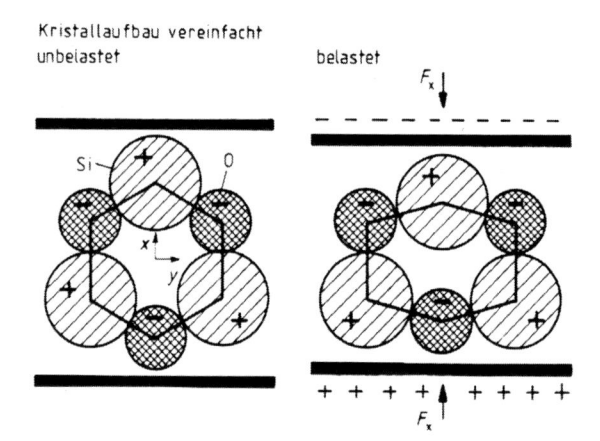

Abb. 4-1:
Prinzip des longitudinalen piezoelektrischen Effekts

Piezoelektrische Sensoren

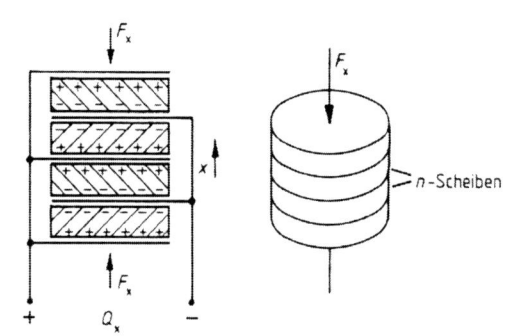

Abb. 4-2:
Möglichkeit zur Erhöhung
der Ladungsausbeute

Die Größe der erzeugten Ladung einer Anordnung nach Abb. 4-2 beträgt:

$$Q_x = d_{11} \cdot F_x \cdot n \qquad (4\text{-}1)$$

Dabei stellt d_{11} den piezoelektrischen Koeffizienten dar. Dieser hat im Fall des Quarzkristalls den Wert -2,3 pC/N.

Der piezoelektrische Koeffizient ist richtungsabhängig und somit abhängig vom Kristallschnitt. Er gibt die Kraftempfindlichkeit des Kristalls in Richtung der entsprechenden Achse an. Piezoelemente, die so geschnitten sind, dass sie den Longitudinaleffekt zeigen, sind also empfindlich auf Druckkräfte. Sie eignen sich vor allem für einfache und robuste Sensoren zur Messung von Kräften, Drücken, Dehnungen und Beschleunigungen.

Beim Schub- oder Schereffekt ist die piezoelektrische Empfindlichkeit wie beim Longitudinaleffekt von der Form und Größe des Piezoelements unabhängig. Auch hier erscheint die elektrische Ladung auf den Flächen, die mechanisch belastet werden (siehe Abb. 4-3 auf Seite 102).

Die Ladung, die im Fall einer Belastung in x-Richtung an n mechanisch in Reihe und elektrisch parallel geschalteten Elementen auftritt, beträgt:

$$Q_x = 2 \cdot d_{11} \cdot F_x \cdot n \qquad (4\text{-}2)$$

Schubempfindliche Piezoelemente werden in Mehrkomponenten-Kraftsensoren und in Beschleunigungssensoren eingesetzt.

Kapitel 4

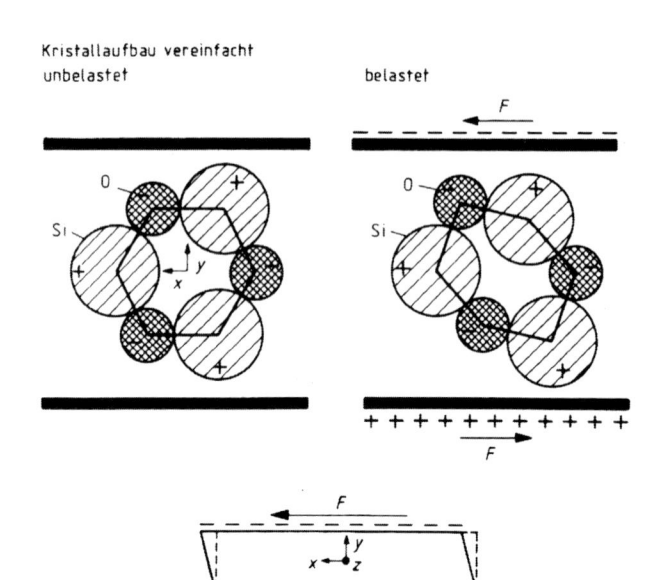

Abb. 4-3:
Prinzip des Schubeffekts (oben) und Angriffsart der Kraft (unten)

Beim Transversaleffekt entsteht durch Einwirkung einer Kraft F_y in Richtung einer der neutralen Kristallachsen y eine elektrische Ladung auf den Flächen der dazu polaren Achse x (siehe Abb. 4-4 auf Seite 103). Im Gegensatz zum longitudinalen piezoelektrischen Effekt ist die Größe dieser auf den unbelasteten Flächen erscheinenden Ladung von den geometrischen Abmessungen des Piezoelements abhängig. Bei einem Element mit den in Abb. 4-4 dargestellten Abmessungen a, b und c beträgt sie:

$$Q_y = -d_{11} \cdot F_y \cdot b/a \qquad (4\text{-}3)$$

Piezoelemente, die den Transversaleffekt aufweisen, werden vor allem in Drucksensoren eingesetzt.

Piezoelektrische Sensoren

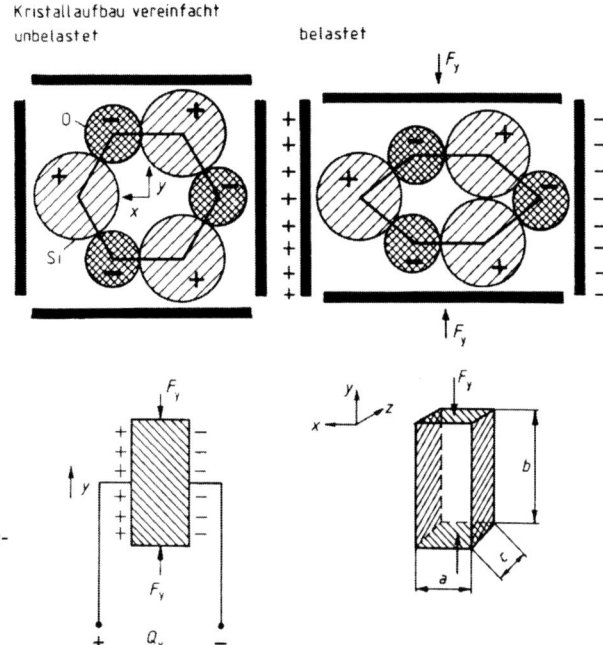

Abb. 4-4:
Prinzip des transversalen piezoelektrischen Effekts (oben) und praktische Nutzung des Effekts (unten)

Die elektrische Ladung ist eine experimentell eher schwer zugängliche Größe. Daher erlangte auch das Phänomen der Piezoelektrizität erst Mitte des 20. Jahrhunderts praktische Bedeutung, als es mithilfe von Elektrometerverstärkern gelang, die vom piezoelektrischen Material erzeugte Ladung in eine dazu proportionale elektrische Spannung umzuwandeln. Einen großen Durchbruch brachte schließlich im Jahr 1950 der sogenannte Ladungsverstärker. Der wesentliche Unterschied zum Elektrometerverstärker besteht darin, dass die Kabelkapazität keinen Einfluss mehr auf das Ausgangssignal hat.

4.2.2 Materialien für Sensorelemente

Piezoelektrische Materialien für Sensorelemente müssen höchsten Anforderungen genügen. Dazu gehören vor allem eine hohe mechanische Festigkeit und Steifigkeit, zudem dürfen hohe Lastwechselzahlen keinen Einfluss haben. Die mechanischen und elektrischen Eigenschaften müssen sowohl über einen weiten Temperaturbereich als auch über lange Einsatzzeiten stabil sein. Hohe Empfindlichkeit, gute Linearität, Hysteresefreiheit und ein hoher elektrischer Isolationswiderstand sind von Vorteil.

Kapitel 4

Quarz ist ein ideales Material. Es kann problemlos synthetisch hergestellt werden und ist bis zu Temperaturen von 400°C einsetzbar. Aus Quarz können sowohl druck- als auch schubempfindliche Elemente geschnitten werden. Das ermöglicht beispielsweise den Bau von Drei-Komponenten-Kraftsensoren.

Abb. 4-5 stellt am Beispiel eines Quarzkristalls die Lage der Elemente dar, welche die verschiedenen Piezoeffekte aufweisen.

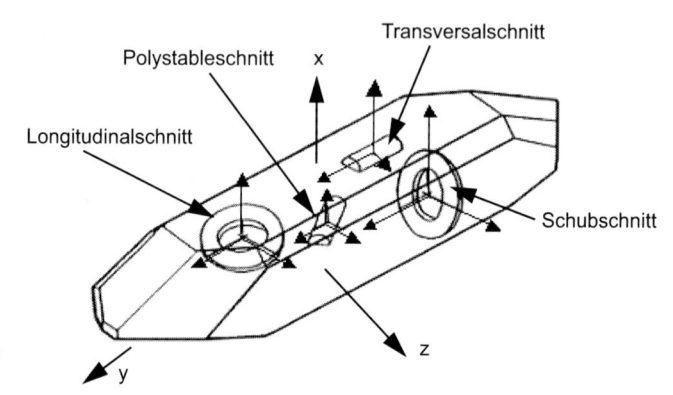

Abb. 4-5:
Mögliche Schnitte im Quarz

Für höhere Temperaturen bis 600°C eignet sich Turmalin, der sich allerdings nicht synthetisch herstellen lässt, sodass man auf natürliche Kristalle angewiesen ist. Zudem zeigt Turmalin im Gegensatz zu Quarz einen starken pyroelektrischen Effekt, d.h., dass sich zwei gegenüberliegende Oberflächen des Kristalls bei einer Temperaturänderung elektrisch aufladen.

Für spezielle Anwendungen werden auch besondere synthetisch hergestellte piezoelektrische Kristalle verwendet. Sie zeichnen sich durch eine hohe piezoelektrische Empfindlichkeit aus (bis fünf Mal höher als Quarz), haben eine geringe Temperaturabhängigkeit, sind extrem stabil und bis zu Temperaturen über 600°C einsetzbar. Solche Kristalle werden vor allem in Miniatur-Drucksensoren eingesetzt. Diese Materialien haben den Nachteil, dass sie sehr teuer sind.

Zahlreichen ferroelektrischen Keramiken, vor allem Bleizirkonattitanat-Mischkeramiken, lassen sich durch Polarisieren piezoelektrische Eigenschaften verleihen. Dabei können weit höhere Empfindlichkeiten erreicht werden, als sie Quarz oder Turmalin besitzen. Aus diesen keramischen Materialien lassen sich verschiedenste Formen wie Ringe, Röhren, Hohlkegel usw. herstellen. Sie haben allerdings den Nachteil, nicht so stabil wie Quarz und Turmalin zu sein. Zudem weisen sie immer eine Hysterese und den pyroelektrischen Effekt auf. Aufgrund ihres relativ geringen Isolationswiderstands liegt die untere nutzbare Grenzfrequenz bei etwa 1 Hz, weshalb sie fast ausschließlich in Beschleunigungssensoren verwendet werden.

Piezoelektrische Sensoren

4.2.3 Aufbereiten der Messgröße

Piezoelektrische Materialien erzeugen nur bei einer mechanischen Deformation Ladung. Jeder piezoelektrische Sensor muss demzufolge so konstruiert sein, dass die zu messende physikalische Größe eine Kraft erzeugt, die das piezoelektrische Messelement deformiert.

Bei Kraft-, Drehmoment- und Dehnungssensoren deformiert die am Sensor wirkende Kraft das piezoelektrische Messelement direkt und erzeugt eine elektrische Ladung, die der wirkenden Messgröße proportional ist.

Bei Drucksensoren wirkt der zu messende Druck auf eine Membran, deformiert diese und wird so in eine von der aktiven Membranfläche abhängige Kraft umgewandelt. Diese Kraft wirkt ihrerseits auf das piezoelektrische Messelement und erzeugt eine dem Druck proportionale elektrische Ladung.

Bei Beschleunigungssensoren wirkt nach dem zweiten newtonschen Gesetz die Kraft $F = m \cdot a$, wobei m die seismische Masse und a die wirkende Beschleunigung darstellt. Diese Kraft deformiert das piezoelektrische Messelement und erzeugt somit eine der wirkenden Beschleunigung proportionale elektrische Ladung.

4.3 Sensoren für Kräfte und Momente

4.3.1 Sensoren zum Messen einer Kraftkomponente

In der Kraftmessung findet der Piezoeffekt unmittelbare Anwendung. Dabei besteht die Möglichkeit, sowohl eine als auch mehrere Kraftkomponenten zu messen.

Abb. 4-6:
Schnitt durch eine Messunterlegscheibe.
1: Grundplatte,
2: ringförmige Deckplatte,
3: Quarzscheiben,
4: Elektrode,
5: Stecker

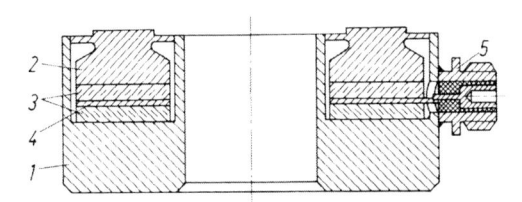

Eine für die praktische Anwendung sehr geeignete Sensorform ist die sogenannte Messunterlegscheibe (Abb. 4-6). Die ringförmige Grundplatte besitzt eine dünne zylindrische Wand. Das eigentliche Sensorelement besteht in diesem Fall aus zwei Quarzscheiben. Diese werden über die ringförmige Deckplatte vorgespannt, die wiederum unter Vorspannung mit der Gehäusewand verschweißt wird. Die

Kapitel 4

zwischen den Quarzscheiben liegende Elektrode nimmt das Ausgangssignal auf und leitet es auf den Stecker.

Abb. 4-7 zeigt eine Auswahl verschieden großer Messunterlegscheiben für unterschiedliche Messbereiche. Je größer der Messbereich ist, umso größer ist die Messunterlegscheibe.

Abb. 4-7:
Messunterlegscheiben in verschiedenen Größen für unterschiedliche Messbereiche

Der Einbau solcher Sensoren stellt besondere Anforderungen, da eine lokale Überbelastung, durch die das Sensorelement beschädigt werden könnte, zu vermeiden ist. Soll beispielsweise die Spannkraft einer Schraube gemessen werden, liegt es nahe, einfach eine Messunterlegscheibe unter dem Schraubenkopf anzubringen. Während man einen Schraubenkopf im Maschinenbau als starres Element betrachten kann, ist im Fall der Spannkraftmessung zu berücksichtigen, dass sich der Schraubenkopf unter Belastung in gewissem Maße deformiert (Abb. 4-8, links).

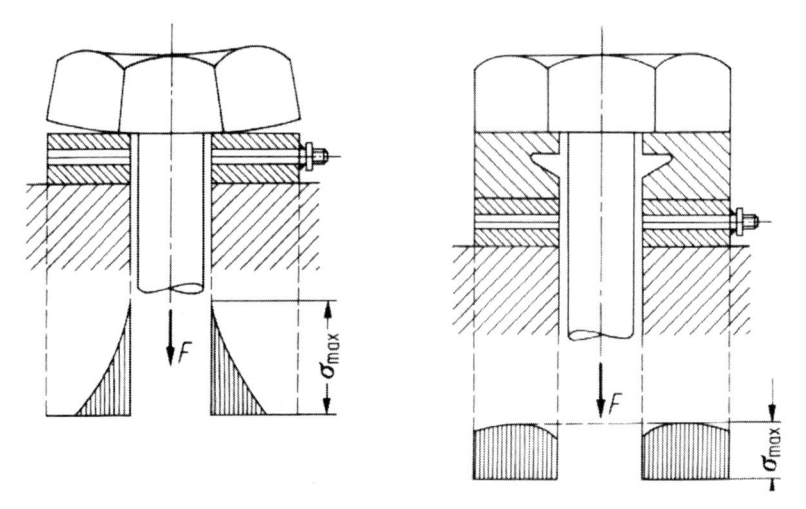

Abb. 4-8:   Schraubenkraftmessung. Unter Belastung deformierter Schraubenkopf (links) und symmetrische und homogene Krafteinleitung (rechts)

Piezoelektrische Sensoren

Dies führt dazu, dass die Spannungen nicht homogen über die Quarzscheibe verteilt sind, sondern am Innenrand eine hohe Spannungsspitze auftritt. Solange dieser Wert unterhalb der maximal zulässigen Spannung (üblicherweise $\sigma_{max} \approx$ 150 N/mm^2) für die Quarzscheibe liegt, wird die Spannkraft trotz der ungleichmäßigen Verteilung richtig gemessen. Übersteigt die Spannungsspitze diesen Wert stark, kann es zu einer Änderung der Kristallstruktur im Quarz, der sogenannten Zwillingsbildung, oder letztendlich zum Bruch der Quarzscheibe kommen. Die Zwillingsbildung ist immer mit einer schlagartigen Verminderung der Empfindlichkeit verbunden; sie tritt sowohl unter Einwirkung zu hoher Kräfte als auch zu hoher Temperaturen auf. Um diese Effekte auszuschließen, müssen beim Einbau die auftretenden Deformationen berücksichtigt bzw. durch geeignete konstruktive Maßnahmen kompensiert werden.

Im Beispiel der Spannkraftmessung lässt sich das Problem folgendermaßen lösen: Zwischen den Schraubenkopf und den Sensor wird ein Stahlring gelegt, der mit einem Einstich versehen ist (Abb. 4-8 rechts). Die hohe Belastung am Innenrand der Bohrung unter dem Schraubenkopf wird dann nicht mehr direkt auf das Quarzelement übertragen, sondern durch den Einstich im Ring und das zusätzliche Material symmetrisiert und weitgehend homogenisiert. Zwar verbleibt auch hier eine Spannungsspitze, welche allerdings deutlich reduziert und vom Rand weg in einen weniger kritischen Bereich verschoben wurde.

Messunterlegscheiben werden meist zwischen zwei geschliffenen Stahlplatten eingebaut und mit einem zentralen Vorspannbolzen je nach Bedarf vorgespannt. Sollen nur Druckkräfte gemessen werden, hält man die Vorspannung klein, d. h. gerade so groß, dass die mechanische Festigkeit der Anordnung gewährleistet ist. Soll es auch möglich sein, Zugkräfte zu messen, wird eine höhere Vorspannung gewählt. Messunterlegscheiben werden für die Messbereiche von wenigen kN bis über 1 MN gebaut. Abb. 4-9 zeigt einen Ausschnitt aus dieser Reihe. Die mechanischen Steifigkeiten der kleinen Ausführungen liegen im Bereich von 1 kN/µm, die der großen bei etwa 100 kN/µm.

Abb. 4-9:
Kraftmesselemente in verschiedenen Größen für unterschiedliche Messbereiche

Messunterlegscheiben, die bereits durch ihre Anordnung zwischen zwei Stahlmuttern vorgespannt werden, ergeben sogenannte Kraftmesselemente, mit denen sowohl Druck- als auch Zugkräfte gemessen werden können. Weil diese Sensoren nach dem Vorspannen kalibriert werden, gilt die ermittelte Empfindlichkeit auch nach dem Einbau in eine Messanordnung. Kraftmesselemente werden für Bereiche von einigen kN bis über mehrere 100 kN gebaut.

Messunterlegscheiben und Kraftmesselemente besitzen dank ihrer großen mechanischen Steifigkeit eine hohe Eigenfrequenz und somit einen weit nutzbaren Frequenzbereich. Abhängig von der Masse und den elastischen Eigenschaften des Messaufbaus sind Eigenfrequenzen von mehreren kHz bis weit über 10 kHz hinaus erreichbar.

4.3.2 Sensoren zum Messen mehrerer Kraftkomponenten

Mehrkomponenten-Kraftsensoren werden vorwiegend mit Sensorelementen aus Quarz gebaut. Dreikomponenten-Kraftsensoren enthalten zum Messen der Normalkomponente ein Quarzscheibenpaar, das den longitudinalen Piezoeffekt aufweist, und je ein schubempfindliches Quarzscheibenpaar für die beiden Schubkomponenten (Abb. 4-10). Da die Schubkräfte durch Reibung, also kraftschlüssig übertragen werden, ist es notwendig, diese Sensoren immer unter ausreichender Vorspannung einzubauen. Mehrkomponenten-Kraftsensoren werden meist nicht einzeln, sondern in Gruppen zu vier Sensoren in sogenannte Dynamometer oder Messplattformen eingebaut (Abb. 4-10 links unten).

Die Ausgänge für die jeweiligen x-, y- bzw. z-Achsen der vier Sensoren sind elektrisch parallel geschaltet. Die Sensoren werden so ausgewählt, dass ihre Empfindlichkeiten in den drei Achsen innerhalb enger Toleranzgrenzen übereinstimmen. Das Dynamometer wirkt wie ein einzelner Dreikomponenten-Kraftsensor, der die drei Kraftkomponenten unabhängig von Angriffspunkt der Kraft misst.

Was für den Einbau von Einkomponenten-Kraftsensoren gilt, ist auch bei der konstruktiven Gestaltung von Dynamometern zu beachten: Sie ist so zu wählen, dass die Sensoren gleichmäßig belastet werden. Die Boden- und Deckplatten müssen eine ausreichende mechanische Steifigkeit aufweisen, damit die Sensoren beispielsweise bei einer punktförmigen Krafteinleitung nicht durch Spannungen überlastet werden, die infolge einer Durchbiegung der Deckplatte entstehen.

Piezoelektrische Sensoren

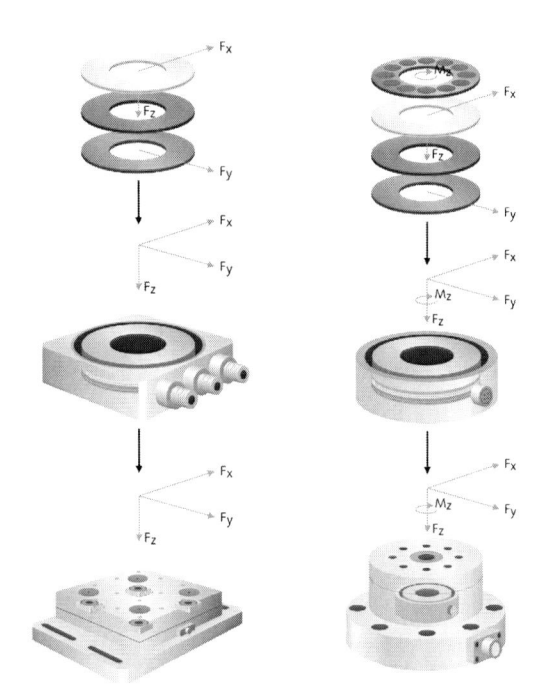

Abb. 4-10:
Aufbau eines Dreikomponenten-Kraftsensors und Einbau in eine Kraftmessplattform (links). Anordnung von schubempfindlichen Quarzscheiben zum Messen von Drehmomenten und Einbau in ein Vierkomponenten-Dynamometer (rechts)

4.3.3 Sensoren zum Messen von Drehmoment

Es gibt Sensoren, die speziell zum Messen von Drehmomenten entwickelt wurden. Dabei werden schubempfindliche Quarzscheiben so in einem Kreis angeordnet, dass deren schubempfindliche Achse jeweils tangential zum Kreis liegt (Abb. 4-10 rechts oben). Dieser Sensor ist wiederum unter hoher Vorspannung einzubauen, da die Schubkräfte durch Reibung übertragen werden. Abb. 4-10 rechts zeigt den Einbau in einen Dreikomponenten-Kraftsensor und den anschließenden Einbau des so entstandenen Vierkomponenten-Sensors in ein Dynamometer.

4.3.4 Anwendungsbeispiele

Zwei- und Dreikomponenten-Kraftsensoren für Axialkräfte zwischen ±2,5 und ±120 kN, für Querkräfte in x- und y-Richtung zwischen ±2,5 und ±100 kN und für Drehmomente bis 200 N·m finden Anwendung bei der Schnittkraftmessung an Werkzeugmaschinen, bei der Untersuchung von Handwerkzeugen sowie bei biomechanischen Untersuchungen in Sport und Medizin.

Kapitel 4

Abb. 4-11 zeigt ein rotierendes Vierkomponenten-Schnittkraftdynamometer, das in der zerspanenden Metallbearbeitung zu Forschungszwecken und zur Optimierung der Bearbeitungsprozesse eingesetzt wird. Die Übertragung der Daten und die elektrische Speisung erfolgen über Telemetrie.

Abb. 4-11:
Rotierendes Schnittkraftdynamometer

Sämtliche Komponenten der Kräfte und Momente, die beim Abrollen eines Reifens auf der Fahrbahn auftreten, lassen sich mit einem rotierenden Radkraftdynamometer messen, welches ohne Änderung am Fahrzeug direkt an der Felge montiert werden kann (Abb. 4-12). Die Übertragung der Daten erfolgt über Telemetrie.

Abb. 4-12: Rotierendes Radkraftdynamometer (Quelle: Autocar)

Piezoelektrische Sensoren

Piezoelektrische Kraftsensoren werden auch eingesetzt, um Verkehrsströme zu erfassen, statistisch auszuwerten und Geschwindigkeits- und Gewichtskontrollen vorzunehmen. Kraftsensoren finden zudem Anwendung in sogenannten Pralloder Crashwänden für die Automobilindustrie. Die in Abb. 4-13 gezeigte Prallwand misst die Aufprallkräfte in allen drei Raumachsen. Dabei hat jede Messzelle einen eingebauten Ladungsverstärker und einen Analog-/Digitalwandler eingebaut; alle Messdaten werden digital über ein Kabel übertragen.

Schließlich werden Kraftsensoren in Impulshämmern beispielsweise für die experimentelle Frequenz- und Modalanalyse eingesetzt. Dazu wird in den Hammerkopf ein einachsig messender Kraftsensor eingebaut, der mit unterschiedlich harten Schlagspitzen versehen werden kann, sodass sich die spektrale Anregung an das jeweilige Messproblem anpassen lässt.

Abb. 4-13:
Crashwand zum Messen von Aufprallkräften in drei Richtungen

4.3.5 Kalibrieren von Kraftsensoren

Jeder ein- oder mehrachsig messende Kraftsensor wird im Werk kalibriert. Dazu wird er mit einer Kraft belastet, die mit einem rückverfolgbar kalibrierten Werksnormal gemessen wird. Die Last kann so gewählt werden, dass sie den vollen Messbereich des zu prüfenden Sensors oder nur einen Teilbereich davon abdeckt. Aus der bei einer bestimmten Last erzeugten elektrischen Ladung lässt sich die Empfindlichkeit des zu prüfenden Sensors bestimmen, die in pC/N angegeben wird.

Kapitel 4

Piezoelektrische Kraftsensoren werden auf hydraulischen Kraftmaschinen quasistatisch kalibriert. Dabei wird die Kraft innerhalb von etwa fünf Sekunden auf den gewünschten Wert gebracht und anschließend in der gleichen Zeit wieder auf null reduziert. Die resultierende Kennlinie erlaubt es, die Empfindlichkeit, den Linearitätsfehler und die Hysterese zu bestimmen.

4.4 Dehnungssensoren

4.4.1 Prinzipieller Aufbau

Dehnungssensoren werden an der zu untersuchenden Struktur befestigt. Dadurch werden die beiden Kontaktflächen (Abb. 4-14 links) in festen Kontakt mit der Strukturoberfläche gebracht. Bei Dehnung der Strukturoberfläche werden die beiden Kontaktflächen gegeneinander verschoben (Zug oder Druck) und belasten das sich zwischen ihnen befindliche piezoelektrische Messelement. Abb. 4-14 rechts zeigt einen hochempfindlichen Dehnungssensor, der mit nur einer einzigen Schraube befestigt wird. Dehnungssensoren sind mit Ladungs- und mit Spannungsausgang erhältlich.

Abb. 4-14: *Dehnungssensor. Prinzipieller Aufbau (links). Hochempfindlicher Sensor zum Befestigen mit einer Schraube (rechts)*

4.4.2 Anwendung

Dehnungssensoren werden vor allem zur indirekten Kraftmessung in rauer industrieller Umgebung verwendet. Die hermetisch dichten Sensoren werden an geeigneter Stelle an Pressen, Stanzen, Schweißautomaten usw. angebracht. Durch den entsprechenden Bearbeitungsvorgang wird die Struktur gedehnt, und der Dehnungssensor stellt ein der am Messort auftretenden Dehnung proportionales Signal zur Verfügung.

4.4.3 Kalibrierung von Dehnungssensoren

Dehnungssensoren werden im eingebauten Zustand an der Struktur gegen einen bekannten Kraftsensor kalibriert.

4.5 Drucksensoren

4.5.1 Prinzipieller Aufbau von Drucksensoren

Abb. 4-15 zeigt den typischen Aufbau eines Drucksensors. Das piezoelektrische Sensorelement besteht in diesem Fall aus stabförmigen Quarzelementen, die den Transversaleffekt aufweisen, und ist durch eine Vorspannhülse vorgespannt. Die Frontpartie der Spannhülse ist als Druckübertragungsstück ausgebildet. Zwischen diesem Übertragungsstück und dem Sensorelement befindet sich ein Zwischenstück, das dazu dient, die Spannungsverteilung auf der Stirnfläche der piezoelektrischen Elemente zu homogenisieren und Temperaturänderungen zu kompensieren. Ein solches Zwischenstück befindet sich auch auf der anderen Seite des Sensorelements. Die Membran ist bündig und dicht mit dem Sensorgehäuse verschweißt und stützt sich unter leichter Vorspannung auf die Front der Spannhülse. Das Sensorgehäuse besitzt eine Dichtschulter, spezielle Ausführungen haben auch ein Montagegewinde. Rückseitig befindet sich der elektrische Anschluss. Bei piezoelektrischen Elementen, die den Transversaleffekt zeigen, erscheinen die Ladungen auf den unbelasteten Seitenflächen (im vorliegenden Fall sind dies die planen Seitenflächen). Daher werden auf diese Flächen die Elektroden aufgedampft, über die man die Ladungen abgreift. Die Elektroden sind durch eine spiralförmige Feder kontaktiert; ihre zylindrischen Gegenflächen sind mit dem Gehäuse (der Masse) leitend verbunden.

Kapitel 4

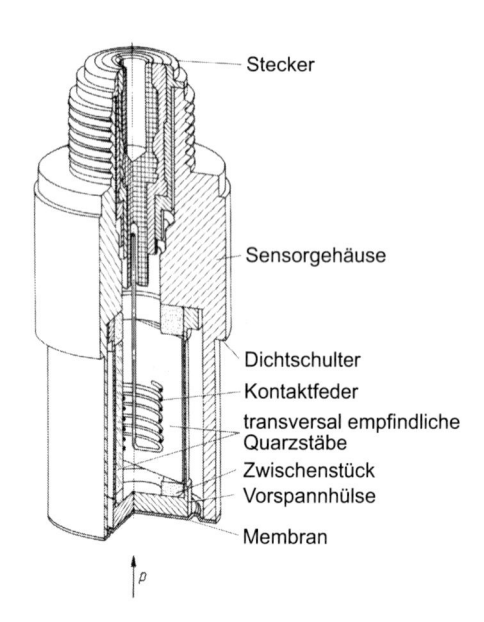

Abb. 4-15:
Aufbau eines piezoelektrischen Drucksensors

Beschriftungen (von oben nach unten): Stecker, Sensorgehäuse, Dichtschulter, Kontaktfeder, transversal empfindliche Quarzstäbe, Zwischenstück, Vorspannhülse, Membran, p

Der vom Messmedium auf die Membran ausgeübte Druck p wird in eine Kraft umgewandelt, die von der wirksamen Fläche der Membran abhängig ist. Diese dem Druck proportionale Kraft wird auf das Sensorelement übertragen.

4.5.2 Drucksensoren für allgemeine Anwendungen

Die Drucksensoren der Standardausführung besitzen kein Montagegewinde, wie es bei anderen Systemen üblich ist. Grund dafür ist, dass der relativ steife Kristall-Drucksensor beim Einschrauben in das Messobjekt meist geringfügig deformiert wird, speziell wenn das Gewinde der Montagebohrung im Messobjekt nicht mit ausreichender Sorgfalt geschnitten wurde. Die beim Einschrauben hervorgerufene Deformation wirkt sich auf die Membranpartie und auf die Kristallanordnung aus. Dies kann dazu führen, dass sich der Linearitätsfehler erhöht, die Empfindlichkeit ändert und eventuell ein Hysteresefehler auftritt.

Ein Sensor ohne Einschraubgewinde wird zwischen zwei Schultern festgeklemmt. Der empfindliche vordere Teil, in dem sich die Membran und das Messsystem befinden, bleibt dabei weitgehend frei von Verspannungen. Diese Konstruktion ermöglicht es, einen einzigen Sensor unter Verwendung verschiedener Montageadapter sehr variabel einzusetzen.

Piezoelektrische Sensoren

Standarddrucksensoren (Abb. 4-16) werden meist dort eingesetzt, wo die räumlichen Verhältnisse keine großen Abmessungen zulassen, wie beispielsweise am Verbrennungsmotor. Sie weisen Messbereiche von einigen hundert bar auf und werden in einer großen Zahl verschiedenster Bauformen angeboten (z. B. mit und ohne Wasserkühlung, in die Zündkerze oder den Glühkerzenadapter eingebaut oder in langen Bauformen, die über die Kühlwasserkanäle des Motors in den Brennraum eingebracht werden können).

Abb. 4-16:
Drucksensor für allgemeine Anwendungen ohne Montagegewinde

Diese Sensoren zeichnen sich durch relativ hohe Eigenfrequenzen in der Größenordnung von 110 bis 160 kHz aus und besitzen eine mittlere Druckempfindlichkeit. Werden die Sensoren für Messungen bei hohen Temperaturen verwendet, ist der Anschluss an einen Kühlwasseradapter notwendig; spezielle Sensoren mit einem erweiterten Betriebstemperaturbereich können ungekühlt eingesetzt werden.

4.5.3 Niederdrucksensoren

Niederdrucksensoren weisen eine hohe Empfindlichkeit auf. Dies wird zum einen dadurch erreicht, dass man Elemente aus piezoelektrischen Keramiken einsetzt oder Quarzelemente verwendet, die den Transversaleffekt aufweisen. Zum anderen kann die Empfindlichkeit durch die Verwendung einer Membran mit einer großen wirksamen Fläche erhöht werden.

Abb. 4-17 zeigt einen Niederdrucksensor mit einem Messbereich von -1 bis 10 bar (absolut) und einer Ansprechschwelle von etwa 10 µbar. Da der Durchmesser der Membran mit etwa 30 mm vergleichsweise groß ist, liegt die Eigenfrequenz nur bei etwa 13 kHz. Dieser Frequenzbereich ist jedoch für Niederdruckmessungen in der Technik meist ausreichend.

Abb. 4-17:
Niederdrucksensor

Diese Sensoren werden typischerweise eingesetzt, um z.B. das Schwingungsverhalten der Luftsäulen in Rohrleitungen von Gebläsen und Kompressoren zu untersuchen, die Druckverhältnisse an Vergasern von Ottomotoren im dynamischen Betrieb zu bestimmen, den Druck an pneumatischen Regelkreisen und logischen Schaltungen zu messen sowie dynamische Luftdruckschwankungen (Infraschall) zu untersuchen.

4.5.4 Hochdrucksensoren

Hochdrucksensoren decken Messbereiche von 1000 bis maximal 10000 bar ab. Anwendung finden sie vor allem in der Ballistik, der Hochgeschwindigkeitsumformung und der Hochdruckhydraulik. Bei Hochdrucksensoren treten aufgrund der hohen Materialbeanspruchung Festigkeitsprobleme auf, die durch eine entsprechende konstruktive Gestaltung gelöst werden. Hochdrucksensoren sind im Wesentlichen wie Standarddrucksensoren aufgebaut, allerdings liegt das eigentliche Messelement mit den Kristallen und der Membran außerhalb des Gewindebereichs.

4.5.5 Drucksensoren für Messungen bei hohen Temperaturen

Die höchste Betriebstemperatur piezoelektrischer Sensoren liegt normalerweise bei etwa 200 bis 250°C. Reicht eine Wasserkühlung nicht dazu aus, die Betriebstemperatur unter diesem Wert zu halten oder ist eine Wasserkühlung unerwünscht, werden spezielle Sensoren notwendig. PTFE kann bei Temperaturen über 250°C nicht mehr zur elektrischen Isolierung benutzt werden, da sein Isolationswert abnimmt, es weich wird und sich zersetzt. Für Temperaturen über 250°C kommen somit nur keramische Isolatoren sowie Kapton® infrage.

Piezoelektrische Sensoren

Nicht nur die Funktionsfähigkeit des Isolationsmaterials, auch die der piezoelektrischen Sensorelemente kann sich bei hohen Temperaturen verschlechtern. Der Isolationswiderstand piezoelektrischer Keramiken fällt stark ab, während Quarz und andere piezoelektrische Kristalle in dieser Hinsicht günstigere Eigenschaften aufweisen. Da sowohl piezoelektrische Keramiken als auch Turmalin einen starken Pyroeffekt zeigen, können sie bei höheren Temperaturen nur bedingt verwendet werden, d.h. praktisch nur für dynamische Messungen mit einer unteren Grenzfrequenz von etwa 10 Hz. Bei herkömmlichen Quarzelementen, die den Longitudinal- und den Schubeffekt aufweisen, nimmt die Empfindlichkeit oberhalb 250 °C mit steigender Temperatur rasch ab. Hinzu kommt, dass Quarz bei höheren Temperaturen und insbesondere bei gleichzeitiger hoher mechanischer Belastung zur Zwillingsbildung neigt, woraus sprunghaft verringerte Empfindlichkeiten resultieren.

Aus diesen Gründen wurde nach speziellen Quarzschnitten gesucht, deren Empfindlichkeit mit steigender Temperatur weniger stark abnimmt, und die gleichzeitig einen größeren Widerstand gegenüber Zwillingsbildung aufweisen. Ein Beispiel hierfür ist der in Abb. 4-5 skizzierte Polystable-Schnitt, der sich besonders für den Einsatz bei erhöhter Temperatur eignet. Piezoelemente dieser Form werden in Drucksensoren eingesetzt, die ungekühlt bis 350 °C betrieben werden können.

Steigende Anforderungen an die Empfindlichkeit, als Resultat der zunehmenden Miniaturisierung, sowie noch höhere Einsatztemperaturen erforderten neue Kristallverbindungen. Die Kristalle aus der Langasit-Familie besitzen keinen Phasenumwandlungspunkt unterhalb des Schmelzpunktes. Dies erklärt die ausgezeichnete Stabilität dieser Kristalle bis zu extremen Temperaturen über 600 °C.

Sensoren, die hohen Flammentemperaturen ausgesetzt sind (z.B. in Verbrennungsmotoren, Explosionskammern usw.), kann man zusätzlich mit einer Doppelmembran aus Keramik ausrüsten, die als Hitzeschild und thermischer Puffer dient. Auf diese Weise können zeitweilig auftretende Flammentemperaturen über 2500 °C zugelassen werden.

4.5.6 Drucksensoren zur Messung des Werkzeuginnendrucks

Um den Druck in der Form einer Kunststoff-Spritzgießmaschine, also den Werkzeuginnendruck, zu messen, wurde eine spezielle Bauform von Drucksensoren entwickelt. Normale Drucksensoren sind nicht für den Einsatz bei der Verarbeitung plastischer Kunststoffmassen geeignet. Beim Ablösen des fertigen Kunststoffteils wirken Zugspannungen, die die dünne Membran überbeanspruchen können und die Lebensdauer der Sensoren dadurch herabsetzen. Außerdem lassen sich diese Sensoren nach dem Einbau in die Spritzgießform frontseitig nicht nachbearbeiten, um Abdrücke auf der Oberfläche des Kunststoffteils zu vermeiden. Aus diesen Gründen werden hier Drucksensoren ohne Membran verwendet.

Kapitel 4

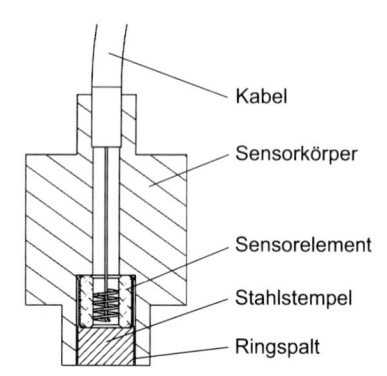

Abb. 4-18:
Aufbau eines Drucksensors zur Messung des Werkzeuginnendrucks

Kabel
Sensorkörper
Sensorelement
Stahlstempel
Ringspalt

Abb. 4-18 zeigt den Aufbau eines solchen Drucksensors. Den messenden Teil bildet ein zylindrischer Stahlstempel, der konzentrisch in den Sensorkörper eingebaut ist. Zwischen Stempel und Sensorkörper verbleibt ein Ringspalt von wenigen Mikrometern Breite. Der Stahlstempel überträgt die auf seine Stirnfläche ausgeübte Kraft auf das vorgespannte Sensorelement, das auf der Gegenseite angeordnet ist.

Die Kunststoffmasse besitzt eine relativ hohe Viskosität; sie kann nicht in den Ringspalt eindringen, sondern bildet vielmehr eine Art temporärer Membran. Da sowohl der Stahlstempel als auch der Sensorkörper auf der Frontseite massiv sind, kann man sie ohne Weiteres nachbearbeiten, um sie z. B. an eine Krümmung der Forminnenfläche anzupassen.

Auch unter dem Einfluss von Temperaturänderungen oder Temperaturgradienten besitzt der massive Stempel Vorteile: Im Gegensatz zu einer Stahlmembran verwirft er sich bei raschen Temperaturänderungen nicht, sodass auch die Vorspannung des Sensorelements unverändert bleibt.

Die Messbereiche der beschriebenen Sensoren gehen bis 2000 bar; für die Kunststoffmasse sind Temperaturen bis 350 °C zulässig. Damit die Sensoreigenschaften unter Einwirkung des maximalen Drucks auch bei diesen Temperaturen stabil bleiben, wird als Sensorelement ein Quarzschnitt verwendet, der keine Neigung zu Zwillingsbildung zeigt.

4.5.7 Kalibrierung von Drucksensoren

Jeder Drucksensor wird im Werk kalibriert. Dazu wird er mit einem genau bekannten, rückverfolgbaren Druck beaufschlagt. Der Druck kann so gewählt werden, dass er den vollen Messbereich des zu prüfenden Sensors oder nur einen Teilbereich davon abdeckt. Aus der bei einer bestimmten Last erzeugten elektrischen Ladung lässt sich die Empfindlichkeit des zu prüfenden Sensors bestimmen, die in pC/bar angegeben wird.

Am genauesten lassen sich Drücke mit sogenannten Kolbengewichtsmanometern erzeugen. Dieses Verfahren ist jedoch aufwendig und lässt nur diskrete Druckschritte zu. Deshalb wendet man zur routinemäßigen Kalibrierung oft Vergleichsverfahren gegen sogenannte Referenzdrucksensoren an.

Eine andere Vorgehensweise erfordert die Kalibrierung membranloser Drucksensoren. Dazu wird eine Kraft auf den Stahlstempel übertragen. Über die bekannte Querschnittsfläche des Stempels kann die Druckempfindlichkeit bestimmt werden.

4.6 Beschleunigungssensoren

4.6.1 Prinzipieller Aufbau von Beschleunigungssensoren

Piezoelektrische Beschleunigungssensoren bestehen im Wesentlichen aus drei Elementen: dem Sensorgehäuse, dem piezoelektrischen Messelement und der seismischen Masse. Als Sensorelemente werden für Beschleunigungssensoren vor allem Quarz und piezoelektrische Keramiken verwendet. Für Vibrationsmessungen bei hohen Temperaturen (bis über 600 °C) werden auch Turmalin und Lithiumniobat benützt. Abb. 4-19 zeigt diesen prinzipiellen Aufbau eines modernen Beschleunigungssensors mit Sensorelementen für den Schubeffekt. Da die seismische Masse m konstant ist, entspricht – gemäß dem zweiten newtonschen Gesetz $F = m \cdot a$ – die auf das Messelement wirkende Kraft der Beschleunigung.

Das piezoelektrische Element gibt eine der Kraft und damit auch der Beschleunigung proportionale elektrische Ladung ab.

Abb. 4-19:
Schematischer Aufbau eines Beschleunigungssensors mit einem Sensorelement für den Schubeffekt

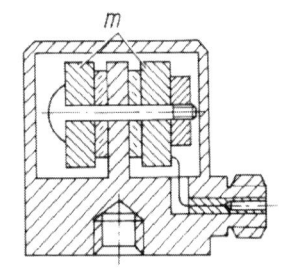

Kapitel 4

Bedingt durch die hohe Steifigkeit c des Messelements sowie dessen geringer seismischer Masse m weisen piezoelektrische Beschleunigungssensoren relativ hohe Eigenfrequenzen f_n auf, gemäß

$$f_n = \frac{1}{2\pi} \cdot \sqrt{\frac{c}{m}} \qquad (4\text{-}4)$$

Dabei werden für einfache Betrachtungen keine Dämpfungsterme berücksichtigt – piezoelektrische Sensoren weisen eine sehr geringe Dämpfung auf und beeinflussen obige Formel nur unwesentlich.

4.6.2 Anwendungsgebiete und Bauformen von Beschleunigungssensoren

Das Hauptanwendungsgebiet piezoelektrischer Beschleunigungssensoren sind Schwingungsmessungen an Maschinen und Strukturen. Die primären Kriterien für die Wahl eines Beschleunigungssensors sind dabei Bereich, Empfindlichkeit, Masse, Eigenfrequenz und Betriebstemperaturbereich.

Vom Bereich und vom Betriebstemperaturbereich her gesehen kommt für normale Anwendungen eine große Zahl verschiedener Sensoren infrage, es sei denn, dass Schockmessungen über 10000g oder Messungen bei Temperaturen über etwa 250 °C durchgeführt werden sollen.

Neben Beschleunigungssensoren, welche direkt an einen Ladungsverstärker angeschlossen werden, sind vor allem für Vibrationsmessungen auch eine sehr große Zahl von Sensoren mit eingebautem Impedanzwandler erhältlich. Solche Sensoren haben den Vorteil, dass anstelle eines hoch isolierenden und rauscharmen Kabels ein völlig unkritisches Kabel verwendet werden kann, da das Ausgangssignal niederohmig als Spannungsänderung zur Verfügung steht. Der Nachteil von Sensoren mit Spannungsausgang besteht darin, dass der Bereich durch den eingebauten Impedanzwandler festgelegt ist und daher nachträglich nicht mehr nach Bedarf geändert werden kann. Zudem ist die untere Grenzfrequenz durch die Zeitkonstante des eingebauten Impedanzwandlers gegeben. Wegen der eingebauten Elektronik wird der Betriebstemperaturbereich auf etwa -40 bis 120 °C eingeschränkt; spezielle Sensoren sind bis 165 °C einsetzbar.

Beschleunigungssensoren für allgemeine Anwendungen sind oft hermetisch dicht, sodass sie auch bei rauen Umgebungsbedingungen eingesetzt werden können. Bei Sensoren mit einer zusätzlichen Masseisolation, welche die elektrische Verbindung zwischen dem Sensorgehäuse und dem Messobjekt unterbricht, werden sogenannte Erdschlaufen und die damit verbundenen Probleme erfolgreich verhindert.

Piezoelektrische Sensoren

Neben den Beschleunigungssensoren für allgemeine Anwendungen gibt es zahlreiche Spezialsensoren zum Messen von Schocks, Vibrationen bei hohen Temperaturen oder für die experimentelle Modalanalyse.

4.6.3 Kalibrierung von Beschleunigungssensoren

Die Kalibrierung piezoelektrischer Beschleunigungssensoren ist schwierig und sehr aufwendig. Das grundsätzliche Problem besteht darin, den zu prüfenden Sensor einer Beschleunigung auszusetzen, die genau bekannt ist. Die Anregung erfolgt entweder mit einem periodisch (meist sinusförmig) ändernden oder einem sprungförmigen Signal. Die Anregung mit einer konstanten Beschleunigung, wie sie z. B. mithilfe einer Zentrifuge erzeugt werden kann, ist zur Kalibrierung von piezoelektrischen Beschleunigungssensoren wenig geeignet, da Sensoren mit Quarzelementen statische Messungen nur eingeschränkt, Sensoren mit piezokeramischen Elementen eine solche Messung gar nicht durchführen können.

Um eine sinusförmig ändernde Beschleunigung zu erzeugen, werden meist elektrodynamische Schwingerreger (sogenannte Schwingtische, „Shaker" oder Vibratoren) verwendet. Während sich die Frequenz der Schwingung ohne großen Aufwand sehr genau feststellen lässt, stößt man bei der Messung der Schwingamplitude auf Schwierigkeiten. Eine Möglichkeit bietet die Laserinterferometer-Methode, mit der sich die erweiterte Messunsicherheit bei der Amplitudenbestimmung im Frequenzbereich bis etwa 1 kHz auf ±0,3 % beschränken lässt. Da eine solche Messeinrichtung nur selten zur Verfügung steht, weicht man auf den Vergleich mit einem Beschleunigungswerksnormal aus, eine Methode, die in den meisten Fällen angewendet wird. Das Werksnormal ist gegen ein Transfernormal kalibriert, welches seinerseits über eine laserinterferometrische Kalibrierung einem nationalen Normal angeschlossen ist. Mit elektrodynamischen Schwingungssystemen kann ein Frequenzbereich von etwa 20 Hz bis 10 kHz abgedeckt werden.

Eine weitere Methode zur Kalibrierung von Beschleunigungssensoren greift auf das sogenannte Fallrohr zurück. Der Sensor wird auf eine in einem Rohr geführte Fallmasse geschraubt. Diese Masse fällt auf einen Kraftsensor. Da sich die Gesamtmasse m durch Wiegen leicht bestimmen lässt, kann aus der gemessenen Aufprallkraft F gemäß $a = F/m$ rechnerisch auf die Beschleunigung a geschlossen werden. Mit dieser Vorrichtung werden Spitzenbeschleunigungen bis etwa 5000 g erreicht.

Noch höhere Beschleunigungswerte bis über 100 000 g können mit der sogenannten Hopkinsonstab-Methode erzeugt werden. Bei diesem Verfahren werden Schockwellen durch einen langen, dünnen Stab gezielt auf den Beschleunigungssensor geleitet.

Kapitel 4

4.7 Verstärker für piezoelektrische Sensoren

Da die vom piezoelektrischen Sensor erzeugte Ladung einer Messung nur schwer zugänglich ist, wird diesem eine Elektronik nachgeschaltet, die das Ladungssignal in ein der gemessenen physikalischen Größe proportionales Spannungssignal umwandelt. Dieses Umwandeln geschieht entweder mit einem Ladungsverstärker oder einem Impedanzwandler mit Kuppler. Bei den Ladungsverstärkern handelt es sich meist um separate Geräte, während Impedanzwandler häufig im Sensor eingebaut sind.

4.7.1 Ladungsverstärker

4.7.1.1 Allgemeines

Der Ladungsverstärker besteht im Wesentlichen aus einem invertierenden Spannungsverstärker mit hoher innerer Verstärkung A und kapazitiver Gegenkopplung C. Der Eingang ist mit einem MOSFET (selten mit einem JFET) bestückt, um den notwendigen hohen Isolationswiderstand und geringsten Leckstrom sicherzustellen. Der Verstärker wirkt als Integrator für die Eingangsströme bzw. Ladungsänderungen, die durch Belastungsänderungen am Sensor erzeugt werden. Durch die kapazitive Gegenkopplung wird die Ladung des piezoelektrischen Sensors durch eine Ladung gleicher Größe, aber umgekehrten Vorzeichens kompensiert. Über dem Gegenkopplungskondensator C entsteht dadurch ein Spannungssignal, das der Gesamtbelastung des Sensors proportional ist und sich problemlos als U_0 weiterverarbeiten lässt. Abb. 4-20 zeigt die vereinfachte Schaltung des Ladungsverstärkers mit Sensor und Kabel.

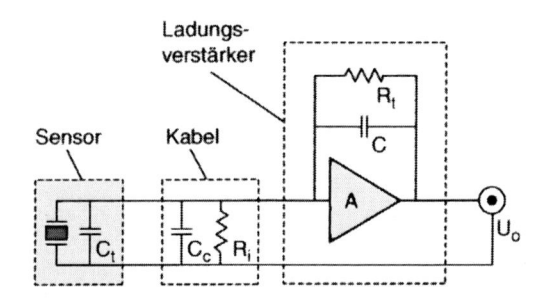

Abb. 4-20:
Prinzipschaltbild eines Sensors mit nachgeschaltetem Ladungsverstärker

Piezoelektrische Sensoren

Im Grunde genommen ist der hier verwendete Ausdruck „Ladungsverstärker" physikalisch nicht korrekt, denn Ladung kann nicht verstärkt werden, nur Spannung. Richtigerweise müsste man vom „Ladungswandler" sprechen, dieser Begriff wird aber nur selten verwendet.

4.7.1.2 Zeitkonstante und Drift

Zwei für die Praxis wichtige Eigenschaften des Ladungsverstärkers sind die Zeitkonstante und die Drift.

Die *Zeitkonstante* τ charakterisiert das Entladeverhalten des Bereichskondensators; sie gibt an, nach welcher Zeit die Spannung auf etwa 37 % des Anfangswerts abgesunken ist. Grafisch lässt sie sich aus dem Schnittpunkt der Anfangstangente der Entladekurve des Kondensators mit der Zeitachse ermitteln, rechnerisch wird ihre Größe durch das Produkt der Kapazität C und des Zeitkonstantenwiderstands R_t bestimmt:

$$\tau = R_t \cdot C \qquad (4\text{-}5)$$

Um quasistatische Messungen durchführen zu können, wählt man den Widerstand R_t und damit die Zeitkonstante τ sehr groß; in der Praxis wird dem Bereichskondensator in diesem Fall kein Widerstand parallel geschaltet (Einstellung *Long*). Bei vielen Ladungsverstärkern kann man darüber hinaus durch Zuschalten entsprechender Zeitkonstantenwiderstände R_t auch eine mittlere (Einstellung *Medium*) oder kurze Zeitkonstante (Einstellung *Short*) gewählt werden. Diese Einstellungen ergeben eine AC-Kopplung, d. h., der Verstärker wirkt dann als Hochpassfilter. Die Zeitkonstante bestimmt in diesem Fall die untere Grenzfrequenz f_u, für die gilt:

$$f_u = \frac{1}{2\pi\tau} \qquad (4\text{-}6)$$

Die untere Grenzfrequenz ist definiert durch die Amplitudenabschwächung, die für sinusförmige Signale 3 dB (etwa 30 %) beträgt. Allerdings ist zu beachten, dass sich f_u beim Umschalten auf einen anderen Messbereich ändern kann. Angaben über die einstellbaren Zeitkonstanten und die entsprechenden unteren Grenzfrequenzen finden sich in den Betriebsanleitungen. Die kurzen Zeitkonstanten werden dann gewählt, wenn dynamisch gemessen wird, also beispielsweise beim Messen von Vibrationen. Bei langsamen Vorgängen müssen die Zeitkonstanten *Medium* oder *Long* gewählt werden, je nachdem, welche Signalabschwächung akzeptiert werden kann.

Am leichtesten verständlich wird das Verhalten eines Ladungsverstärkers durch den Vergleich mit dem Oszilloskop: Die Einstellungen *Medium* und *Short* entsprechen der AC-Kopplung, während die Einstellung *Long* der DC-Kopplung entspricht – mit der Einschränkung, dass Drift auftritt.

Als Drift bezeichnet man eine unerwünschte Änderung im Ausgangssignal, die bei einer Messung über einen längeren Zeitraum auftritt. Diese Änderungen sind allerdings nicht von der Messgröße abhängig, sondern werden durch Leckströme verursacht, welche durch Differenzspannungen am Eingang des Ladungsverstärkers entstehen und selbst bei den besten MOSFETs und JFETs auftreten (MOSFET: < 10fA, JFET: < 100fA). Ein zu geringer Isolationswiderstand R_i am Eingang kann diesen Effekt verstärken. Solange der Isolationswiderstand im Gegenkopplungskreis ausreichend groß ist (> 10 TΩ) und kein zusätzlicher Zeitkonstantenwiderstand R_t parallel geschaltet ist, driftet der Ladungsverstärker nur langsam in die positive oder negative Begrenzung (MOSFET: < ±0,03 pC/s, JFET: < ±0,3 pC/s). Diese Drift, die unabhängig vom gewählten Messbereich ist, bestimmt daher auch die mögliche Dauer quasistatischer Messungen.

Ladungsverstärker gibt es in zahlreichen Ausführungen: ein- oder mehrkanalig, mit Auswerte- und Steuerelektronik.

4.7.2 Sensoren mit Spannungsausgang

Sensoren mit eingebautem, miniaturisiertem Impedanzwandler werden als Sensoren mit Spannungsausgang bezeichnet. Sie verwenden die gleichen piezoelektrischen Messelemente wie Sensoren mit Ladungsausgang.

Die Schaltung besteht aus einen MOSFET mit hohem Isolationswiderstand (R_i > 100 TΩ) und geringem Leckstrom (I_l < 100fA) am Eingang sowie einem bipolaren Transistor (Verstärkung = 1) mit kleinem Ausgangswiderstand ($\approx$ 100Ω). Sie funktioniert als Elektrometerverstärker. Die Schaltung wird mit einem konstanten Strom gespeist; ist das Eingangssignal gleich null, entsteht über dem Sensorausgang die sogenannte Ruhespannung.

Die Ausgangsruhespannung ergibt sich als das Produkt aus dem konstanten Speisestrom und dem inneren Widerstand der Sensorschaltung. Mit C_t = Kapazität des Sensors, C = Kapazität des Gegenkopplungskondensators und C_g: Eingangskapazität des MOSFETs beträgt die Empfindlichkeit eines piezoelektrischen Sensors mit Spannungsausgang näherungsweise:

$$U_0 \approx \frac{1}{C_t + C + C_g} \qquad (4\text{-}7)$$

Der Bereichskondensator C wird so gewählt, dass man die gewünschte Spannungsempfindlichkeit in mV pro mechanische Einheit erhält. Der Zeitkonstantenwiderstand R_t bestimmt, zusammen mit der gesamten Kapazität am Eingang, die untere Grenzfrequenz, während die obere Grenzfrequenz von der Resonanzfrequenz des Sensors abhängt.

Wirkt auf den Sensor eine Belastung, erzeugt die vom Messelement abgegebene elektrische Ladung am Kondensator eine Spannung, die in eine dazu proportionale Widerstandsänderung am Ausgang umgewandelt wird. Da der Speisestrom konstant bleibt, ändert sich die Spannung proportional zur Messgröße. Ein solcher Sensor verhält sich also wie ein elektrischer Widerstand, der seinen Wert abhängig von der Messgröße ändert.

Die beschriebene Schaltung wurde rasch zu einem weitverbreiteten Standard bei Beschleunigungssensoren. „Sensoren mit Spannungsausgang", auch als „niederimpedante Sensoren" bezeichnet (vgl. Abschnitt 4.7.3), werden von einer Reihe von Herstellern unter dem jeweils eigenen Markennamen angeboten.

4.7.3 Kuppler

Sensoren, in die der Impedanzwandler integriert ist, benötigen zur Aufbereitung des Signals zusätzlich noch einen Kuppler. Dieser hat die Aufgabe, den Sensor mit einem Konstantstrom zu speisen und das Messsignal von der Ausgangsruhespannung zu entkoppeln. Damit der volle Bereich des Sensors ausgenutzt werden kann, muss die Speisespannung für den Kuppler ausreichend hoch sein.

Es empfiehlt sich daher, abgestimmte Kuppler zu verwenden, denn durch extreme Werte des Speisestroms (z.B. 20mA) und zu tiefe Speisespannung (z.B. 18V_{DC}) kann der nutzbare Betriebstemperaturbereich oder der Messbereich des Sensors eingeschränkt werden.

Der Kuppler enthält eine Stromdiode, welche den Speisestrom konstant hält (je nach Sensortyp liegt dieser im Bereich zwischen 2 und 18mA), und einen Kondensator, der die Ruhespannung vom Messsignal entkoppelt. Eine zusätzliche Diode schützt die Sensor-Schaltung vor falscher Polarität der Versorgungsspannung (20 bis 30V_{DC}) des Kupplers. Sensor und Kuppler können durch ein gewöhnliches, fast beliebig langes zweiadriges Kabel verbunden sein. Da der Widerstand in diesem Kreis sehr gering ist ($\approx 100\Omega$), werden solche Sensoren auch als „niederimpedant" bezeichnet. Dieses System ist praktisch unempfindlich gegen den Einfluss elektrischer und magnetischer Störfelder.

4.8 Literatur

Für ein intensiveres Studium der piezoelektrischen Messtechnik sei auf die Literaturangaben in [17] bis [19] hingewiesen.

Kapitel 4

5 Induktive Aufnehmer

M. Laible

5.1 Einleitung

Bei den induktiven Aufnehmern gibt es nicht nur zahlreiche verschiedene Ausführungen auf dem Markt, es werden auch ganz unterschiedliche Verfahren verwendet: So gibt es Aufnehmer mit einer, zwei oder drei Spulen, es gibt berührungslose Aufnehmer, die mit niedrigen Trägerfrequenzen und solche, die mit hohen (über 500 kHz) Frequenzen betrieben werden. Weiter gibt es die magnetostriktiven Aufnehmer, die sich in den letzten Jahren ebenfalls ihren Platz erobert haben usw. In diesem Kapitel werden die am häufigsten verwendeten Systeme beschrieben.

5.2 Aktive induktive Aufnehmer

Aktive induktive Aufnehmer arbeiten nach dem elektrodynamischen Prinzip und erzeugen eine geschwindigkeitsproportionale Messspannung (Abb. 5-1).

Abb. 5-1:
Aktiver induktiver Aufnehmer (Prinzip)

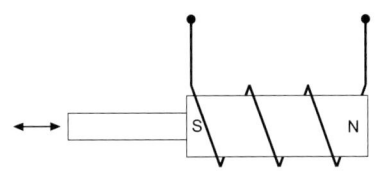

Vom Aufbau her unterscheidet man elektrodynamische und Induktionsaufnehmer: Bei den Induktionsaufnehmern wird ein stabförmiger Permanentmagnet in der Spulenachse bewegt, bei den elektrodynamischen Aufnehmern dagegen bewegt sich eine Induktionsspule in dem Luftspalt eines Magnetsystems. Wie alle aktiven induktiven Messgrößenaufnehmer sind auch diese Geschwindigkeitsaufnehmer unmittelbar nur zum Messen einer Zustandsänderung, d.h. der Wegänderung pro Zeiteinheit (mm/s), und nicht des Weges selbst geeignet. Durch Nachschalten von integrierenden oder differenzierenden Verstärkerstufen können jedoch in einem relativ großen Frequenzbereich auch mit aktiven induktiven Aufnehmern Schwingungsamplituden und Schwingbeschleunigungen gemessen werden. Anwendungsgebiete solcher Schwingungsmessgeräte sind Maschinen- und Fahrzeugschwingungen sowie Boden- und Gebäudeerschütterungen. Teilweise wurden aktive induktive Messgrößenaufnehmer in Form von Drehzahlsensoren auch für Winkelgeschwindigkeits- bzw. Drehzahlmessungen eingesetzt, hier werden aber heute meist andere Sensorprinzipien verwendet.

5.3 Passive Mehrspulensysteme mit Kern

Im Gegensatz zu den aktiven Aufnehmern müssen die passiven Induktivaufnehmer gespeist werden, und zwar mit Wechselspannung. Dafür sind diese Aufnehmer sowohl für statische als auch für dynamische Messungen geeignet. Das primäre Anwendungsgebiet der passiven Induktivaufnehmer ist die Wegmessung. Es werden vorwiegend Aufnehmer eingesetzt, die nach dem Differentialtransformator- oder dem Differentialdrossel-System arbeiten. Beide Systeme sind messtechnisch einander gleichwertig.

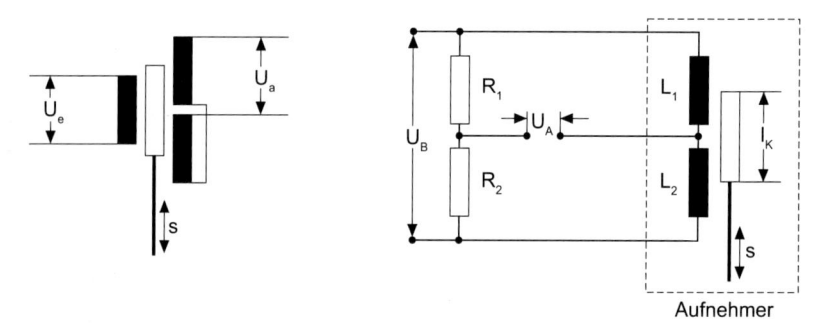

Abb. 5-2: Differentialtransformator- (LVDT) und Differentialdrossel-Systeme

Wegaufnehmer in Differentialtransformatorschaltung, so genannte LVDTs, (links in Abb. 5-2) stellen elektrisch einen Transformator mit einer Primärwicklung und zwei lose angekoppelten Sekundärwicklungen dar. Die Sekundärwicklungen sind räumlich auf gemeinsamer Achse hintereinanderliegend angeordnet, die mit der Wechselspannung U_e gespeiste Primärspule kann entweder zwischen oder über den Sekundärspulen angeordnet sein. In Mittelstellung des Tauchankers ist die in beiden Sekundärspulen erzeugte Spannung gleich groß. Da beide Spulen elektrisch gegeneinander geschaltet sind, ist in dieser Kernstellung die Ausgangsspannung null. Durch Verschieben des Tauchankers wird die in den Sekundärspulen erzeugte Spannung ungleich und am Aufnehmerausgang eine der Verschiebung des Ankers proportionale Spannung U_a abgegeben, deren Höhe in weiten Bereichen durch Ändern der Windungszahlen einstellbar ist.

Induktive Aufnehmer

Wegaufnehmer nach dem Differentialdrossel-System (rechts in Abb. 5-2) stellen elektrisch eine Wheatstone-Halbbrücke mit veränderlichen, komplexen Widerständen dar, die durch eine ohmsche Halbbrücke im Verstärker ergänzt wird. Die Ausgangsspannung U_A der Brückenschaltung ist proportional der Kernverschiebung, die Ausgangsspannungen sind allerdings geringer als bei den Transformatorsystemen. Die elektrischen Daten sind meist so gewählt, dass ein Trägerfrequenz-Messverstärker für induktive Differentialdrossel-Aufnehmer durch einfaches Umschalten auch für Dehnungsmessstreifen verwendet werden kann. Es liegt daher nahe, dass in Anlagen mit wahlweisem oder gemischtem Einsatz von induktiven und ohmschen Aufnehmern bevorzugt mit dem Differentialdrossel-System gearbeitet wird.

Die typische Kennlinie eines induktiven Aufnehmers zeigt Abb. 5-3.

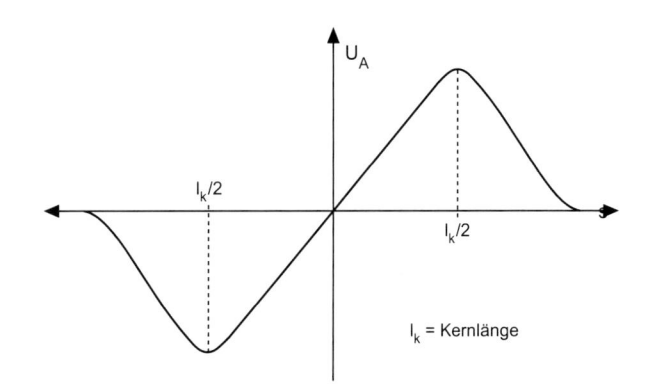

Abb. 5-3:
Kennlinie induktiver Wegaufnehmer

I_k = Kernlänge

Das Auflösungsvermögen induktiver Aufnehmer ist nahezu unendlich groß, sie wird theoretisch nur durch die Rauschspannung des Aufnehmers und der Elektronik begrenzt. Die kleinste noch messbare Bewegung liegt bei 10^{-5} mm. Allerdings treten bei solchen Messungen Probleme durch kleinste Temperaturänderungen auf (durch die Wärmeausdehnung der Werkstoffe). Als Trägerfrequenz werden für die unterschiedlichen Aufnehmer Wechselspannungen mit einer Frequenz zwischen 1 kHz und 50 kHz verwendet, verbreitet sind Aufnehmer für 5 kHz Trägerfrequenz.

Elektrisch wird die Messfrequenz meist auf weniger als 30% der Trägerfrequenz begrenzt. Zusätzlich sind der Messfrequenz durch die an dem bewegten Tauchanker auftretenden Beschleunigungskräfte Grenzen gesetzt. Besonders leichte und stabile Tauchanker können mechanisch für eine Beschleunigung bis zu 1000 g ausgelegt werden, bei höheren Beschleunigungen besteht die Gefahr, dass Störungen durch Veränderungen der Magnetstruktur im Kern des Aufnehmers auftreten.

Kapitel 5

Der Arbeitstemperaturbereich induktiver Wegaufnehmer reicht je nach Bauart von tiefsten Temperaturen bis zu +150°C. In Sonderausführung können hermetisch dicht verschweißte Ausführungen bis zu Betriebstemperaturen von +300°C oder für den Einsatz in Druckwasser bis zu 500 bar gefertigt werden. Eine typische Kennlinie für die Linearitätsabweichung zeigt das Kalibrierprotokoll in Abb. 5-4.

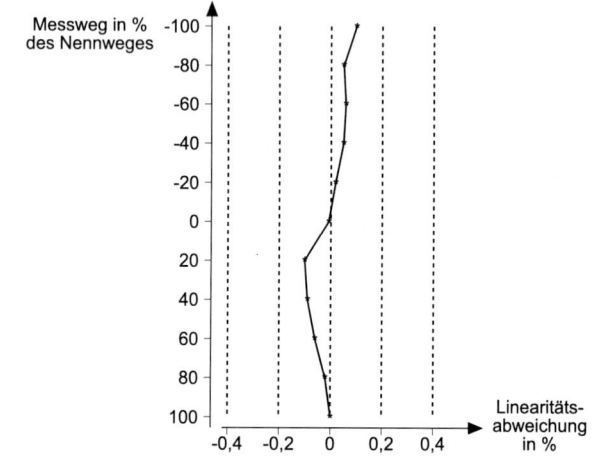

Abb. 5-4:
Kennlinie eines typischen Wegaufnehmers

In der Praxis wird von den Herstellern zur Verbesserung der Linearität ein mechanischer Abgleich des Kerns durch Verdrehen vorgenommen. Abb. 5-5 links und rechts zeigt die Linearitätsabweichungen vor und nach einer solchen Korrektur.

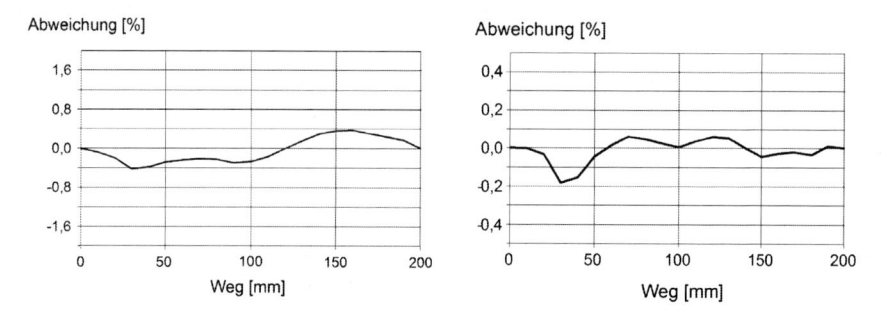

Abb. 5-5: *Linearitätsabgleich eines Kerns (vorher/nachher)*

Daraus folgt, dass *Kerne niemals vertauscht werden dürfen*, da nur die originale Paarung von Kern und Gehäuse (= Spulen) die in den technischen Daten spezifizierten Kennwerte besitzt. In der Regel sind bei Vertauschungen starke Änderungen der Kennwerte die Folge.

5.3.1 Wegaufnehmer mit Tauchanker

Bei induktiven Aufnehmern mit Tauchanker ist der verschiebbare Tauchanker mit einer speziellen Beschichtung versehen, um die Reibung zwischen Kern und Kernkanal zu verringern; er wird teilweise lose mitgeliefert und fest mit dem bewegten Messobjekt verbunden. Derartige Wegaufnehmer werden serienmäßig für Nennmesswege von ±0,1 mm bis zu ca. ±0,5 m, also 1 m Gesamthub, gefertigt. Durch den Einbau induktiver Empfindlichkeitstrimmer können die Aufnehmer abgeglichen werden.

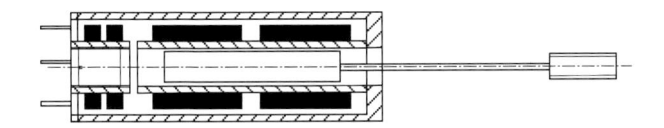

Abb. 5-6: Induktiver Aufnehmer mit Tauchanker

5.3.2 Wegtaster

Eine wichtige Ergänzung der Wegaufnehmer mit Tauchanker stellen die Taster dar, bei denen der Tauchanker mittels Blattfeder in Kugellagern oder Gleitbuchsen axial geführt und durch eine Feder gegen das Messobjekt gedrückt wird.

Derartige Taster sind einfacher zu handhaben und einzubauen als Wegaufnehmer mit lose mitgeliefertem Tauchanker oder Wegaufnehmer, bei denen der Tauchanker durch mechanische Vorrichtungen in seinem Verfahrweg im Gehäuse begrenzt ist (und daher nicht herausgenommen werden kann). Zu beachten ist jedoch, dass bei dynamischen Messungen ein Abheben der Tastspitze eintreten kann (Abb. 5-25 auf Seite 145).

Kapitel 5

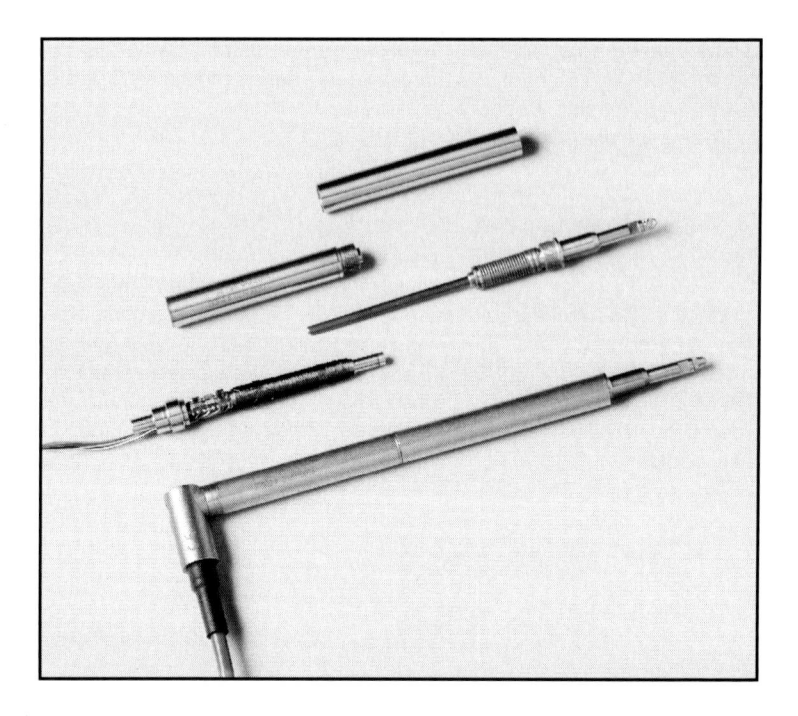

Abb. 5-7: Wegtaster von HBM im offenen Zustand und zusammengebaut

5.4 Passive Einspulensysteme mit Kern

Nachteil aller Systeme mit zwei oder drei Spulen ist, dass die Kennlinie mehrdeutig ist: Sobald der Kern so weit herausgezogen bzw. hineingeschoben wird, dass das Ausgangssignal über das Minimum wieder ansteigt bzw. nach dem Maximum wieder fällt, existiert ein und dasselbe elektrische Signal für zwei verschiedene Wege. Einige Hersteller begrenzen daher den Verfahrweg des Kerns mechanisch, sodass dieser Fall nicht ohne Zerstörung des Aufnehmers eintreten kann. Eine andere Lösungsmöglichkeit ist die Verwendung nur einer Spule und eines Endanschlages (Abb. 5-8). Dadurch wird das Signal bei herausgezogenem Kern null und kann anderseits nie über den Maximalpegel ansteigen. Problematisch ist bei dieser Lösung, dass das Ausgangssignal in diesem Falle stark nichtlinear wird. Dem muss mit einer entsprechenden nichtlinearen Wicklung entgegengewirkt werden. Fertigungstechnisch ist dies jedoch heute leicht möglich, da entsprechende Maschinen erhältlich sind, die ein Aufwickeln des Kerns in nichtlinearer Form nach einer vorgegebenen Funktion durchführen können.

Induktive Aufnehmer

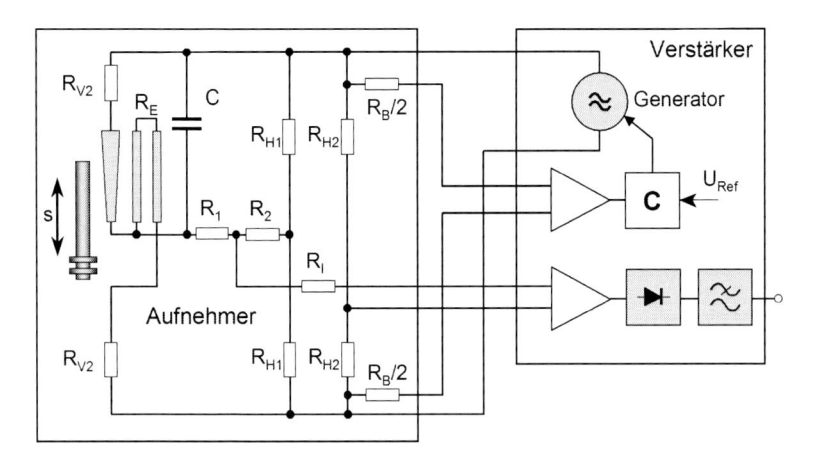

Abb. 5-8: *Induktiver Aufnehmer mit nur einer Spule*

Um den Einfluss der Temperatur zu kompensieren, werden allerdings auch bei dieser Ausführungsform de facto zwei Spulen auf den Kern gewickelt, eine davon (R_E) wird bifilar gewickelt und hat daher keinen Einfluss auf die Messung. Da beide Spulen auf dem gleichen Träger sitzen, ist die Temperaturkompensation in der Praxis sogar weit besser als bei konventionell ausgeführten induktiven Aufnehmern. Darüber hinaus ist für den Hersteller der Abgleich des Aufnehmers einfacher, da das Ausgangssignal in weiten Grenzen durch die zwei Widerstände R_1 und R_2 eingestellt werden kann.

5.5 Berührungsfreie Wegaufnehmer

Eine weitere Möglichkeit der Wegmessung mit induktiven Aufnehmern ist die berührungsfreie oder tastlose Messung, wobei keinerlei mechanische Verbindung zwischen Messgrößenaufnehmer und Messobjekt besteht. Solche berührungsfreien Messungen sind besonders für dynamische und rückwirkungsfreie Messungen an kleinen oder in mehreren Richtungen gleichzeitig bewegten Objekten geeignet. Bei 5 kHz Trägerfrequenz muss der abgetastete Teil des Messobjektes aus magnetisierbarem Stahl bestehen. Dagegen sprechen Aufnehmer mit höheren Trägerfrequenzen von 50 kHz bis 500 kHz auf alle elektrisch gut leitenden Metalle an.

Kapitel 5

5.5.1 Berührungsfreie Aufnehmer für niederfrequente Speisung

Berührungsfreie Aufnehmer, die nach dem Differentialdrossel-Verfahren arbeiten, sind insbesondere für kleine Wege ab 0,1 mm und je nach Aufnehmergröße bis zu ca. 3 mm Messweg geeignet. Die Linearität zwischen Messweg und Ausgangssignal wird entscheidend verbessert, wenn eine beidseitige Anordnung der Geber gewählt wird (Abb. 5-9).

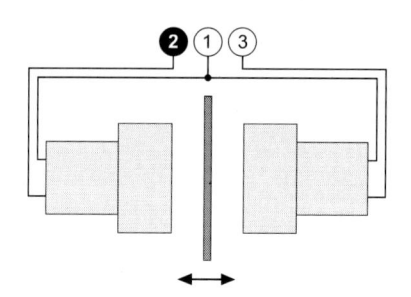

Abb. 5-9:
Berührungsloser induktiver Aufnehmer mit beidseitiger Anordnung

Die zunächst sehr nichtlineare Kennlinie jeder einzelnen Spule enthält durch die Zusammenschaltung in der Wheatstone-Brücke einen linearen Abschnitt in der Mittelstellung des Objekts. Dieser lässt sich jedoch durch den Einsatz von Mikroprozessoren mit Linearisierungsrechnung deutlich vergrößern.

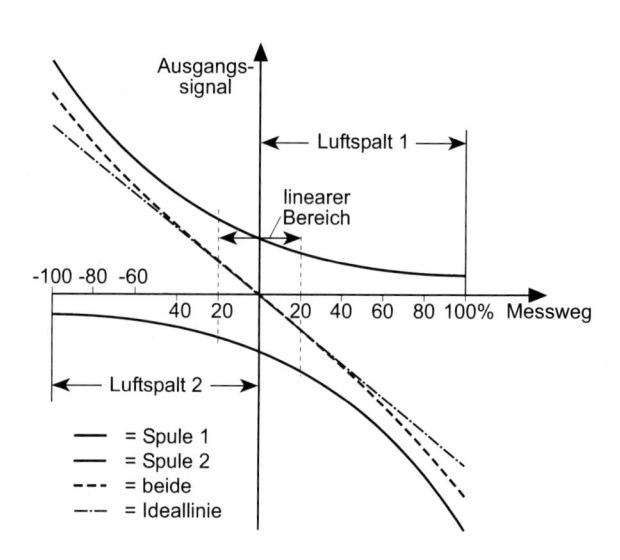

Abb. 5-10:
Kennlinie berührungsloser Wegaufnehmer mit zwei Spulen

— = Spule 1
— = Spule 2
--- = beide
—·— = Ideallinie

Induktive Aufnehmer

5.5.2 Induktive Aufnehmer nach dem Wirbelstromprinzip

Wird ein elektrisch leitendes Material vor eine Spule gebracht, so entsteht in diesem durch das elektromagnetische Feld der Spule ein Wirbelstrom. Dieser muss dem Feld Energie entziehen, um fließen zu können. Der Energieentzug bewirkt eine Verkleinerung des Wechselstromwiderstandes der Spule, der erfasst werden kann und damit ein Maß für den Abstand bildet: je größer der Abstand, desto schwächer der Effekt.

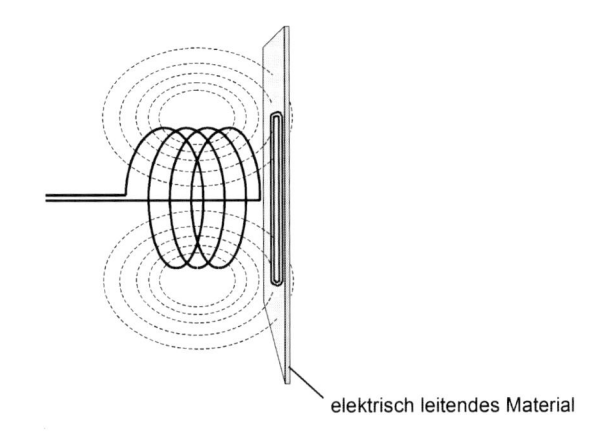

Abb. 5-11:
Wirbelstromprinzip — elektrisch leitendes Material

Leider ist die Funktion nicht linear, daher muss hier immer mit Verstärkern gearbeitet werden, die eine Linearisierungsrechnung vornehmen.

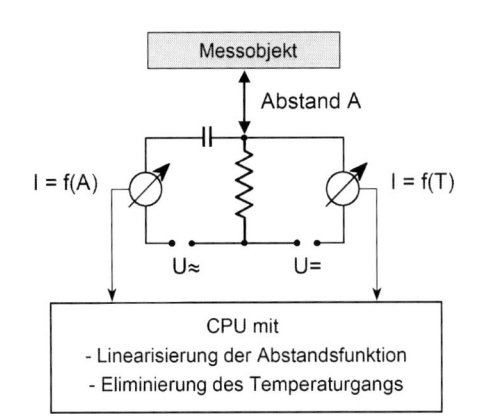

Abb. 5-12:
Messverstärker für Wirbelstromsensoren

Messobjekt

Abstand A

$I = f(A)$ $I = f(T)$

$U \approx$ $U =$

CPU mit
- Linearisierung der Abstandsfunktion
- Eliminierung des Temperaturgangs

135

In der Praxis wird dabei auch gleich eine Kompensation von Temperatureffekten vorgenommen, indem einmal der reine Wechselstromwiderstand zur Bestimmung des Abstandes gemessen wird und in einem zweiten Messkreis der Gleichstromwiderstand der Spule, der aufgrund des Temperaturverhaltens von Kupfer ein Maß für die Temperatur liefert. Die Speisung erfolgt hier mit Frequenzen im Bereich von 1 bis 2 MHz, der Messbereich beträgt ca. 0,5 mm bis über 10 mm bei einer Auflösung im µm-Bereich. Durch die hohe Messfrequenz sind hier auch hohe Messbandbreiten möglich, typisch sind 100 kHz.

5.5.3 Vor- und Nachteile berührungsfreier Systeme

So zweckmäßig und überzeugend die berührungsfreien Wegmessungen in zahlreichen Fällen sind, gegenüber Tauchankersystemen ist mit zusätzlichen Fehlermöglichkeiten zu rechnen. Dies liegt zum großen Teil daran, dass das nicht nach messtechnischen Gesichtspunkten ausgelegte Messobjekt in die elektrische Aufnehmerfunktion einbezogen wird. Ganz allgemein ist mit etwas größeren Linearitätsfehlern sowie temperaturbedingten Empfindlichkeitsveränderungen und Nullpunktdriften zu rechnen, was insbesondere präzise statische Messungen erschwert. Berührungsfreie Wegmessungen sind daher in erster Linie für Anwendungsfälle gedacht, in denen Tauchankersysteme von ihrer Technik her nicht eingesetzt werden können. Eine Alternative hierzu stellt die optische Messtechnik dar, z. B. mit Triangulationssensoren (Abschnitt 7.3.3 ab Seite 166).

5.5.4 Anwendungen

Zu den zahlreichen Anwendungen zählen das Erkennen von Bauteiltoleranzen, Abständen oder Dicken, die Überwachung von Positioniervorgängen, von Verkippungen, Spaltdicken etc. in der Fertigung. Aber auch die Überwachung des Rundlaufs von Wellen, deren Verformung oder Schlag, sowie die Messung von Vibrationen ist eine Domäne dieses Aufnehmertyps.

5.6 Magnetostriktive Wegaufnehmer

Ein neueres induktives Verfahren verwenden die magnetostriktiven Aufnehmer. Bei diesem Sensor wirken mehrere Komponenten so zusammen, dass über die Messung einer Laufzeit der Weg bestimmt wird.

Induktive Aufnehmer

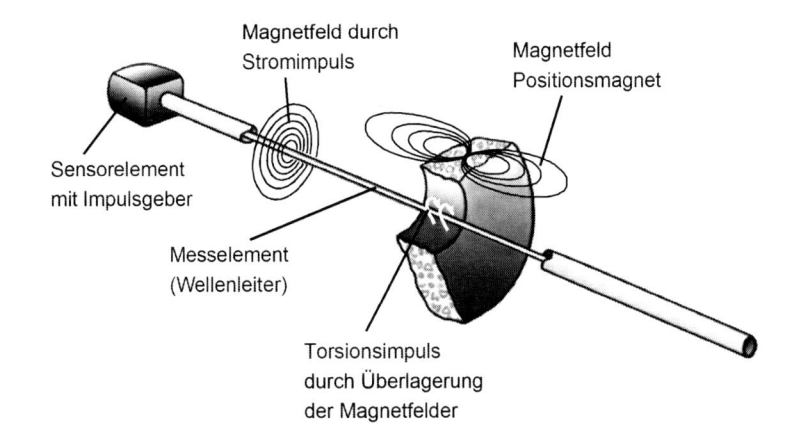

Abb. 5-13: *Prinzip eines magnetostriktiven Aufnehmers (MTS Sensors)*

Das Prinzip zeigt Abb. 5-13: Der Impulsgeber im Sensorelement erzeugt einen Stromimpuls, dessen Magnetfeld durch den Wellenleiter im Inneren des Sensors läuft. Sobald dies auf den Positionsmagneten trifft, erzeugt das Aufeinandertreffen der Felder eine kurzzeitige Deformation der Molekularstruktur des Wellenleiters: einen (mechanischen) Dreh- bzw. Torsionsimpuls. Da dieser auf dem Wellenleiter zurückläuft, muss nur die Zeit bis zum Eintreffen gemessen werden, um den Abstand des Positionsmagneten zu bestimmen. Das magnetostriktive Verfahren ist deshalb eine Kombination aus berührungslosem induktiven Verfahren und einer Laufzeitmessung wie z. B. beim Ultraschallverfahren.

Vorteile

Selbst bei großen Messwegen ist eine hohe Auflösung erreichbar, die im Wesentlichen nur durch mechanische Änderungen des Aufnehmers unter Temperatureinfluss begrenzt wird. Es sind Aufnehmer für große Verfahrwege von bis zu 10 Metern erhältlich. Da es sich um ein absolutes Verfahren handelt, sind keine Referenzfahrten notwendig. Die Messung erfolgt berührungslos und verschleißfrei, zum Messen sind lediglich Kräfte zur Verschiebung des Magneten notwendig. Insgesamt handelt es sich um ein robustes System, das auch hohen Drücken widerstehen kann und bei dem das Ausgangssignal sowohl analog als auch direkt digital ausgegeben werden kann. Es sind sogar Ausführungen am Markt, bei denen mehrere Positionsmagnete verwendet werden können.

Kapitel 5

Nachteile

Die maximal mögliche Schockbelastung ist deutlich geringer als bei normalen induktiven Aufnehmern (typ. 2g, max. 30g), evtl. können je nach Ausführung auch starke Vibrationen die Messung behindern. Da die gesamte Auswerteelektronik im Kopf des Aufnehmers untergebracht werden muss, ergibt sich ein gegenüber konventionellen Aufnehmern höherer Preis und vor allem ein eingeschränkter Temperaturbereich. Bei größeren Längen kommt noch eine Temperaturabhängigkeit des Messelements (Wellenleiters) hinzu.

5.7 Induktiv-potenziometrische Aufnehmer

Von verschiedenen Herstellern wird immer wieder versucht, unterschiedliche Prinzipien zu kombinieren, um die Vorteile in einem Aufnehmer zu realisieren, möglichst ohne die Nachteile der jeweiligen Verfahren zu übernehmen. So ist auch der induktiv-potenziometrische Sensor aus dem Bestreben entstanden, die Vorteile des potenziometrischen Verfahrens (einfach, preiswert) mit denen des induktiven (berührungslos, robust) zu kombinieren. Das Prinzip des Sensors ist aus Abb. 5-14 ersichtlich: In einem Aluminium-Ring werden von den Teilspulen Wirbelströme induziert. Diese Beeinflussung wird vom Verstärker erkannt und daraus die Position ermittelt.

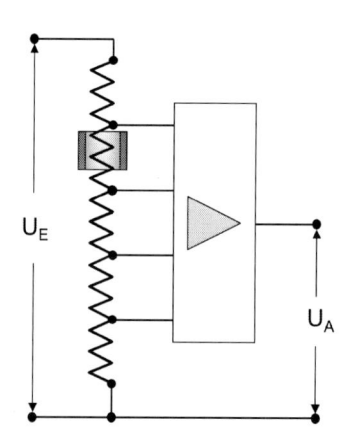

Abb. 5-14:
Induktiv-potenziometrischer
Sensor von Micro-Epsilon

Vor-/Nachteile

Es handelt sich um ein preiswertes, verschleißfreies Messprinzip, bei dem auch keine Verschmutzung der Leiterbahnen, kein Abheben des Kontaktes etc. auftreten kann. Allerdings kann der Aufnehmer nur mit dem dazugehörigen Spezialmessverstärker und auch nur mit kurzen Leitungen betrieben werden.

Induktive Aufnehmer

5.8 Magnetoresistive Aufnehmer

Auch dieses Verfahren ist ein (erneuter) Versuch, die Vorteile eines berührungslosen Verfahrens mit denen der potenziometrischen Sensoren zu kombinieren. Das Prinzip ist dabei, dass ein ferromagnetisches Material, z.B. Permalloy oder Ni19Fe81, von einem Strom durchflossen wird. Falls nun von außen ein Magnetfeld auf das Material einwirkt, wird das (bereits vorhandene) Magnetfeld des Materials „abgelenkt" und der Widerstand des Materials erhöht sich (Abb. 5-15, anisotropische Magnetoresistivität oder AMR). Es muss also bei einem Sensor dafür gesorgt werden, dass das Magnetfeld im Material durch ein (entsprechend starkes) externes Feld geeignet beeinflusst wird. Der Effekt ist nicht von der Feldstärke, sondern nur von der Richtung des äußeren Magnetfeldes abhängig.

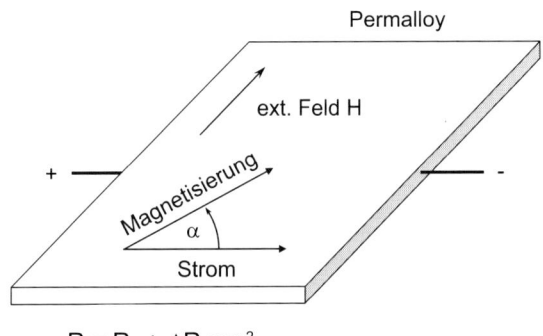

Abb. 5-15: Prinzip eines magnetoresistiven Sensors

$$R = R_0 + \Delta R \cos^2\alpha$$

Die reale Ausführung eines Sensorelements (KMZ41 von Philips Semiconductors) zeigt Abb. 5-16. Die Elemente 1a bis 1d bzw. 2a bis 2d (nicht markiert) werden jeweils zu einer Wheatstone-Brücke verschaltet.

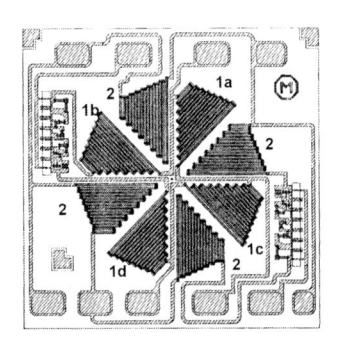

Abb. 5-16: Sensorelement KMZ41

Das Prinzip eines Sensors mit zwei Permanentmagneten zeigt Abb. 5-17. Die Permanentmagnete sind an einem Ring aus magnetischem Material befestigt, der das magnetische Feld auf den Sensor begrenzt (flux ring).

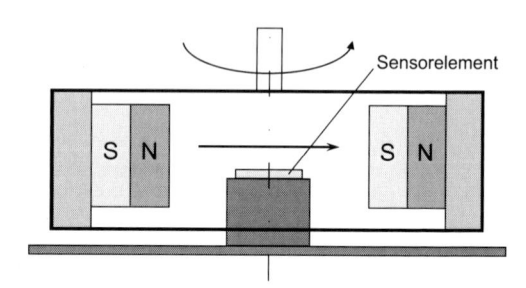

Abb. 5-17: *Prinzipieller Aufbau eines magnetoresistiven Aufnehmers*

Vor-/Nachteile

Es handelt sich auch hier um ein preiswertes, verschleißfreies Messprinzip, bei dem keine Verschmutzung der Leiterbahnen, kein Abheben des Kontaktes etc. auftreten kann. Änderungen des Magnetfeldes aufgrund von Temperatur oder Alterserscheinungen spielen bei diesem Verfahren keine Rolle, jedoch spielen Temperatureffekte des magnetoresistiven Materials eine Rolle und müssen kompensiert werden. Dies erfolgt meist direkt im Sensor durch einen Chip, der auch die Signalkonditionierung (nichtlineares Signal!) übernimmt. Das Verfahren steht in Konkurrenz zu Hall-Sensor-Prinzipien, ist jedoch in der Regel preiswerter.

5.9 Beschleunigungsaufnehmer

Ein weiterer Aufnehmer mit induktivem Prinzip ist der Beschleunigungsaufnehmer. Obwohl in diesem Gebiet die piezoelektrischen Aufnehmer und in den letzten Jahren auch die kapazitiven Aufnehmer dominieren, sind auch induktive Systeme auf dem Markt. Vorteilhaft ist, dass sie auch rein statisch eingesetzt werden können und sehr robust sind. Die obere Grenzfrequenz der induktiven Systeme liegt allerdings bei nur einigen hundert Hertz. Das Prinzip zeigt Abb. 5-18, die Anordnung wird unterhalb der Eigenfrequenz betrieben. Wird das System oberhalb der Eigenfrequenz betrieben, erhält man einen Schwingwegaufnehmer; diese Art der Aufnehmer wird allerdings heute kaum noch verwendet.

Induktive Aufnehmer

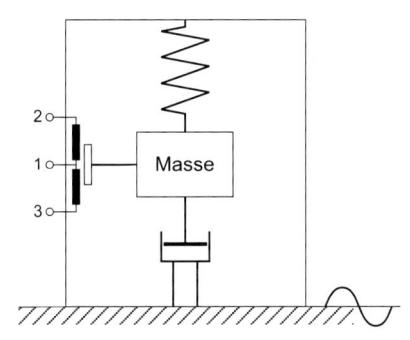

Abb. 5-18:
Prinzip eines induktiven Beschleunigungsaufnehmers

Damit der Beschleunigungsaufnehmer einen möglichst hohen Frequenzbereich abdecken kann, werden alle Komponenten so klein wie möglich ausgeführt. In der Regel werden daher Spulen eingesetzt, die die Stellung einer (kleinen) Masse berührungslos erfassen. Die Aufnehmer erreichen dadurch Längen von nur zwei bis drei Zentimeter (Abb. 5-19).

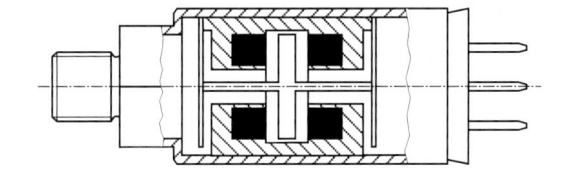

Abb. 5-19:
Induktiver Beschleunigungsaufnehmer

Zur optimalen Dämpfung dieses Systems wird ein spezielles Öl eingefüllt. Deshalb ist die Temperaturabhängigkeit der Dämpfung gegebenenfalls zu beachten. Da die Aufnehmer auch rein statisch einsetzbar sind, können sie leicht mithilfe der Erdbeschleunigung (±1 g je nach Stellung des Aufnehmers) kalibriert werden.

5.10 Aufnehmer mit magnetoelastischem Prinzip

Ein ebenfalls induktives System, das sich die Änderung der Permeabilität eines Werkstoffes zunutze macht, ist das in Abb. 5-20 gezeigte.

Kapitel 5

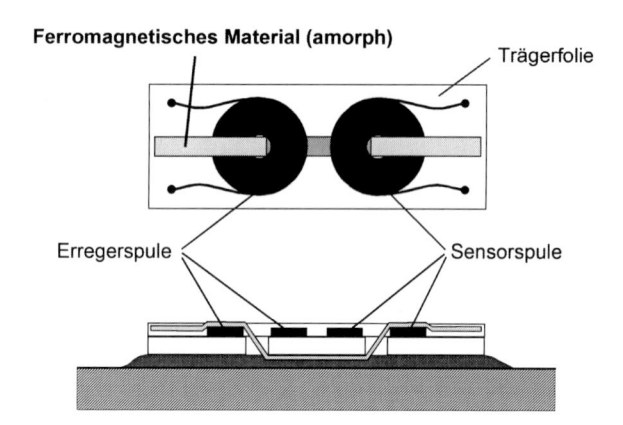

Abb. 5-20:
Aufnehmer mit magnetoelastischem Prinzip

Der Sensor wird zunächst wie ein DMS auf das Bauteil aufgeklebt. Bei einer Dehnung des Bauteils ändert sich die Permeabilität des Bändchens und damit das auf die zweite Spule übergekoppelte Signal. Der Vorteil des Systems liegt im hohen Ausgangssignal bei kleinen Dehnungen im Vergleich zum DMS. Die thermische Stabilität ist nicht ganz so gut wie bei DMS, allerdings besser als bei vergleichbaren piezoelektrischen Aufnehmern. Eine Anwendung in einem Kraftaufnehmer zeigt Abb. 5-21. Mit diesem Prinzip können Aufnehmer mit Nennlasten von 20 mN gebaut werden, z. B. zum Erfassen taktiler Kräfte von Robotergreifern. Das System erlaubt die Auflösung von Kräften bis herunter zu 10^{-5} N, wird jedoch z. Zt. wegen zu geringer Nachfrage nicht mehr angeboten.

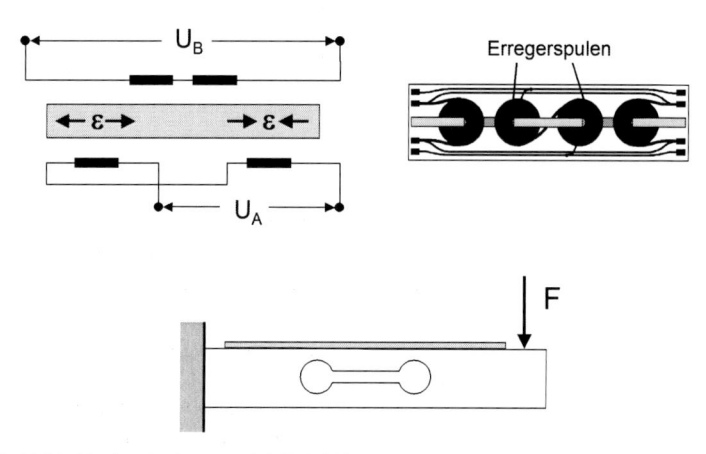

Abb. 5-21: Kraftaufnehmer mit ME-DMS

5.11 Weitere induktive Aufnehmer

Da induktive Prinzipien mit kleinen Kräften auskommen, finden sich verschiedene Aufnehmer für andere physikalische Größen als dem Weg auf dem Markt. So werden sowohl Kraftaufnehmer für kleine Kräfte, Druckaufnehmer für kleine Drücke oder Differenzdrücke als auch Drehmomentaufnehmer mit induktiven Messsystemen angeboten. (Auch die hier nicht behandelten Feinwaagen arbeiten oft mit einem induktiven Prinzip, allerdings in anderer Form als hier vorgestellt.)

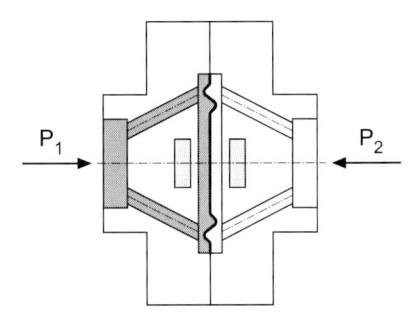

Abb. 5-22:
Induktiver Differenzdruckaufnehmer (Prinzip)

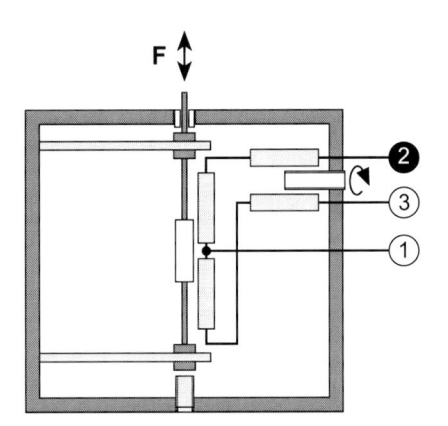

Abb. 5-23:
Induktiver Kraftaufnehmer (Prinzip)

Da diese Aufnehmer zum einen nur für besondere Messbedingungen eingesetzt werden, z.B. für sehr kleine Drücke/Kräfte oder hohe Temperaturen oder bei starker Strahlung, und zum anderen in ihren prinzipiellen Eigenschaften (Nichtlinearität, Einsatzbedingungen, Abgleich) den vorgestellten Wegaufnehmern sehr ähnlich sind, wird hier auf eine weitere ausführliche Behandlung verzichtet.

5.12 Einbauhinweise für Wegaufnehmer

Auch bei der Verwendung induktiver Aufnehmer müssen Sie einige Punkte beachten. Am wichtigsten ist ein sauberer mechanischer Einbau (Abb. 5-24).

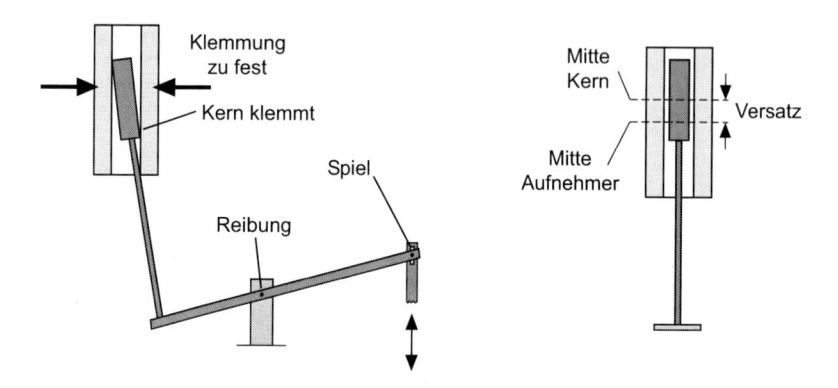

Abb. 5-24: *Fehler beim Einbau von Wegaufnehmern*

Wenn bei einem induktiven Aufnehmer der Kern lose beiliegt, ist zuerst der mechanische Nullpunkt zu ermitteln, da sich die Kennlinie immer auf diesen *mechanischen Nullpunkt* und den *Nennmessweg* (oft in beiden Richtungen) bezieht. Andernfalls sind die technischen Spezifikationen bezüglich Messabweichung und Linearität nicht mehr gültig! Da der mechanische Nullpunkt bei Systemen mit zwei bzw. drei Spulen gleichzeitig auch der elektrische Nullpunkt ist, müssen Sie zur Einstellung lediglich den Punkt finden, an dem das Ausgangssignal des Aufnehmers null beträgt. Bei allen anderen Systemen muss der Kern auf eine bestimmte Markierung gebracht werden, um den Nullpunkt am Messverstärker einstellen zu können.

Ein anderer Gesichtspunkt, der bereits genannt wurde, ist die maximale Beschleunigung (Abb. 5-25). Obwohl es Sonderausführungen für hohe Beschleunigungen bis 1000g gibt, liegt speziell bei Wegtastern die zulässige Beschleunigung des Messobjektes nur in der Gegend von einigen $10 m/s^2$, da sonst die Tastspitze abhebt. Dies ist allerdings stark von der Größe des Aufnehmers abhängig und aus den Datenblättern des Aufnehmers ersichtlich.

Induktive Aufnehmer

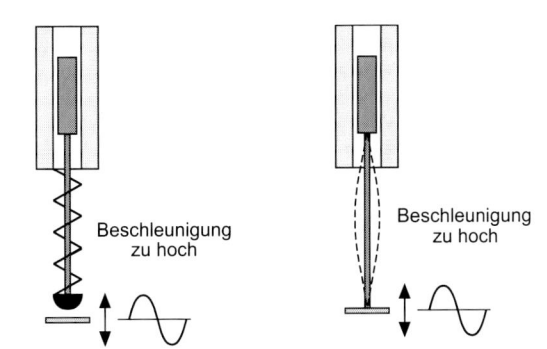

Abb. 5-25:
Mögliche Fehler bei hohen Beschleunigungen des Messobjektes

Beschleunigung zu hoch

Beschleunigung zu hoch

Insgesamt ist festzustellen, dass induktive Aufnehmer immer dann Verwendung finden, wenn hohe Anforderungen an die Robustheit des Messsystems gestellt werden. Selbst bei hohen Staub-, Schmutz- und Dampfkonzentrationen sowie in Flüssigkeiten oder bei Kernstrahlung ist ein einwandfreies Arbeiten möglich. Auch Vibrationen oder oszillierende Messgrößen bereiten den meisten Aufnehmern keine Probleme.

Nachteilig sind die prinzipbedingte erhöhte Empfindlichkeit gegenüber magnetischen Feldern und die Tatsache, dass immer Trägerfrequenzverstärker notwendig sind, je nach System auch mit unterschiedlich hohen Frequenzen und zusätzlicher Linearisierung. Da der Kennwert von den kapazitiven und induktiven Einflüssen des Kabels und des Messverstärkereingangs beeinflusst wird, ist in der Regel ein Abgleich mit Referenz nötig, z. B. mit Endmaß, d. h., der Abgleich eines Systems ist aufwendig.

Kapitel 5

6 Kapazitive Aufnehmer

M. Laible

6.1 Einführung

Kapazitive Aufnehmer zum Messen mechanischer Größen wurden schon seit Beginn der Messtechnik benutzt. Sie lassen sich anhand bekannter Formeln für den Kondensator leicht berechnen, und mögliche Störeffekte bleiben wegen des einfachen Aufbaus stets überschaubar. Sie sind vielseitig einzusetzen und lassen sich leicht speziellen Problemen anpassen. Von besonderem Vorteil sind ihre extrem große Empfindlichkeit, die Eignung für sehr schnell ablaufende Vorgänge und die Möglichkeit des Einsatzes bei hohen Temperaturen. Bei Schwingungsmessungen arbeiten kapazitive Aufnehmer meist berührungslos, wobei an den Werkstoff des schwingenden Teils lediglich die leicht erfüllbare Forderung gestellt wird, dass die Oberfläche elektrisch leitend sein sollte. Mit entsprechenden Verstärkern sind allerdings auch Messungen gegen Isolatorwerkstoffe möglich. Bei geeigneter Ausführung von Aufnehmer und Messverstärker, z.B. Verfahren mit Frequenzmodulation (Abschnitt 1.6.4 ab Seite 39), ist das Prinzip unempfindlich gegen Einstrahlungen (Zündfunken, Bürstenfeuer an Kollektormotoren, Lichtbogen an elektrischen Leistungsschaltern). Auch starke Magnetfelder oder Kernstrahlung spielen bei kapazitiven Systemen keine Rolle, das Prinzip ermöglicht insgesamt sehr robuste Aufnehmer. Meist sind nur geringe Kräfte notwendig, um ein Signal zu erzeugen.

Dagegen bleibt vom Prinzip her der Nachteil bestehen, dass dieses Messverfahren empfindlich auf ungewollt in den Messkondensator eindringende Substanzen (Öl, Fett, Wasser) reagiert. Auch müssen die Zuleitungen verhältnismäßig kurz gehalten werden, damit die kapazitiven Effekte der Leitungen keine Störungen oder Verfälschungen bewirken. Darüber hinaus sind die Kabel extrem empfindlich gegen Quetschung und Feuchtigkeit, teilweise auch gegen Bewegung. Daher muss der Anschluss sehr sorgfältig erfolgen. Der Messbereich ist sehr klein und liegt im Bereich weniger Millimeter.

6.2 Bauformen

Für die Kapazität C eines Plattenkondensators nach Abb. 6-1 gilt

$$C = \varepsilon_{rel} \cdot \varepsilon_0 \cdot \frac{A}{d} \tag{6-1}$$

Kapitel 6

Hierin ist ε_{rel} die Dielektrizitätszahl des zwischen den Platten befindlichen Materials (für Vakuum gilt $\varepsilon_{rel} = 1$, für Luft bei 0°C gilt $\varepsilon_{rel} = 1{,}000585$), ε_0 die elektrische Feldkonstante, A die Fläche einer Platte des Kondensators und d der Abstand der Platten.

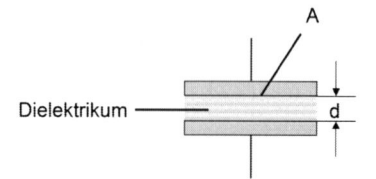

Abb. 6-1:
Plattenkondensator

Bei kapazitiven Aufnehmern kann jede der drei Größen ε, A oder d veränderlich gemacht werden, um die gewünschte Umwandlung der zu messenden mechanischen Größe in eine Kapazitätsänderung zu erreichen.

Fall 1:

Zwischen den Platten des Kondensators wird ein Isolator verschoben (Abb. 6-2). Wegen der anderen Dielektrizitätskonstanten dieses Mediums ändert sich die Kapazität proportional zur Eintauchtiefe.

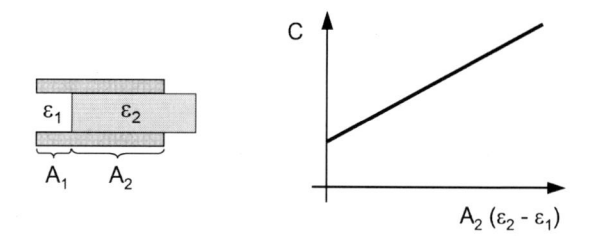

Abb. 6-2:
Signal durch Ändern des Dielektrikums

$A_2 (\varepsilon_2 - \varepsilon_1)$

Das Verfahren ist zwar linear, leider jedoch schwierig zu realisieren: Die Flächen zwischen Dielektrikum und Platte müssten absolut glatt sein und dürfen nur wenig Reibung aufweisen. Dies ist in der Praxis nicht mit der erforderlichen Langzeitkonstanz zu erreichen, daher wird das Prinzip nur in Sonderfällen verwendet.

Fall 2:

Es wird der Abstand beider Platten zueinander geändert (Abb. 6-3). Nach diesem Prinzip werden die meisten kapazitiven Aufnehmer gebaut, weil sich hiermit sehr

Kapazitive Aufnehmer

einfache, berührungslos arbeitende Weg- oder Beschleunigungsaufnehmer realisieren lassen. Man kann auch die eine Platte als dünne Membran ausbilden, die sich unter der Einwirkung eines Drucks durchbiegt, um kapazitive Druckaufnehmer zu realisieren. (Dieses Prinzip verwenden auch Kondensatormikrofone.)

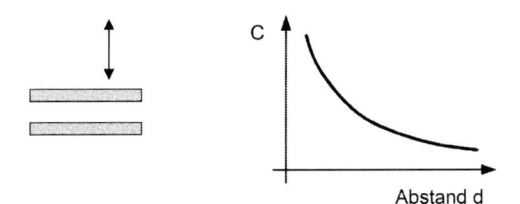

Abb. 6-3:
Signal durch Abstandsänderung

Die Kapazitätsänderung erfolgt *nichtlinear*, da in der hier gültigen Formel für die Kapazität die Größe Δd im Nenner steht (Gleichung 6-2).

$$C = \varepsilon \cdot \frac{A}{d + \Delta d} \qquad (6\text{-}2)$$

Es gibt jedoch heute gute Möglichkeiten für eine Linearisierung, sodass dieser Nachteil nicht überbewertet werden sollte. Wenn $\Delta d/d = 0{,}01$ ist, beträgt der Linearitätsfehler 1%; da aber die Empfindlichkeit mit dem Quadrat des Plattenabstands abnimmt, ist bei hoher Empfindlichkeit der ausnutzbare Bereich sehr klein. Dies kann man umgehen, wenn die Linearisierung durch einen nachgeschalteten Verstärker mit entsprechender Kennlinie bzw. einen Mikroprozessor vorgenommen wird.

Die Empfindlichkeit steigt umgekehrt proportional mit dem Quadrat des Plattenabstandes an. Bei kleinen Abständen lassen sich deshalb sehr große Werte erreichen.

Fall 3:

Hierbei werden die Flächen des Kondensators gegenseitig so verschoben, dass eine Änderung der wirksamen Fläche A zustande kommt (Abb. 6-4). Dieses Prinzip wird zur drehwinkelabhängigen Kapazitätsänderung (Drehkondensatoren) verwendet. Im Bereich der Sensortechnik ist dieses Prinzip jedoch aufgrund der mechanischen Einschränkungen nur bei Low-Cost-Aufnehmern zu finden: begrenzter Drehwinkel, bei guter Genauigkeit müssen entweder große Bauformen verwendet oder kleine Toleranzen eingehalten werden, die Verstellkräfte sind für kapazitive Aufnehmer verhältnismäßig groß.

Kapitel 6

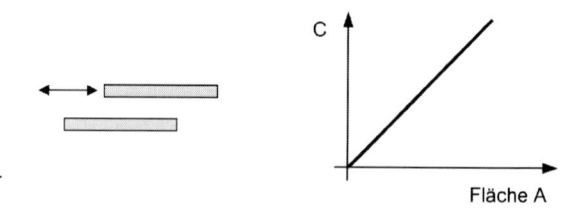

Abb. 6-4:
Signal durch Flächenänderung

Fall 4:

Es wird die Dielektrizitätskonstante eines Mediums durch eine äußerlich einwirkende, mechanische Größe bei festen Abmessungen des gesamten Kondensators verändert.

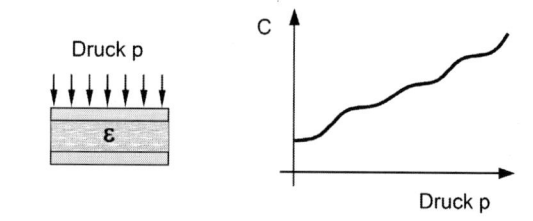

Abb. 6-5:
Signal durch Ändern des Dielektrikums

Zum Beispiel ist für jedes Gas $\varepsilon_{rel} - 1$ (Suszeptibilitätszahl) proportional zum Druck und umgekehrt proportional zur absoluten Temperatur. Bei einigen Flüssigkeiten und Festkörpern (hier vor allem bei bestimmten Keramikmassen mit großer, relativer Dielektrizitätskonstante und bei bestimmten Kunststoffen) ändert sich ε_{rel} stark temperatur- und druckabhängig. Der Effekt ist leider häufig, wie schematisch angedeutet, nicht linear und noch dazu nicht hysteresefrei. Für Feuchtemessungen verwendet man ein hygroskopisches Dielektrikum. Es lassen sich so sehr kleine und zuverlässige Feuchtesensoren herstellen.

In Sonderfällen wird das Prinzip zum Messen der Schichtdicke von Kunststoffen oder Gewebebahnen sowie zur Bestimmung des Luftporenanteils von Schaumstoffen verwendet, wenn die Dielektrizitätskonstante des homogenen Materials bekannt ist.

Erwähnt sei noch, dass sich die Platten des Aufnehmers bei angelegter Spannung U mit der Kraft F anziehen (Gleichung 6-3).

$$F = \varepsilon \cdot \frac{A}{2} \cdot \frac{U^2}{d^2} \tag{6-3}$$

Kapazitive Aufnehmer

6.3 Ausführungen kapazitiver Aufnehmer

Bei der Messung von Abständen wird deutlich, dass das Prinzipschaltbild nicht mit der Realität übereinstimmt: Durch die unterschiedlich großen Plattenflächen von Sensor und Objekt ergeben sich Randeffekte, die die Messung stören. Daher werden die Aufnehmer mit einer „Abschirmung" versehen, die in der Regel sogar eine größere Fläche einnimmt als die aktive Fläche am Aufnehmer (Abb. 6-6).

Abb. 6-6:
Vermeidung von Randeffekten

Randeffekte stören die Messung

„Abschirmung" des Messelementes

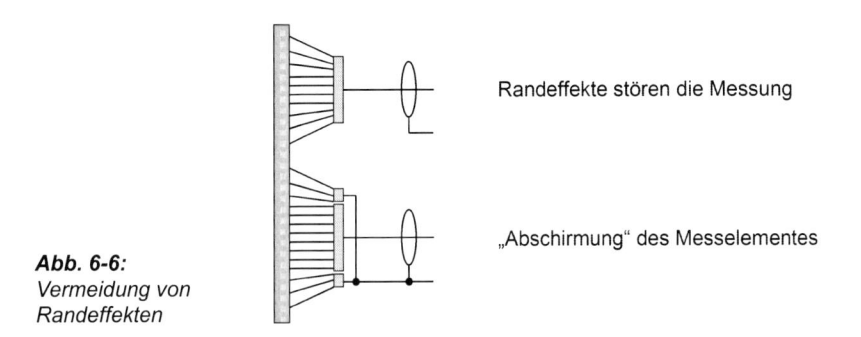

Abb. 6-7 zeigt die Realausführung eines kapazitiven Aufnehmers von Capacitec.

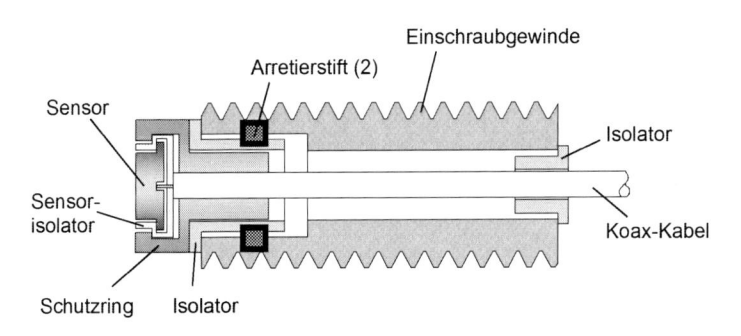

Abb. 6-7: Capacitec HPT-Serie mit Gewinde

Der Messbereich des Aufnehmers ist abhängig vom Durchmesser, d.h. der Plattenfläche. Bei einem Sensorkopfdurchmesser von 1 mm werden ein Außendurchmesser von ca. 4 mm und ein Messbereich von ca. 0,5 mm erreicht. Die maximalen Messbereiche liegen bei knapp 10 mm, hierbei liegen die Außendurchmesser der Aufnehmer bei 25 mm. Selbstverständlich sind auch andere Bauformen erhältlich, z.B. die in Abb. 6-8 gezeigte „Knopfzelle" mit seitlichem Kabelabgang.

Kapitel 6

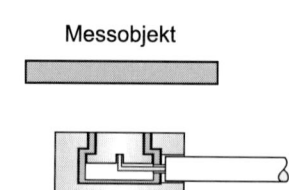

Abb. 6-8:
Kapazitiver Aufnehmer als
„Knopfzelle"

Zur Messung von Luftspalten wurde von Capacitec das Messsystem Gapman entwickelt, das auf einer Kunststofffolie von nur 0,2 mm Dicke zwei gegenüberliegende kapazitive Sensoren enthält, die leicht in einen Luftspalt eingeführt werden können und so berührungslos und verschleißfrei den Abstand von z.B. Walzen messen (Abb. 6-9).

Abb. 6-9:
Messsystem Gapman
zur Messung eines Luftspaltes

Als weiteres Beispiel sei hier ein keramischer kapazitiver Einkammer-Differenzdrucksensor (Abb. 6-10) genannt [26]. Es treten dabei Druckdifferenzen $P_2 - P_1$ von 5 mbar bis 3000 mbar auf, wobei P_1 und P_2 (Prozessdruck) mehr als 100 bar betragen können. Liegt ein Differenzdruck an, so werden die Membranen z.B. wie dargestellt nach rechts ausgelenkt und damit C_1 und C_2 verändert. Um ein möglichst großes Ausgangssignal bei kleiner Temperaturabhängigkeit zu erreichen, wird der Aufnehmer aus Keramik hergestellt, die sich fast bis zum Bruch linear elastisch verhält. Während die Druckdifferenz sich proportional zu $\frac{1}{C_1} - \frac{1}{C_2}$ verhält, ist die Summe $\frac{1}{C_1} + \frac{1}{C_2}$ ein Maß für die Temperatur und für den beidseitig anliegenden Druck am Sensor. Sie kann zur Kompensation dieser Einflüsse mittels eines Mikroprozessors ausgenutzt werden. Die Empfindlichkeit ist proportional zu den Federkonstanten der Membranen, unterschiedliche Membranen haben keinen Einfluss auf die Linearität des Sensors und seine Temperaturabhängigkeit.

Kapazitive Aufnehmer

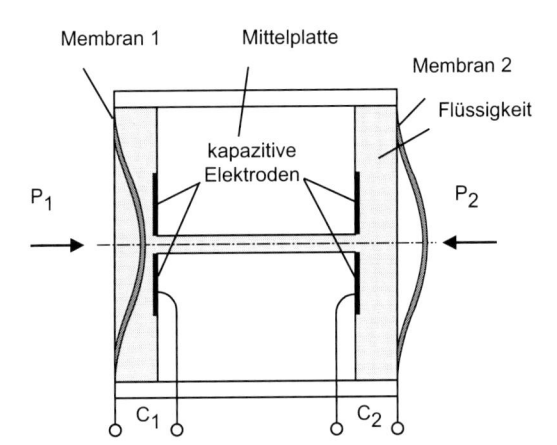

Abb. 6-10:
Kapazitiver Differenzdrucksensor

Der Temperatureinfluss entsteht ausschließlich über Änderungen der Dielektrizitätskonstanten der Flüssigkeit, mit der der Aufnehmer gefüllt ist (bei Silikonöl ungefähr 1%/10K). Die Membranen lassen sich bis zu einer Dicke vom 150 µm schleifen. Die Oxydkeramik zeigt bei mechanischer Belastung keinerlei Kriechen, sie kann Temperaturen bis ca. 1000°C widerstehen und ist zudem auch beständig gegen korrosive Flüssigkeiten. Die Elektroden werden in Dickschichttechnik mittels Siebdruckverfahren aufgebracht, die Kapazitäten betragen etwa 400 pF. Die Nichtlinearität ist ca. ±0,1% vom Messbereich, es wurden aber auch Aufnehmer mit Nichtlinearitäten von ±0,02% realisiert. Die Temperaturabhängigkeit lässt sich mithilfe einer entsprechenden Auswerteschaltung auf 0,1%/10K begrenzen.

Ein anderer, von CERL-Planer entwickelter so genannter kapazitiver Dehnungsmessstreifen [27] besteht aus zwei Stahlbändern, die mit unterschiedlichen Krümmungen übereinander befestigt sind (Abb. 6-11).

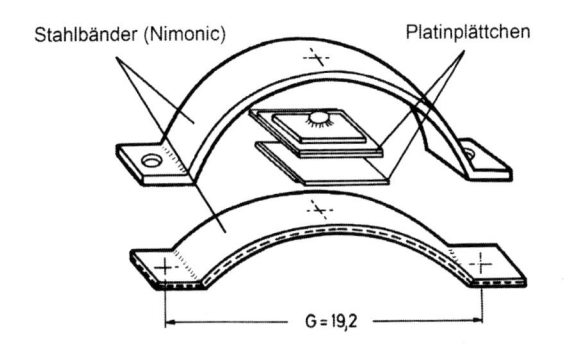

Abb. 6-11:
Kapazitiver DMS
von CERL-Planer

Die Stahlbänder sind aus Nimonic-Legierung hergestellt. Zwei Platten aus Platin sind je an einem der Bögen so befestigt, dass sie sich gegenüberstehen und einen Kondensator bilden. Der Aufnehmer wird mit Punktschweißung an den Enden der Bögen am Messobjekt befestigt. Durch dessen Dehnung ändert sich der Abstand der Platten und damit die Kapazität des Kondensators. Die elektrische Verbindung der Kondensatorplatten zur Messleitung ist mit dünnen Drähten aus Nichrome von 0,1 mm Durchmesser ausgeführt. Der gesamte Messbereich des Aufnehmers beträgt ±0,5% seiner ungedehnten Länge. Durch Vordehnen in einer Richtung kann der Bereich auf insgesamt 1% vergrößert werden. Dieser kapazitive Dehnungsaufnehmer hat den Vorteil, dass seine Empfindlichkeit durch Temperaturänderungen nicht wesentlich beeinflusst wird und er bei hohen Temperaturen einsetzbar ist. Nachteilig ist, dass Schmutz und Staubpartikel, die zwischen die Kondensatorplatten geraten, die Messergebnisse verfälschen. Es ist deshalb im Allgemeinen eine Kapselung gegen Staub erforderlich.

Eine weitere Möglichkeit ist die Verwendung des Prinzips zur Realisierung eines Beschleunigungsaufnehmers. Hierbei wird eine der Platten als bewegliche Masse konstruiert, deren Abstand von der anderen gemessen wird. Solche Aufnehmer lassen sich heute mikromechanisch fertigen (ähnlich Abb. 7-2 auf Seite 156) und zusammen mit der Elektronik in einem Gehäuse integrieren. Abb. 6-12 zeigt einen solchen Aufnehmer, der von Temic entwickelt wurde (jetzt Continental Automotive Group), mit Messbereichen von ±1g bis ±3g und einer Bandbreite von 0 bis 10 kHz bei einem Gewicht von 16 Gramm.

Abb. 6-12:
Kapazitiver Beschleunigungsaufnehmer

7 Weitere Aufnehmerprinzipien

M. Laible

7.1 Einführung

In diesem Kapitel werden zunächst die piezoresistiven bzw. Halbleitersensoren behandelt. Einige Beispiele zur Anwendung erläutern dabei die Vor- und Nachteile der verschiedenen Systeme. Anschließend wird für optische Systeme ein kurzer Überblick über einige der am Markt erhältlichen Systeme gegeben, da insbesondere bei der Wegmessung optische Prinzipien verwendet werden, andererseits aber auch in anderen Bereichen optische Aufnehmer interessante Lösungsansätze bieten.

7.2 Piezoresistive Sensoren

Bei einer Dehnung wird sowohl bei Dehnungsmessstreifen als auch bei piezoresistiven Aufnehmern der k-Faktor durch Gleichung 1-4 bzw. Gleichung 1-5 (Seite 9) bestimmt. Während jedoch bei DMS die geometrische Formänderung ausschlaggebend ist (80%), wird bei Halbleitern der k-Faktor durch die Änderung des spezifischen Widerstandes bestimmt. Der k-Faktor kann hier Werte von über 100 erreichen gegenüber 2 beim DMS, daher ist das Ausgangssignal wesentlich höher. Allerdings weisen Halbleiter-DMS eine starke Temperaturabhängigkeit sowie eine nur in einem kleinen Bereich lineare Kennlinie auf. Solange die Halbleiter-DMS in einer Wheatstone-Brückenschaltung aus einem Trägermaterial herausgeätzt werden, können durch diese Schaltung der Temperaturgang des Nullpunktes sowie kleine Nichtlinearitäten eliminiert werden. Eine weitere Verminderung der Effekte wird durch aktive Kompensation erreicht: So wird in der Regel die Temperatur des Substrates mitgemessen und in der Auswerteschaltung der Temperatureffekt des k-Faktors sowie weitere, von der Wheatstone-Brückenschaltung nicht mehr kompensierte Abweichungen unterdrückt. Mit den heute verfügbaren Methoden der Ätztechnik können auch geometrische Formen, z.B. Biegebalken aus dem Halbleiter geätzt werden, in die dann die DMS eindiffundiert werden. So lassen sich preisgünstige Aufnehmer in großen Stückzahlen herstellen.

Abb. 7-1 bis Abb. 7-3 zeigen Prinzip, Labormuster und reale Ausführung eines piezoresistiven Beschleunigungssensors.

Kapitel 7

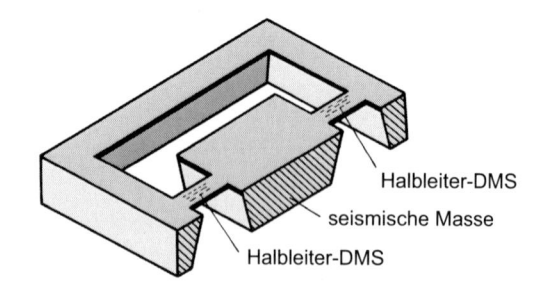

Abb. 7-1:
Piezoresistiver
Beschleunigungs-
sensor (Prinzip)

Halbleiter-DMS
seismische Masse
Halbleiter-DMS

Abb. 7-2:
Piezoresistiver
Beschleunigungs-
sensor (Labor-
muster)

Abb. 7-3:
Piezoresistiver Beschleunigungssensor von Variohm EuroSensor

Auf dem Markt finden sich auch sehr viele piezoresistive Drucksensoren. Hierbei gibt es im Wesentlichen drei Ausführungsformen:

Weitere Aufnehmerprinzipien

1. „Ungeschützte" Sensoren, bei denen der Sensor nicht oder nur durch einen Schutzlack bzw. Silikongel vom Medium getrennt wird (Abb. 7-4).
2. Sensoren, bei denen eine Schutzmembran den Druck aufnimmt und über eine Ölfüllung an das eigentliche Messelement weitergibt (Abb. 7-5).
3. Sensoren, bei denen das Sensorelement auf einem Träger (Keramik, spezielle Kunststoffe oder Metall) aufgebracht ist, der mit dem Medium direkt in Kontakt steht (Abb. 7-6 auf Seite 158).

Abb. 7-4:
Piezoresistive Druckaufnehmer von EuroSensor („ungeschützt")

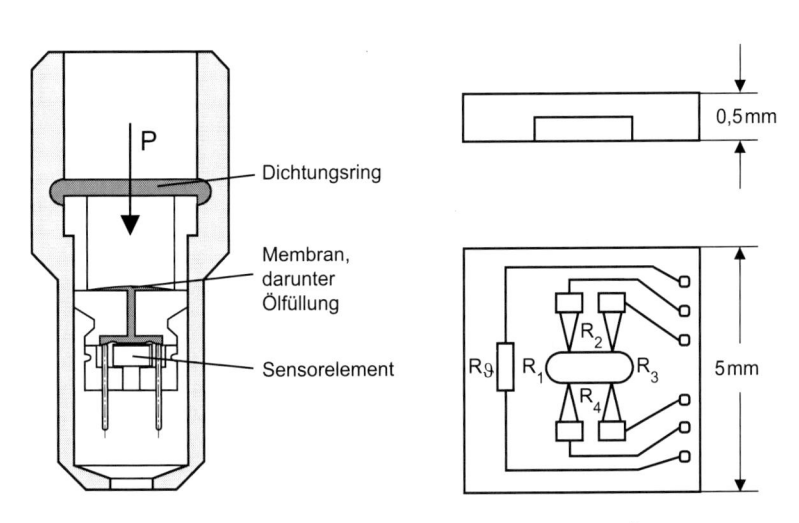

Abb. 7-5: Druckaufnehmer mit Halbleitersensor (Detail rechts) und Ölfüllung

157

Kapitel 7

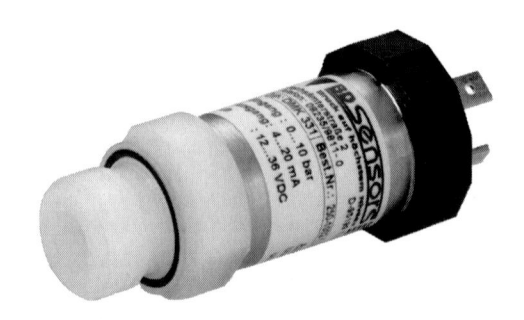

Abb. 7-6:
Sensor mit Keramik-
membran und Druck-
anschluss aus PVDF
von BD|Sensors

Dabei haben alle Verfahren Vor- und Nachteile aus messtechnischer Sicht:

1. Bei ungeschützten Aufnehmern dürfen nur bestimmte Medien mit dem Sensor in Kontakt kommen. Unkritisch sind z.B. Anwendungen im Windkanal, da hier „saubere" Luft vorhanden ist. In industriellen Atmosphären muss jedoch geprüft werden, ob der Schutzüberzug des Sensors den vorhandenen Gasen standhält. Dies ist für einige Gase durchaus gegeben, nähere Informationen sind vom jeweiligen Hersteller des Sensors zu erhalten. Vorteilhaft ist, dass diese Sensoren sehr preiswert herstellbar sind.

2. Durch die Ölfüllung der Druckvorlage (Silikonöl) entsteht eine zusätzliche Fehlerquelle, da die Eigenschaften des Öls (Viskosität) temperaturabhängig sind. Zu beachten ist außerdem, was bei einer Beschädigung der meist dünnen Membran mit dem Öl passiert, inwieweit nur bestimmte Ölfüllungen zulässig sind (Lebensmittelbereich, Medizintechnik) oder was aufgrund einer Verschmutzung des Mediums mit dem Öl passieren kann. Nicht zuletzt sind eine ganze Reihe dieser Aufnehmer (wie in Abb. 7-5 zu sehen) mit Dichtungen aus Gummi versehen, die je nach Medium nur begrenzte Zeit halten. Es sind allerdings auch Ausführungen ohne Dichtungen auf dem Markt (höherer Preis!), bei denen die Verbindungen z.B. mit Elektronenstrahlschweißen hergestellt wurden. Da bei aufwendigeren Sensoren auch die Signalverarbeitung in den Sensor integriert werden kann, sind komplette Messketten erhältlich, bei denen durch entsprechende Kompensation auch messtechnisch hohe Qualitäten erreicht werden.

3. Bei diesen Ausführungen liegt das Hauptproblem in der Verbindung der Membranwerkstoffe mit dem Gehäuse bzw. Anschluss. Je nach gewählten Werkstoffen und Verbindungsarten, z.B. mit Dichtungen, gilt hier Ähnliches wie unter Punkt 2. Allerdings sind hier auch Aufnehmer am Markt, bei denen durch neuere Werkstoffe (PVDF = Polyvinylidenfluorid) oder Kleben als Verbindungstechnik diese Probleme umgangen werden. Vorteilhaft ist, dass auch für hochaggressive Atmosphären oder für spezielle Anforderungen, z.B. in der Medizin- oder Lebensmitteltechnik, geeignete Werkstoffe als Membranwerk-

Weitere Aufnehmerprinzipien

stoff gewählt werden können. Auch hier sind trotz dieser erhöhten Anforderungen durchaus günstige Sensoren auf dem Markt.

Zusammenfassend lässt sich festhalten, dass zwar piezoresistive Sensoren im Allgemeinen höhere Messabweichungen haben als DMS-Aufnehmer, dass aber die Preise dafür um einiges niedriger liegen als bei konventionellen DMS-Aufnehmern. Durch die Verwendung neuerer und verbesserter Materialien können jedoch neue Anwendungsgebiete erschlossen und bei der Kombination mit aktiven Schaltungen zur Signalverarbeitung durchaus auch Messabweichungen unter 0,1% erreicht werden.

7.3 Optische Sensoren

Auch beim Messen mechanischer Größen gibt es heute eine Vielzahl von Sensoren, die mit optischen Prinzipien arbeiten. Die insbesondere im Bereich der Längenmesstechnik verbreiteten Verfahren werden im zweiten Teil dieses Abschnittes ab Seite 166 besprochen. Darüber hinaus sind auch faseroptische Sensoren für die verschiedensten Anwendungen erhältlich, von denen hier exemplarisch einige Beispiele gezeigt werden sollen.

Hauptvorteil dieses Sensortyps ist, dass er in explosionsgefährdeten Bereichen und bei hohen Spannungen eingesetzt werden kann, da keine Ströme fließen. Ein zweiter Grund sind die hohen Dehnungen, die der Sensor dauerhaft verträgt.

7.3.1 Faseroptische Sensoren

Lichtwellenleiter bestehen aus einer dünnen Glasfaser mit hoher Brechzahl, die mit einem Stoff mit kleinerer Brechzahl umhüllt ist. So entsteht an der Grenzfläche zwischen beiden Totalreflexion, wodurch das Licht im Kern fortgeleitet wird. Abhängig vom Aufbau des LWL (Differenz der Brechzahlen von Mantel und Kern und dessen Durchmesser) unterscheidet man grob zwischen Monomode- und Multimode-LWL (Abb. 7-7).

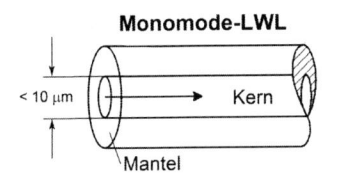

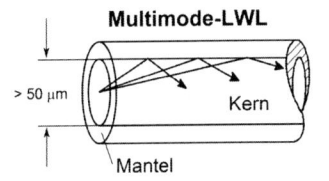

Abb. 7-7: Aufbau von Lichtwellenleitern

Kapitel 7

In der Praxis werden allerdings auch andere Formen verwendet, so lässt sich z.B. der Übergang zwischen Kern und „Mantel" so gestalten, dass der Brechungsindex der Faser zunimmt. Damit wird der Lichtstrahl de facto in den Lichtleiter „zurückgebogen", nicht reflektiert. Bei Monomode-Lichtwellenleitern sind die Kerndurchmesser kleiner als 10 µm, Multimode-Lichtwellenleiter haben meist Kerndurchmesser von ca. 50 µm. Bei den Monomode-Fasern kann sich die Lichtwelle unterhalb der sogenannten Grenzwellenlänge über mehrere Wege (Moden) ausbreiten; oberhalb der Grenzwellenlänge ist nur ein Ausbreitungsweg (eine Mode) möglich. Bei Multimode-Fasern herrscht dagegen im gesamten Spektralbereich Vielmodigkeit. Man teilt deshalb auch die faseroptischen Sensoren in Multi- und Monomode-Sensoren ein. Interferometrisch arbeitende Glasfasersensoren haben eine Empfindlichkeit, die direkt proportional der Glasfaserlänge ist, auf welche die zu messende Größe einwirkt. Es entsteht zwischen dem Licht in der Sensorfaser und in der Referenzfaser eine Phasenverschiebung. Beim derzeitigen Stand der Entwicklung lassen sich Phasenverschiebungen von 10^{-6} rad nachweisen. Das entspricht einer Längenänderung der Glasfaser von nur rund 10^{-13} m.

Eine Anwendung, bei der die Rückstreuung als Maß für den Abstand verwendet wird, zeigt Abb. 7-8. Licht, das aus der Stirnfläche eines LWL austritt, wird an einer gegenüberliegenden Fläche reflektiert, von einem zweiten LWL aufgenommen und zu einem Detektor geleitet.

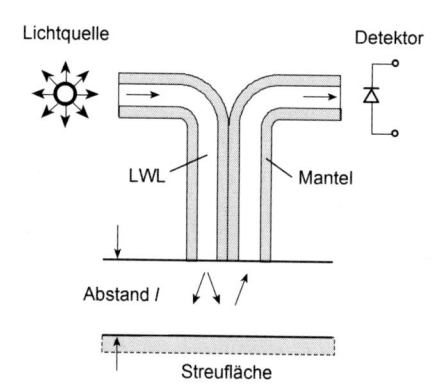

Abb. 7-8:
Abstandsmessung mit Lichtwellenleiter

Das Verhältnis zwischen Aus- und Eingangsintensität ändert sich entsprechend dem auf den Durchmesser D des LWL bezogenen Abstands l.

$$\frac{I_1}{I_2} = f\left(\frac{l}{D}\right) \qquad (7\text{-}1)$$

Damit lassen sich bevorzugt kleine Abstände mit hoher Empfindlichkeit messen.

Weitere Aufnehmerprinzipien

Wird die reflektierende Fläche als Membran ausgebildet, so entsteht ein Drucksensor mit hoher Steifigkeit (Abb. 7-9). Durch das verwendete Prinzip lässt sich der Sensor auch unter hohen Temperaturen (bis max. 800°C) einsetzen und verträgt hohe Überlasten, da die Membran für die Messung nur gering verformt und damit beansprucht wird. Von Vorteil ist weiterhin, dass keine bewegten Teile im Sensor verwendet werden und auch keine Flüssigkeiten (Silikonöl o.Ä.) verwendet werden. Problematisch ist der Mantel des LWL, der nicht beschädigt werden darf.

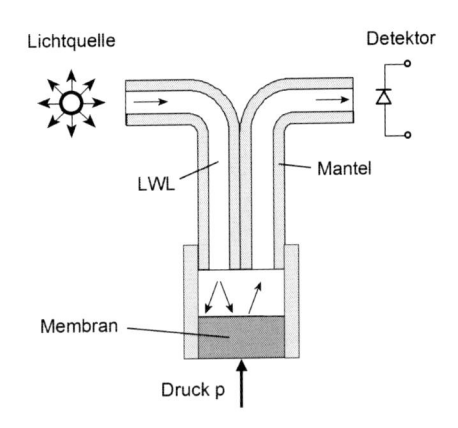

Abb. 7-9:
Drucksensor von FOS Messtechnik (Prinzip)

Eine Anwendung zur Temperaturmessung zeigt Abb. 7-10.

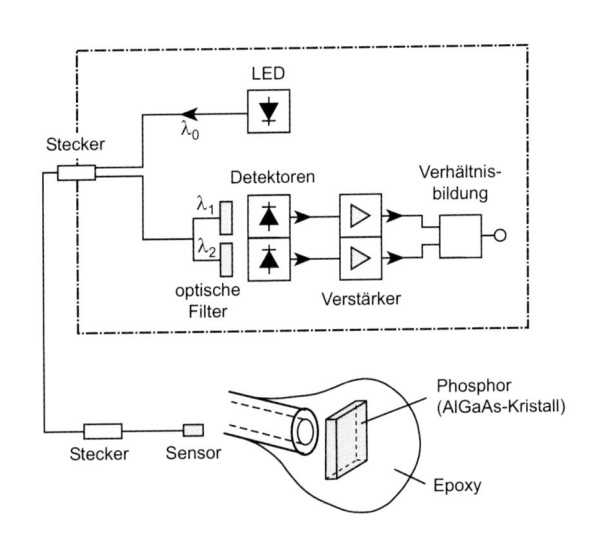

Abb. 7-10:
Temperatursensor mit Lumineszenzschicht

Kapitel 7

Am Ende eines Multimode-LWL ist ein Aluminium-Gallium-Arsenid-Kristall angebracht; durch die Faser wird das Licht einer LED mit etwa 750 nm zum Kristall geleitet. Das Lumineszenzlicht, dessen Zusammensetzung temperaturabhängig ist, wird über einen Koppler zu einem Detektor geführt. Hier werden durch Interferenzfilter zwei schmale Spektralbänder bei 800 nm und 900 nm herausgefiltert. Ihr Intensitätsverhältnis ist eine Funktion der Temperatur und damit unabhängig von Schwankungen der LED, Änderungen des Faserkabels oder der Koppelstellen. Es können Temperaturen zwischen 0°C und 200°C mit einer Auflösung von 0,1°C und einer Genauigkeit von 1°C gemessen werden.

Eine Anwendung mit Monomode-LWL ist das Faser-Bragg-Gitter aus Abb. 7-11. Hier wird zunächst ein Teil der Faser freigelegt und dann dort mittels optischer Interferenz zweier Laserstrahlen ein Gitter eingebrannt.

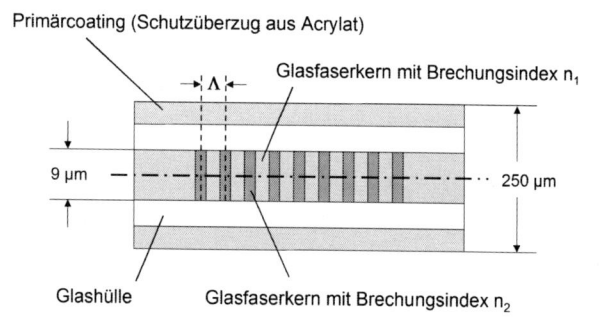

Abb. 7-11:
Faser-Bragg-Gitter im Lichtwellenleiter

Dadurch ändert sich der Brechungsindex dieses „Gitterabschnitts", durch den festen Abstand ergibt sich für eine bestimmte Wellenlänge eine Dämpfung des Signals (Abb. 7-12).

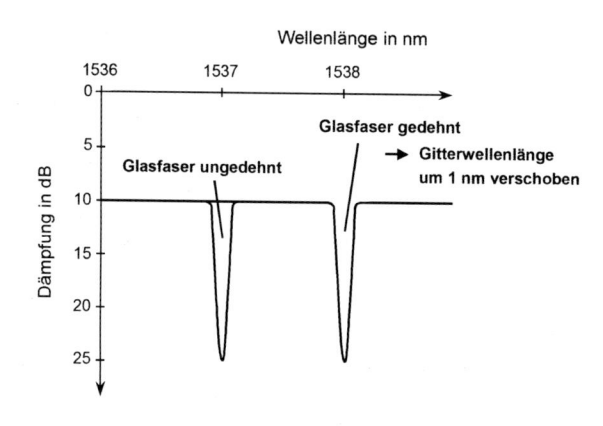

Abb. 7-12:
Transmissionsspektrum eines Faser-Bragg-Gitters

Weitere Aufnehmerprinzipien

Für die kritische Wellenlänge gilt:

$$\lambda_{Bragg} = 2 \cdot n_{eff} \cdot \Lambda \tag{7-2}$$

Sensoren nach diesem Prinzip können direkt die Dehnung messen, die ein Bauteil aufgrund von Belastung erfährt. Falls unterschiedliche Gitterabstände in einer Faser verwendet werden, können auch mehrere Messstellen in einem Leiter realisiert werden. Auf dem Markt finden sich Aufnehmer in verschiedenen Ausführungen nach diesem Prinzip, einige Beispiele zeigt Abb. 7-13.

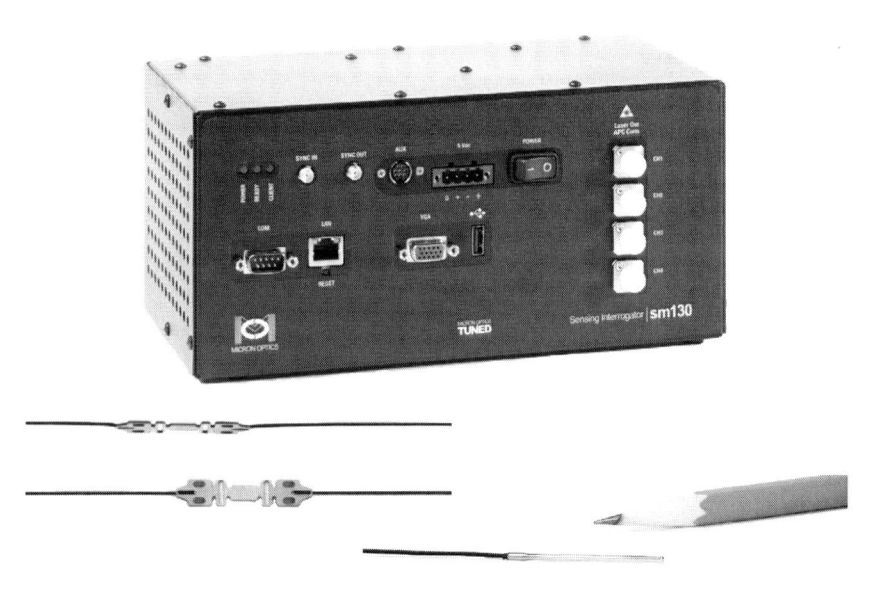

Abb. 7-13: Messverstärker mit Faser-Bragg-Sensoren der Firma Micron Optics, rechts ein Temperatursensor, links ein Dehnungssensor

Nach einem ganz anderen Prinzip arbeiten die sogenannten Faserkreisel, die ebenfalls LWL verwenden und zur Positionsbestimmung bei größeren Wegstrecken geeignet sind, wenn keine GPS-Daten verfügbar sind (Tunnel, Untertagebau). Bei diesen Aufnehmern wird der Sagnac-Effekt ausgenutzt: Ein Teil des Lichts geht *gegen* den Uhrzeigersinn durch die Glasfaserspule, ein zweiter Teil wird über den Koppler *im* Uhrzeigersinn durch die Spule geschickt (Abb. 7-14 auf Seite 164). Solange die Spule in Ruhe ist, gelangen beide Strahlen gleichzeitig zum Fotodetektor. Sobald jedoch die Glasfaserspule z.B. eine Drehbewegung im Uhrzeigersinn erfährt, ist der Lichtstrahl im Gegenuhrzeigersinn bevorzugt, da er eine kürzere Wegstrecke durchlaufen muss, es kommt zu einem Laufzeitunterschied. Dieser Unterschied ist direkt proportional zur Winkelgeschwindigkeit.

Kapitel 7

```
                                    ☼ Laser
        ┌─────────────┐
        │ Glasfaserspule │──────⊗──── optischer Koppler
        │   mit vielen  │
        │   Windungen   │         │
        └─────────────┘         ▼
                              ☐ Fotodetektor
                              │
                        ┌───────────┐
                        │  Signal-  │
                        │aufbereitung│
                        └───────────┘
```

Abb. 7-14:
Sagnac-Effekt

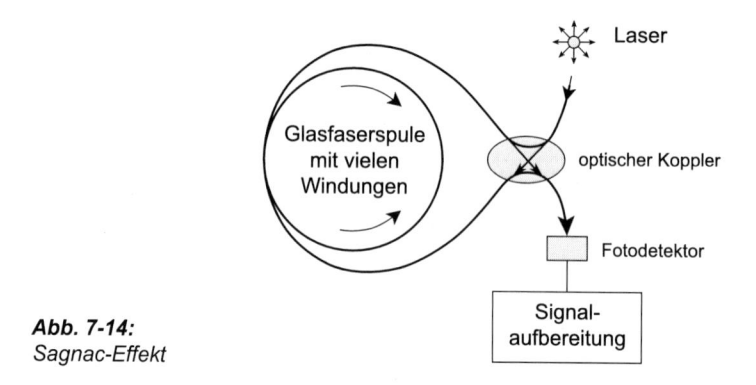

Eine Realausführung eines solchen Wegaufnehmers zeigt Abb. 7-15, die Gehäuseabmessungen betragen nur 100 mm x 66 mm x 21 mm (Abbildung rechts).

Abb. 7-15: *Faserkreisel µFORS der Firma Northrop Grumman LITEF GmbH*

Weitere Aufnehmerprinzipien

7.3.2 Längenmessung über Korrelationsverfahren

Ein Verfahren, das auf der mathematischen Analyse beruht und erst durch den Einsatz leistungsfähiger Mikroprozessoren möglich wurde, ist die Bestimmung der Geschwindigkeit und damit der Länge eines Objektes über eine Korrelationsrechnung. Hierzu wird die Oberflächenstruktur des Objekts über eine Optik auf zwei versetzt angebrachte Fotodetektoren abgebildet (Abb. 7-16).

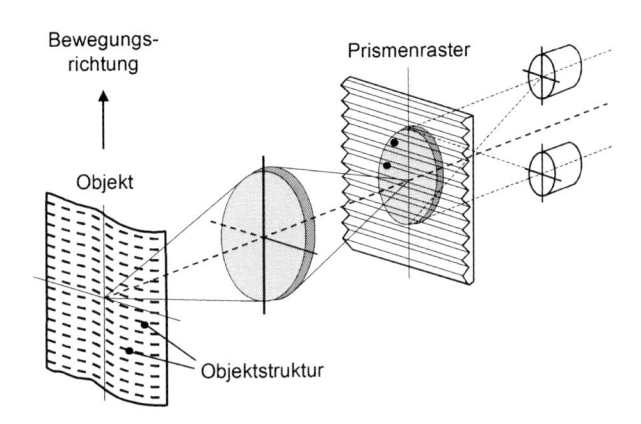

Abb. 7-16:
Prinzip der korrelierenden Längenmessung

Da die Oberflächenstruktur nie völlig gleichmäßig ist, erscheinen die Unregelmäßigkeiten als Muster im Signal beider Fotodetektoren. Die Zeitverschiebung dieses Musters, das in beiden Fällen zwar identisch, aber nicht zeitgleich an den Detektoren auftritt, wird durch die Berechnung der Korrelation bestimmt.

Als Beispiel ist in Abb. 7-17 der Sensor CORREVIT® L400 von Kistler Automotive GmbH (ehemals CORRSYS-DATRON) zu sehen.

Abb. 7-17:
CORREVIT® L400, Fahrversuch

Kapitel 7

Bei einem Arbeitsabstand (Abstand zur Optik) zwischen 270 und 530 mm und Geschwindigkeiten bis zu 10000 m/min (600 km/h) erfasst der Sensor die gefahrene Strecke mit einer Messunsicherheit von 0,1 %. Mit dem Sensor lässt sich jedoch auch die Länge von Kabeln und Profilen oder von Papier- oder Folienbahnen sowie Werte wie Schlupf und Dressiergrad beim Kaschieren von Papier und Folien messen (Abb. 7-18).

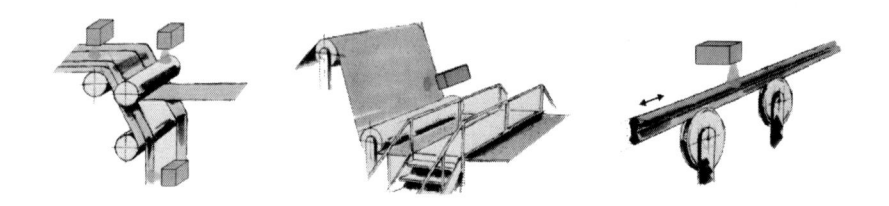

Abb. 7-18: Anwendungen des Sensors CORREVIT®

7.3.3 Sensoren mit Triangulationsprinzip

Neben der akustischen oder optischen Laufzeitmessung ist ein weiteres weitverbreitetes Prinzip der Abstandsmessung die Triangulation. Wie Abb. 7-19 zeigt, wird ein Lichtstrahl auf ein Objekt gerichtet und von diesem diffus zurückgestreut. Dieses Streulicht wird von der Empfangsoptik eingefangen und mit einer lichtempfindlichen Fläche, meist einem CCD, wird die Einfallsrichtung detektiert. Daraus lässt sich der Abstand des Objektes berechnen.

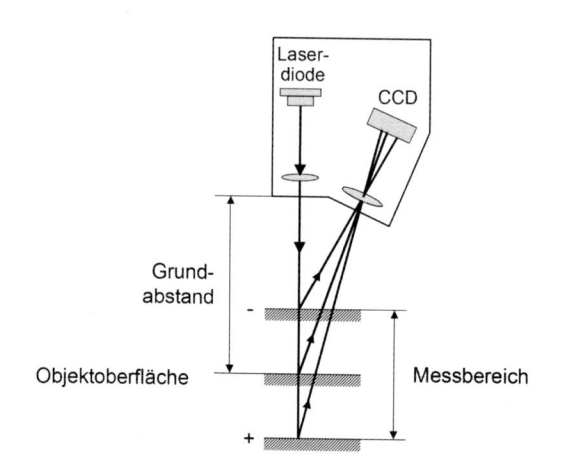

Abb. 7-19:
Triangulationsprinzip

Weitere Aufnehmerprinzipien

Mit diesem Prinzip lassen sich durchaus Auflösungen bis zu 0,005% und Nichtlinearitäten bis zu 0,03% des Messweges erreichen, typische Messwege reichen von 1 mm bis 200 mm. Wie bei den berührungslosen induktiven oder kapazitiven Verfahren sind keine Kräfte zur Messung nötig und es können hohe Messraten erreicht werden. Der Standard liegt meist bei 1 kHz, es finden sich aber auch Systeme für 500 kHz auf dem Markt.

Nachteilig ist, dass das Signal nichtlinear ist, was jedoch im Sensor entsprechend korrigiert wird. Schwerer wiegt die Abhängigkeit von der Oberfläche des Messobjektes, die nur mit entsprechenden Schaltungen oder Filtern im jeweiligen Sensor und mit entsprechender Justierung zu eliminieren ist. Vor der Verwendung eines Sensors muss daher geklärt werden, ob er mit dem vorhandenen Objektmaterial verträglich ist. Idealerweise sollte das Objektmaterial nur diffus reflektieren, nicht spiegeln. Nicht alle Sensoren decken von schwarzem Reifengummi bis zu hochglanzpolierten Metallen den gesamten Bereich ab. Auch kann Fremdlicht die Messung stören, je nach Aufnehmer sind oft nur bestimmte Lichtquellen (Tageslicht, Kunstlicht etc.) erlaubt. Allerdings sind in den letzten Jahren zunehmend Sensoren auf den Markt gekommen, die durch geeignete digitale Filterung des Signals sowohl Fremdlicht herausrechnen können als auch auf einen weiten eingestellt werden können bzw. sich selbst auf die jeweiligen Bedingungen einstellen. Vor allem bei Kunststoffen ist eine Messung jedoch problematisch, da die meisten Kunststoffe das Licht nicht an der Oberfläche reflektieren, sondern eine gewisse Eindringtiefe haben. Damit ist das Signal nicht mehr eindeutig und es ergibt sich eine (relativ) hohe Unsicherheit bei der Messung.

Selbstverständlich muss bei optischen Aufnehmern der gesamte Messweg sichtbar sein, es dürfen also keine Abschattungen auftreten, d.h., bei hohen Konzentrationen von Dampf o.Ä. ist ebenfalls keine Messung möglich.

Kapitel 7

8 Messverstärker

M. Laible

8.1 Einleitung

Alle Verfahren zum elektrischen Messen mechanischer Größen erfordern als erstes Glied der Messkette einen Messgrößenaufnehmer, der die Umformung der mechanischen Größe in ein elektrisches Signal vornimmt. Das gewonnene Signal liegt bei den meisten Aufnehmertypen in Form einer Spannung vor und ist der mechanischen Größe – innerhalb gewisser Fehlergrenzen – proportional. Allerdings ist im Allgemeinen der Pegel so gering, dass keine unmittelbare Verwertung möglich ist. Der Messverstärker als zweites Glied der Messkette hat nun die Aufgabe, diese im Millivoltbereich liegende Spannung möglichst fehlerfrei auf einen Pegel im Voltbereich zu verstärken. In welchem Maße der Verstärkungsvorgang zusätzliche Fehler bringt, geht im Wesentlichen aus den spezifizierten Daten eines Messverstärkers hervor. Zu den relevanten Daten, die bei dem später folgenden Vergleich zwischen Trägerfrequenz- und Gleichspannungs-Messverstärker noch näher erläutert werden, gehören vor allem das Übertragungsverhalten bei dynamischen Signalen, die temperaturabhängigen Änderungen sowie die Empfindlichkeit gegenüber äußeren Störeinflüssen.

Das elektrische Verfahren, nach dem eine solche Standard-Messkette arbeitet, kann sehr unterschiedlich sein und ist in erster Linie durch das physikalische Umformprinzip des Aufnehmers vorgegeben. So erfordern z.B. Aufnehmer, die nach dem induktiven Verfahren arbeiten, zwangsläufig die Nachschaltung eines Trägerfrequenz-Messverstärkers. Andere Aufnehmer, insbesondere diejenigen, die eine selbst erzeugte Spannung abgeben wie z.B. Thermoelemente, benötigen einen Gleichspannungs-Messverstärker.

Bei den resistiven Aufnehmern, deren bekanntester Vertreter der Aufnehmer mit Dehnungsmessstreifen (DMS-Aufnehmer) ist, kann sowohl ein Trägerfrequenz-Messverstärker (TF) als auch ein Gleichspannungs-Messverstärker (DC) eingesetzt werden, sodass sich die Frage stellt, welchem Verstärkerprinzip der Vorzug zu geben ist. Beide Verfahren weisen eine Reihe charakteristischer Eigenschaften auf, die sich je nach Aufgabenstellung vorteilhaft oder nachteilig auswirken.

Da diese beiden Verstärkerprinzipien in der Praxis eine sehr wichtige Rolle spielen, werden sie im Folgenden ausführlicher besprochen. Die für die piezoelektrischen Aufnehmer wichtigen Ladungsverstärker werden im Kapitel 4, *Piezoelektrische Sensoren*, ab Seite 99 erläutert. Weitere Erläuterungen dazu sowie zu

Kapitel 8

anderen Prinzipien finden sich auch in Abschnitt 1.6 in Kapitel 1 ab Seite 18. Abschnitt 8.5 ab Seite 184 beschließt dieses Kapitel mit Hinweisen zum EMV-gerechten Verschalten der Messkette.

8.2 Gleichspannungsverstärker

Die grundsätzliche Arbeitsweise eines Gleichspannungs-Messverstärkers in Verbindung mit einem DMS-Aufnehmer geht aus Abb. 8-1 hervor.

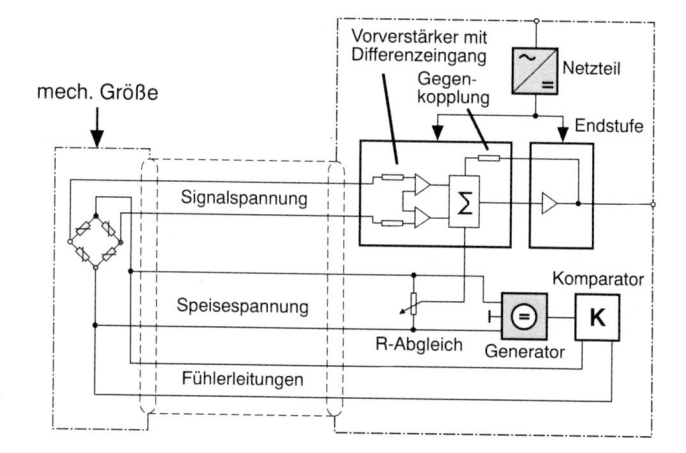

Abb. 8-1:
Prinzip eines Gleichspannungsverstärkers

Da der Aufnehmer ein passives Element ist, benötigt er zur Abgabe eines Messsignals eine Hilfsspannung, die sogenannte Speisespannung. Diese Spannung, die z.B. 5 Volt beträgt, wird in einem hochstabilen Gleichspannungsgenerator erzeugt. Die Generatorspannung wird als Speisespannung der Vollbrückenschaltung des Aufnehmers zugeführt. Bei unbelastetem Aufnehmer ergibt sich als Ausgangssignal nur eine sehr geringe Spannung, die im Messverstärker elektronisch kompensiert wird (Nullsignalabgleich). Bei Belastung des Aufnehmers mit der zu messenden mechanischen Größe liefert die Brückenschaltung eine Spannung, die der mechanischen Größe proportional ist und deren Polarität wechselt, wenn das mechanische Signal seine Richtung ändert. Eine solche Richtungsänderung liegt z.B. vor, wenn bei einem Kraftaufnehmer eine Druckkraft in eine Zugkraft übergeht. Der Betrag der Spannung hängt von verschiedenen Parametern ab. Bei Verwendung eines Aufnehmers mit einem Kennwert von 2mV/V und der erwähnten Speisespannung von 5 Volt erhält man z.B. am Ausgang des Aufnehmers ein Signal von 10mV, wenn der Aufnehmer mit seiner Nennlast belastet wird.

Das vom Aufnehmer abgegebene Signal wird nun der Eingangsstufe des Messverstärkers zugeführt. Die Eingangsstufe hat für drei Eigenschaften des Verstärkers eine besondere Bedeutung, nämlich für das Eingangsrauschen, die Nullpunktdrift und die Störunterdrückung. Um das Rauschen gering zu halten, werden spezielle Schaltungen und Metallfilmwiderstände eingesetzt. Zur Verminderung der Nullpunktdrift werden „Differenzeingänge" verwendet. Eine derartige Schaltung besitzt eigentlich *zwei* Eingänge und verstärkt nur die Differenz der beiden Eingangsspannungen, bezogen auf einen gemeinsamen, symmetrisch zu den Eingängen liegenden elektrischen Bezugspunkt. Da nun die in den beiden Eingängen entstehenden Driftspannungen die gleiche Polarität und annähernd gleiche Beträge haben, wird nur der geringe gegenseitige Unterschied verstärkt, der größere Teil der Driftspannung hingegen unterdrückt. Umgekehrt wird die Ausgangsspannung des Aufnehmers, die aus zwei symmetrisch zum Bezugspunkt liegenden gegenpoligen Teilspannungen besteht, voll verstärkt.

Diese unterschiedliche Verarbeitung von gleichphasigen Signalen einerseits und gegenphasigen Signalen andererseits bedingt allerdings auch ein gegensätzliches Verhalten bezüglich der auf den Messkreis eingekoppelten gleich- bzw. gegenphasigen Störspannungen, speziell gleichphasige werden hervorragend unterdrückt (Gleichtaktunterdrückung oder CMR, common mode rejection). Mehr über die Störempfindlichkeit im Abschnitt 8.4.5 ab Seite 179.

8.3 Trägerfrequenzverstärker

Im Vergleich zur übersichtlichen Arbeitsweise des Gleichspannungs-Messverstärkers erscheint das Trägerfrequenzverfahren mit seinen mehrfachen Signalumformungen zunächst recht umständlich. Andererseits ergeben sich durch diese Umformungen eine Reihe systembedingter Vorteile.

In Abb. 8-2 auf Seite 172 ist das Blockschaltbild eines Trägerfrequenz-Messverstärkers mit angeschlossenem Aufnehmer wiedergegeben. In einem Wechselspannungsgenerator wird die Brückenspeisespannung von z.B. 5V erzeugt; Amplitude und Frequenz dieser Spannung sind hochstabilisiert, die Wechselspannung speist die Brückenschaltung des Aufnehmers. In gleicher Weise wie beim Gleichspannungs-Messverstärker beschrieben, entsteht bei Belasten des Aufnehmers mit einer mechanischen Größe am Aufnehmerausgang eine der mechanischen Größe proportionale Signalspannung in der Größenordnung von 10 Millivolt, hier allerdings eine Wechselspannung. In der Eingangsstufe des Verstärkers wird dieses Signal in den Voltbereich angehoben. Da hierbei nur eine Wechselspannung in einem relativ schmalen Frequenzbereich verstärkt werden muss, ergibt sich eine Reihe von technischen Vorteilen, auf die ich beim Vergleich der Einzeleigenschaften noch eingehe.

Kapitel 8

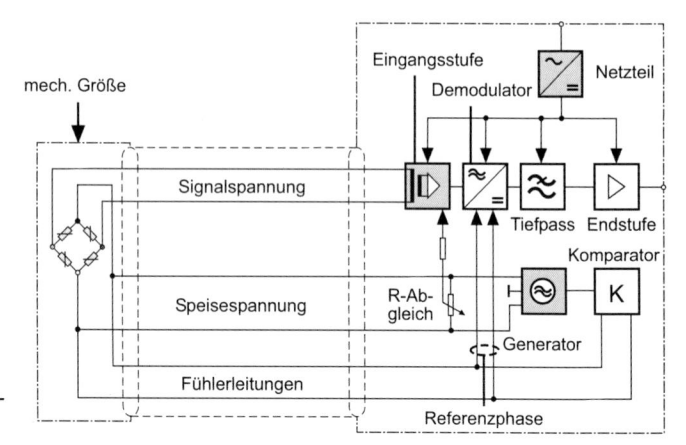

Abb. 8-2:
Prinzip eines Trägerfrequenzverstärkers

Die in der Eingangsstufe verstärkten Signale werden nun einem phasenkritischen Demodulator zugeführt und dort gleichgerichtet, d. h. in eine Halbwellenspannung umgewandelt. Durch einen Vergleich der Phasenlage mit derjenigen einer Referenzspannung, die entweder dem Generator – bei zeitgemäßer Technik jedoch der rückgeführten Brückenspeisung – entnommen wird, liefert der Demodulator die Halbwellen in einer Polarität, die mit derjenigen des mechanischen Signals übereinstimmt. Die letzte Stufe besteht aus einem Tiefpass, der aus den Halbwellenamplituden eine geglättete Spannung erzeugt, die nunmehr dem Verlauf des ursprünglichen mechanischen Signals entspricht. Abb. 8-3 auf Seite 173 zeigt in schematischer Form den Gang eines Signals durch den Trägerfrequenz-Messverstärker und soll besonders die durch die phasenkritische Gleichrichtung gegebene eindeutige Polarität zwischen mechanischer Größe und Signalspannung verdeutlichen. Die Frequenzverhältnisse zwischen Messsignal und Trägerfrequenz sind hier stark verzerrt dargestellt, um das Prinzip zu erläutern.

Zunächst eine Erläuterung von Abb. 8-3 (von links oben nach rechts unten): Die Brückenspeisespannung speist den Aufnehmer, auf den eine zeitlich veränderliche mechanische Größe einwirkt, deren Verlauf über dem Aufnehmer dargestellt ist. Die mechanische Größe bewirkt eine Verstimmung der Brückenschaltung. Bei einem Wechsel des Vorzeichens der mechanischen Größe springt die Phase des Ausgangssignals des Aufnehmers gegenüber der Speisespannung um 180° (Phasensprung). Eigentlich passiert hier genau dasselbe wie bei einem Umpolen der Speisespannung: Das Vorzeichen der Sinushalbwelle wird invertiert, das heißt, für die Wechselspannung ergibt sich ein Phasensprung.

Messverstärker

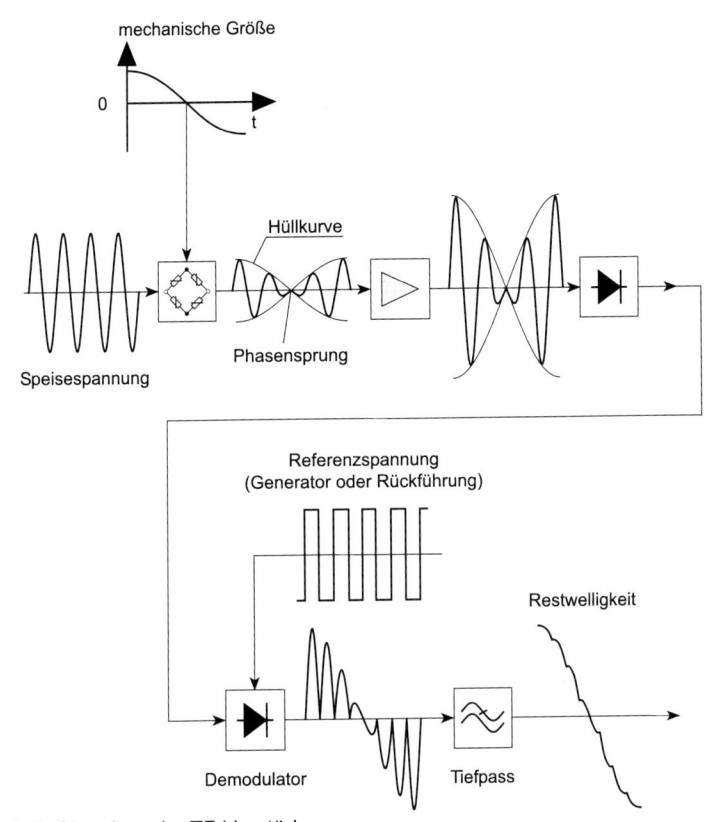

Abb. 8-3: *Signalweg im TF-Verstärker*

Es lässt sich daher festhalten: Die Ausgangswechselspannung des Aufnehmers „trägt" im Verlauf der *Hüllkurven ihrer Amplituden* ein Abbild der zu messenden *mechanischen Größe* und in ihrer *Phasenlage* die Information über das *Vorzeichen*.

Die im Millivoltbereich liegenden Aufnehmersignale werden in einem mehrstufigen Verstärker in den Voltbereich angehoben. Der Frequenzbereich des Verstärkers ist so ausgelegt, dass nur die Trägerfrequenz ± Bandbreite durchgelassen wird. Alle außerhalb dieses Bereiches liegenden Störfrequenzen – inklusive der eigenen Nullpunktdrift – werden unterdrückt (siehe auch Abb. 8-11 auf Seite 183). Im Demodulator erfolgt die phasenkritische Gleichrichtung, durch die das sinusförmige Trägerfrequenzsignal in eine Halbwellenkurve umgewandelt wird. Je nach Phasenlage gegenüber der Referenzspannung entstehen in der Gleichrichterschaltung positive oder negative Halbwellen. Der nachfolgende Tiefpass setzt die Amp-

Kapitel 8

lituden des Trägerfrequenzsignals in geglättete Spannungssignale um, die der zu messenden Größe entsprechen. Gleichzeitig bewirkt der Tiefpass die Aussiebung der jetzt nicht mehr erforderlichen Trägerfrequenz. Die Zeichnung in Abb. 8-3 ist in diesem Punkt stark übertrieben, der verbleibende Trägerrest spielt für die Signalauswertung keine Rolle mehr, da typische Werte für die Trägerrestspannung unter 0,1% des Nennsignals liegen.

8.4 Vergleich der Verfahren

In den vorausgegangenen Abschnitten wurden die unterschiedlichen Arbeitsweisen der beiden Verstärkersysteme aufgezeigt. Bei einem Vergleich daraus resultierender Geräteeigenschaften und Daten müssen die Geräte in etwa den gleichen Bauaufwand aufweisen, d.h. einen vergleichbaren Preis und eine ähnliche Ausstattung haben. Bis zu einem gewissen Grade lassen sich nämlich systembedingte schwächere Eigenschaften durch einen entsprechenden Schaltungsaufwand verbessern, sodass der direkte Vergleich erschwert würde. Um jedoch auch eine Aussage über die Variationsbreite machen zu können, habe ich in einigen Beispielen verschiedene Gerätetypen – mit entsprechend unterschiedlichen Preisen – angegeben. Im Folgenden entspricht Typ I einem niedrigen Preislevel, Typ II ist ein ca. 2- bis 3-mal teurerer Laborverstärker. Die angegebenen Werte sind vorwiegend den jeweiligen Datenblättern entnommen.

Hierzu ein Hinweis: Oft finden sich Angaben wie „Werte bezogen auf das Signal am Eingang in µV/V", manchmal ergänzt durch die Indizes „SS" oder „Sp/Sp" für Spitze-Spitze. Eine solche Angabe lässt sich jedoch leicht nach Gleichung 8-1 umrechnen (Pegel für 1V Ausgangsspannung).

$$\frac{\text{angegebener Wert}}{\text{Messbereich}} = \text{Pegel}_{SS} \qquad (8\text{-}1)$$

Beispiel 8-1

Datenblattangabe: $50\,\mu V/V_{Sp/Sp}$ für den Messbereich $80\,mV/V$

$$\text{☞} \quad \frac{50\,\mu V/V_{SS}}{80\,mV/V} \cdot 10V = 6{,}25\,mV_{SS}$$

Bezogen auf 10V Nennausgangssignal ergibt sich also ein Störpegel von $6{,}25\,mV_{SS}$. Dies entspricht z.B. für eine Rauschspannung einem „Band" der Größe 6,25mV, innerhalb dessen 95% der größten Spitzen der Störungen liegen; der durchschnittliche Pegel bzw. Effektivwert ist entsprechend kleiner.

8.4.1 Obere Grenzfrequenz

Die obere Grenzfrequenz eines Verstärkers ist definiert als diejenige Frequenz, bei der die Amplitude eines sinusförmigen Signals um 3 dB gegenüber der Frequenz null, also einem statischen Signal, abfällt. Hier liegt einer der gravierendsten Unterschiede der beiden Systeme.

Tabelle 8-1: Obere Grenzfrequenz vergleichbarer TF- und DC-Messverstärker

Verstärker:	DC	TF: 225 Hz	TF: 600 Hz	TF: 5 kHz
f_g Typ I	10 kHz	10 Hz	100 Hz	1 kHz
f_g Typ II	100 kHz	30 Hz	200 Hz	2 kHz

Für den Gleichspannungs-Messverstärker ist auch der Wert von 100 kHz keine feste Grenze. Hinsichtlich der oberen Grenzfrequenz zeigt sich somit eine klare Überlegenheit des Gleichspannungs-Messverstärkers.

Für die messtechnische Praxis muss allerdings der Wert einer sehr hohen Grenzfrequenz relativiert werden [36]. Einmal sind mechanische Vorgänge mit sehr hohen Frequenzen äußerst selten. Sie treten z.B. auf bei Stoßwellenvorgängen in Flüssigkeiten oder bei anderen impulsartigen Abläufen. Weiterhin muss auch die obere Grenzfrequenz bzw. Kennfrequenz des verwendeten Messgrößenaufnehmers betrachtet werden. Selbst wenn sie hoch genug erscheint, muss geprüft werden, ob nicht im Einzelfall durch angekoppelte Massen diese Frequenzgrenze erheblich herabgesetzt wird. Nur bei einer Messung mit unmittelbar auf dem Messobjekt installiertem Dehnungsmessstreifen stellt sich dieses Problem nicht, da dieses Aufnehmerelement einen zu vernachlässigenden Einfluss auf die Grenzfrequenz der Messkette hat. Ein Großteil der dynamischen Vorgänge weist jedoch erfahrungsgemäß Frequenzen von maximal einigen hundert Hertz auf, sodass der 5 kHz-Messverstärker meist ausreichend ist. Für die Messtechnik entscheidend ist auch eine andere Forderung: Der Messfrequenzbereich sollte nicht wesentlich größer als der Nutzsignalbereich gewählt werden. In dem Übertragungsbereich, der *kein* Nutzsignal enthält, können schließlich nur unerwünschte Störspannungen in den Verstärker gelangen!

Das 5 kHz-Verfahren bietet daher eine gute Grundlage für einen Universalverstärker. Bei einer ausreichenden Grenzfrequenz gestattet es den wahlweisen Anschluss von induktiven Aufnehmern und Aufnehmern mit Dehnungsmessstreifen und weist gleichzeitig die Vorteile des TF-Verfahrens auf.

Die niederfrequenten TF-Messverstärker sind aufgrund ihrer Grenzfrequenz von 10 bis 150 Hz eindeutig auf den Anwendungsbereich der statischen und quasistatischen Messprobleme begrenzt. Allerdings umfasst dieser Bereich sehr große und

Kapitel 8

wichtige Bereiche der Messtechnik, in erster Linie die Wäge- und Dosiertechnik sowie statische Kraftmessungen in Prüfmaschinen und Prüfvorrichtungen aller Art. Eine Grenzfrequenz von z.B. 100 Hz ist auch völlig ausreichend, um eine Messung von Gewichtsänderungen bei Abfüllverwiegungen zu ermöglichen oder zügige Kraftänderungen in Werkstoffprüfmaschinen zu erfassen.

8.4.2 Impulswiedergabe

Bei einem schnellen Amplitudensprung des Eingangssignals von 0% auf 100% des Messbereiches folgt das Ausgangssignal nach einer gewissen Verzögerungszeit mit einer geringeren Anstiegssteilheit und benötigt anschließend noch eine gewisse Zeit, um in den vollständig eingeschwungenen Zustand zu kommen. Die Anstiegssteilheit hängt eng mit der Grenzfrequenz eines Verstärkers zusammen und ist die Zeit, die bei einem Amplitudensprung am Eingang benötigt wird, um die Ausgangsspannung von 10% auf 90% anzuheben. Tabelle 8-2 zeigt einen Vergleich der Impulsanstiegszeiten und des Überschwingens der betrachteten Messverstärker.

Tabelle 8-2: Impulsanstiegszeiten und Überschwingen

	DC	TF: 600 Hz	TF: 5 kHz
Anstiegszeit	4 µs	5 ms	0,3 ms
Überschwingen Typ I	1-5%	1-10%	5-10%
Überschwingen Typ II	0-5%	0-5%	0-5%

Die Gesamt-Einschwingzeit, also bis das Signal nach dem Überschwingen auf mindestens 99,9% eingeschwungen ist, wird von verschiedenen Faktoren beeinflusst, insbesondere von den Charakteristiken der verwendeten Filter. Abb. 8-4 zeigt Oszillogramme der Einschwingvorgänge für einen 600 Hz TF- und einen Gleichspannungs-Messverstärker. Detaillierte Informationen zum Überschwingen erhalten Sie aus den jeweiligen Datenblättern. Es hängt sehr stark von der Art und Güte des verwendeten Tiefpassfilters ab, ob und wie stark ein Überschwingen auftritt.

Messverstärker

Abb. 8-4:
Oszillogramme der Einschwingvorgänge

DC-Verstärker — 4 µs

TF-Verstärker (600 Hz) — 1,4 ms

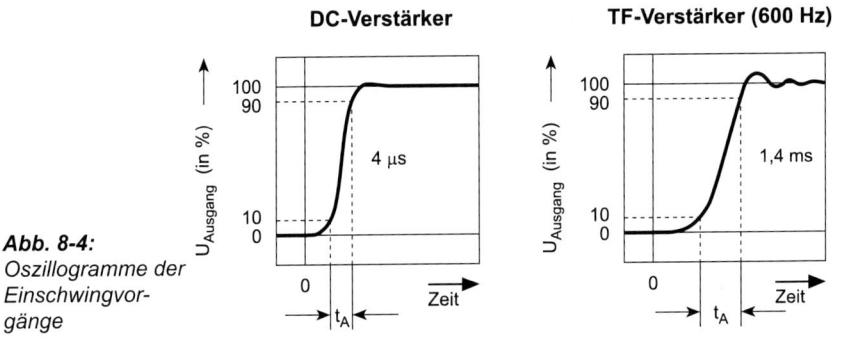

Ähnlich wie bei der Frage der oberen Grenzfrequenz muss die längere Einschwingzeit des TF-Messverstärkers gegenüber dem Gleichspannungs-Messverstärker hinsichtlich ihrer praktischen Bedeutung bewertet werden. Die zu messenden mechanischen Systeme weisen in der Regel nämlich erheblich längere Einschwingzeiten auf, da immer Massenkräfte wirksam sind. Eine Impulsanstiegszeit von z.B. 1ms ist bereits als sehr kurz anzusehen. Ausnahmen hiervon sind Schlagbeanspruchungen aller Art sowie Stoßvorgänge in Gasen und Flüssigkeiten oder explosionsartige Abläufe. In gleicher Weise wie bei der oberen Grenzfrequenz einer Messkette muss jedoch auch hier der Aufnehmer mit seinem Einschwingverhalten in die Betrachtung einbezogen werden.

8.4.3 Temperatureinfluss auf Nullpunkt und Empfindlichkeit

Temperaturänderungen bewirken Parallelverschiebungen der Kennlinie des Verstärkers und damit auch Nullpunktverschiebungen, wie Abb. 8-5 schematisch darstellt.

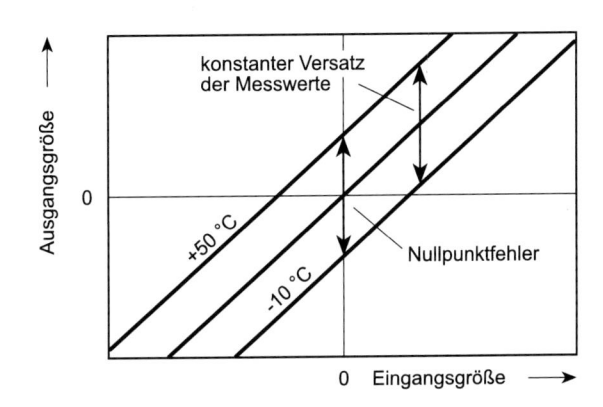

Abb. 8-5:
Auswirkung einer Nullpunktänderung auf die Verstärkerkennlinie

Kapitel 8

Bei einer Temperaturänderung von 10K ändern sich im (unempfindlichen) Messbereich von 2mV/V die Ausgangsspannungen der verglichenen Messverstärker wie in Tabelle 8-3 in der ersten Zeile angegeben. Bei höherer Verstärkung steigt jedoch die Nullpunktdrift der Ausgangsspannung am DC-Verstärker proportional mit der Zunahme der Verstärkung an. Bei einem zehnfach empfindlicheren Messbereich mit der oberen Messbereichsgrenze von 0,2mV/V, d.h., dass ein mit 10% seiner Nennlast belasteter Aufnehmer mit Dehnungsmessstreifen den Messverstärker noch voll aussteuert, ergibt sich schon eine beachtliche Nullpunktdrift. Bei einem TF-Verstärker ist dies nicht der Fall. Daher sind hier im Allgemeinen sowohl höhere Verstärkungsfaktoren die Regel als auch kleinere Brückenspeisespannungen möglich. Letzteres ist speziell bei Messungen mit DMS an schlecht Wärme leitenden Materialien wichtig. Der Einfluss der Temperatur auf den Nullpunkt wird jedoch durch die *digital kontrollierten Verstärker mit Autokalibrierung* drastisch vermindert, sodass bei digitalen Messverstärkern TF- und DC-Prinzip in diesem Punkt fast gleichauf liegen; die Werte für digital kontrollierte Verstärker (mit Autokalibrierung) sind in Tabelle 8-3 zusätzlich aufgeführt.

Tabelle 8-3: Einfluss der Temperatur auf den Nullpunkt für $\Delta T = 10K$ bezogen auf ein Nennausgangssignal von 10V; MB = Messbereich

	DC	TF: 600Hz	TF: 5kHz	DC/TF digital
MB: 2mV/V	10mV	<4mV	<2mV	<2mV
MB: 0,2mV/V	100mV	<13mV	<8mV	<20mV

Der Einfluss der Temperatur auf die Empfindlichkeit würde eine Änderung der Steigung der Kennlinie bewirken (Abb. 8-6).

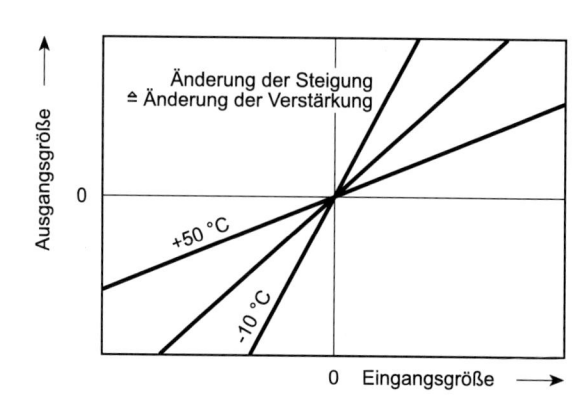

Abb. 8-6:
Auswirkung einer Empfindlichkeitsänderung auf die Verstärkerkennlinie

Messverstärker

Seit der Einführung von hochintegrierten elektronischen Schaltungen ist dieser Fehler jedoch weitgehend verschwunden und liegt bei beiden Verstärkerarten in der gleichen Größenordnung. Daher kann der Fehler heutzutage meist vernachlässigt werden, er liegt in der Regel unter 0,1%.

8.4.4 Linearitätsfehler

Bei diesem Fehler gilt das Gleiche wie für den Einfluss der Temperatur auf die Empfindlichkeit: bei den heute verwendeten Schaltungstechniken kein Problem mehr. Die üblichen Linearitätsfehler liegen selbst für einfache Geräte zwischen 0,02% und 0,1%.

8.4.5 Einflüsse von elektromagnetischen Störungen

Elektromagnetische Störungen kommen über zwei Pfade in ein Messgerät: einmal über die Stromversorgung (leitungsgebundene Störungen) und zum anderen über Einstrahlungen auf die Anschlussleitungen für den Aufnehmer (strahlungsgebundene Störungen).

Die leitungsgebundenen Störungen lassen sich durch konstruktive Maßnahmen sehr stark unterbinden, indem ein sorgfältig ausgelegtes und dimensioniertes Netzteil verwendet wird. Obwohl der TF-Verstärker trotzdem weniger empfindlich ist als ein gleichartiger DC-Verstärker, ist diese Störquelle in der Praxis nicht mehr so bedeutend und kann bei Problemen durch zusätzliche Netzfilter oder USVs (unterbrechungsfreie Stromversorgungen) aus dem PC-Zubehörhandel eliminiert werden.

Strahlungsgebundene Störungen, also auf die Leitungen eingekoppelte Felder, lassen sich in so genannte „niederfrequente" (unter ca. 25 kHz) und „hochfrequente" Störstrahlung unterteilen. Speziell die hochfrequenten Störungen werden durch EMV-gerechten Aufbau und Verschaltung vermieden. Die Einflüsse der ersten Störart können durch Abschirmungen jedoch nur zum Teil eliminiert werden.

Zu den problematischen Anschlussleitungen zählen bei spannungsgespeisten Aufnehmern nur die Messleitungen, nicht die Speiseleitungen, da die Generatoren einen sehr niedrigen Innenwiderstand haben (nahe null Ohm) und eventuelle Störungen deshalb über den Generator abfließen. Dies ist genau umgekehrt zur Situation bei Stromspeisung: Hier hat der Generator einen sehr hohen Widerstand (er geht gegen unendlich), und alle Störungen fließen über den Aufnehmer ab, d.h., sie erscheinen im Messsignal. Dies ist auch ein Grund, warum bevorzugt Spannungsspeisung verwendet wird.

Kapitel 8

8.4.5.1 Einflüsse auf Gleichspannungsverstärker

Da der DC-Verstärker von null Hertz bis zu seiner Frequenzgrenze alles verstärkt, werden auch alle Störspannungen mitverstärkt, die in diesem Frequenzbereich liegen, und tauchen am Ausgang als Fehlerspannung auf. Dies fängt bei null Hertz mit der Empfindlichkeit gegenüber Thermospannungen oder galvanischen Spannungen an, die hier in voller Höhe in das Messergebnis eingehen (Abb. 8-7) und nur durch spezielle Schaltungsmaßnahmen (Umpolen der Speisespannung, Messen ohne Speisung bei Brückenschaltungen) erkannt werden können.

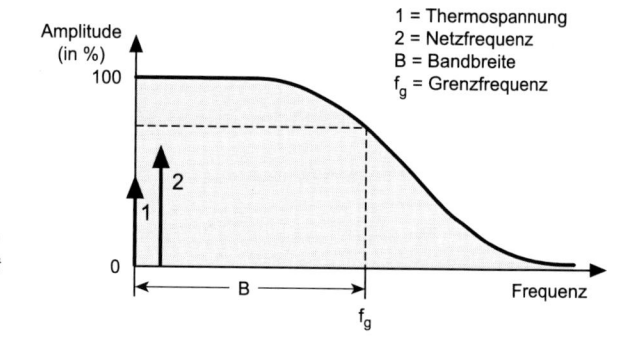

Abb. 8-7:
Übertragungsverhalten des DC-Verstärkers mit eingezeichneten Störungen

1 = Thermospannung
2 = Netzfrequenz
B = Bandbreite
f_g = Grenzfrequenz

Für den elektrischen Teil der elektromagnetischen Störungen liegt der Fall zunächst recht günstig: Sie werden durch eine Abschirmung des Kabels stark unterdrückt (über 100 dB, d.h. mit Faktor 1:100000), und der verbleibende Rest kann durch die Gleichtaktunterdrückung bei *Differenzeingängen* praktisch eliminiert werden. Bei den heutigen Verstärkern liegt die Unterdrückung solcher Gleichtaktspannungen – sofern sie über Differenzeingänge verfügen – bei über 80 dB, das sind Faktoren größer als 1:10000!

Leider ist dies für den magnetischen Anteil der elektromagnetischen Störungen nicht so. Die magnetischen Felder (speziell die „niederfrequenten") lassen sich durch eine normale Kabelabschirmung praktisch nicht beeinflussen. Lediglich teure Spezialkabel haben hier Schirmwirkungen des Mantels von ca. 40%. Es gibt aber eine andere Möglichkeit des Schutzes, den alle guten Messkabel ausnutzen: Ein Verdrillen der Leitungen bewirkt, dass das magnetische Feld aus der Sicht der Messleitungen von jeweils wechselnden Seiten kommt und somit die in die Leiterschleifen induzierten Ströme von Schleife zu Schleife entgegengesetzte Vorzeichen haben. Sind nun die induzierten Ströme jeweils eines Schleifenpaares gleich groß, so heben sie sich auf (Abb. 8-8).

Messverstärker

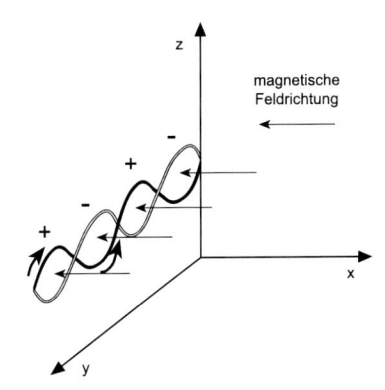

Abb. 8-8:
Wirkung eines homogenen
magnetischen Feldes auf
Leiterschleifen

Leider ist das nur der Fall, wenn das Feld homogen ist und die Schleifen alle gleich groß sind, was in der Praxis nicht gegeben ist. Daher bleibt ein Rest an Störspannung übrig, der im Messgerät u.U. verstärkt wird und dann als Fehler in Erscheinung tritt.

Einen Überblick über alle Störgrößen und ihren Einfluss zeigt Abb. 8-9.

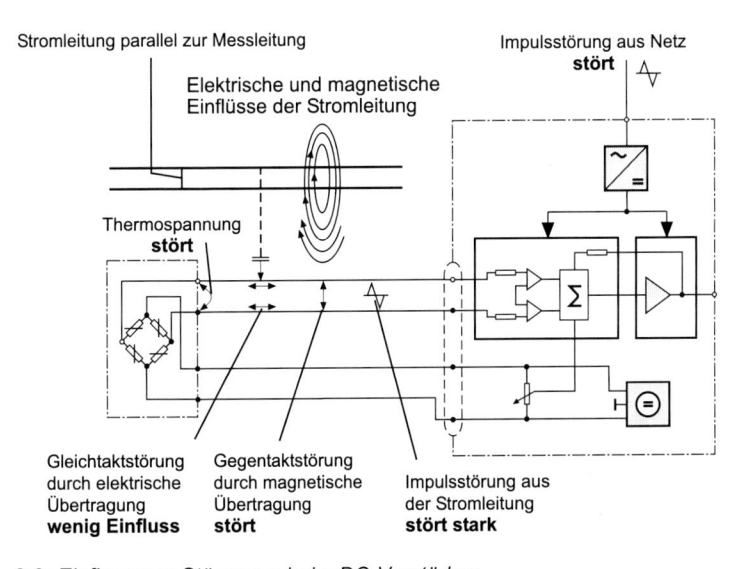

Abb. 8-9: Einfluss von Störungen beim DC-Verstärker

Kapitel 8

8.4.5.2 Einflüsse auf Trägerfrequenzverstärker

Da beim TF-Verstärker nur ein bestimmtes Frequenzband für die Übertragung verwendet wird, besitzt dieser eine hervorragende Störunterdrückung. So werden Thermospannungen und ähnliche Gleichspannungsstörungen bei Trägerfrequenz völlig unterdrückt (Abb. 8-10).

Für die elektrischen Einstreuungen gilt dasselbe wie für Gleichspannungsverstärker: Durch Kabelabschirmung und geeignete Verstärkereingänge spielt dieser Einfluss in der Praxis keine Rolle mehr.

Anders als beim Gleichspannungsverstärker sieht es aber bei den Einkopplungen durch magnetische Felder aus. Unter normalen Anwendungsbedingungen machen sich bei DC-Verstärkern gerade die niederfrequenten Störungen (50 Hz oder Oberwellen des Netzes) bemerkbar, während diese bei 5 kHz Trägerfrequenz praktisch vollständig unterdrückt werden, da sie nicht im Übertragungsbereich liegen (Abb. 8-10). Lediglich Störungen im Übertragungsbereich von ca. 3 bis 8 kHz wirken sich negativ aus – aber nicht mehr als beim DC-Verstärker im gleichen Frequenzbereich.

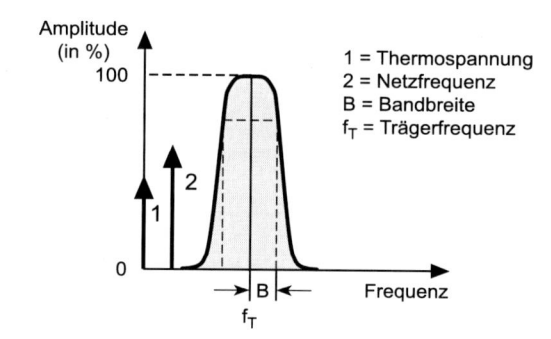

Abb. 8-10:
Übertragungsverhalten des TF-Verstärkers mit eingezeichneten Störungen

1 = Thermospannung
2 = Netzfrequenz
B = Bandbreite
f_T = Trägerfrequenz

☞ Um Störungen mehrerer TF-Verstärker untereinander durch leicht unterschiedliche 5 kHz-Generatoren zu vermeiden, sollten Sie bei mehreren Messgeräten diese synchronisieren.

Insgesamt wird der TF-Verstärker weniger oder gar nicht von Störungen beeinflusst, wie Abb. 8-11 zeigt. Dies ist der Grund, warum er bevorzugt eingesetzt wird.

Messverstärker

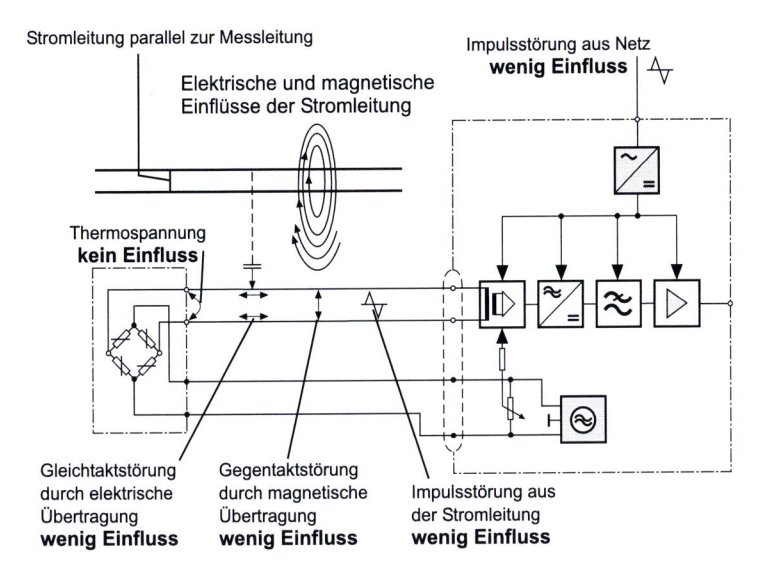

Abb. 8-11: Einfluss von Störspannungen beim TF-Verstärker

Ein anderer Vorteil des Trägerfrequenz-Verfahrens liegt darin, dass das thermische Grundrauschen geringer ist als bei Gleichspannungsverstärkern. Dadurch lassen sich vor allem bei kleinen Signalbandbreiten wesentlich höhere Auflösungen erzielen (Abb. 8-12), da der Pegel der Rauschstörungen vom Prinzip her sehr klein ist.

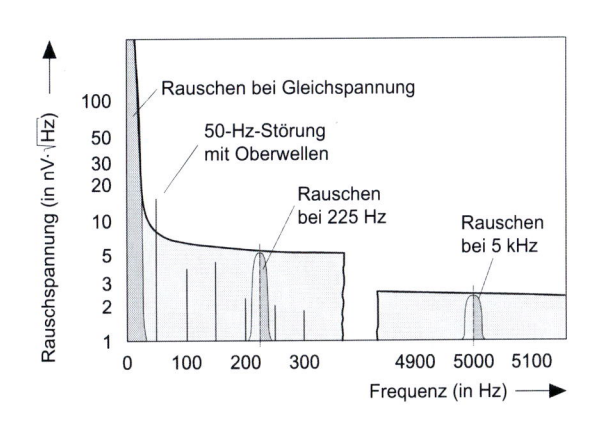

Abb. 8-12:
Rauschspannungen
bei verschiedenen
Betriebsarten

183

Kapitel 8

Ein Nachteil der TF-Messverstärker ist, dass sich durch die Frequenzmodulation und -demodulation u.U. zusätzliche Abgleichprobleme ergeben: der kapazitive Nullabgleich und die Referenzphaseneinstellung. Dies ist durch die kapazitiven und resistiven Effekte des Kabels zwischen Aufnehmer und Verstärker bedingt. Hierdurch kommt es zu Phasenverschiebungen zwischen dem Generatorsignal und dem Signal der Messspannung. Wenn der Demodulator mithilfe der Phasenlage des Generators das Vorzeichen der Messgröße ermittelt, kann dies zu Problemen führen. Bei Messverstärkern in 6-Leiterschaltung wird jedoch in der Regel die rückgeführte Speisespannung und nicht die Original-Generatorspannung als Referenz zur Demodulation verwendet. Da bei der rückgeführten Speisespannung praktisch kein Phasenunterschied zur Messspannung vorhanden ist, entsteht auch kein Fehler.

8.4.5.3 Resümee

Als Konsequenz ergibt sich: Verlegen Sie nie Messkabel neben Stromkabeln! Der Mindestabstand sollte 50 cm betragen, selbst bei diesem Abstand sollte das Kabel jedoch noch magnetisch abgeschirmt werden, z.B. durch Verlegen in Stahlrohren.

Solange also der Frequenzbereich (Bandbreite) von Trägerfrequenz-Messverstärkern ausreicht, sind diese wegen ihrer geringen Störanfälligkeit zu bevorzugen.

Beispiel 8-2

Messleitung (unverdrillt) über 2 m parallel zu einer Starkstromleitung (entnommen aus [37]): Ein Motor mit einem Strom von 25 A wird in 100 µs eingeschaltet.

☞ Es ergibt sich eine Störspannung von 250 mV auf der Messleitung! (Aufnehmersignal bei DMS: max. 20 mV)

8.5 EMV-Schutz

Ein wichtiger Punkt für die Praxis ist jedoch nicht nur die Störunempfindlichkeit von Verstärkern, sondern auch das richtige Zusammenschalten der Messkette, um Störungen möglichst zu verhindern. Gerade in den letzten Jahren sind sowohl Störmöglichkeiten als auch Störspannungen kontinuierlich gestiegen. So sind durch den verstärkten Einsatz des PCs und anderer elektronischer Geräte wie Smartphones etc. eine Reihe von neuen Störquellen hinzugekommen. Um alle derartigen Einflüsse von vornherein gering zu halten und auch die von einem Gerät ausgehenden Störungen so weit wie möglich zu unterbinden, wurde die EMV-Norm geschaffen (EMV = **e**lektro**m**agnetische **V**erträglichkeit). Alle verwendeten Geräte sollten diesen Bestimmungen entsprechen, sodass weder eine Beeinflussung von außen (EMS, Störfestigkeit) noch durch die Geräte selbst (EMI, Störaus-

Messverstärker

sendung) erfolgen kann. Da alle in der EU seit 1996 verkauften Geräte diesen Bestimmungen entsprechen müssen, ist dies bei neueren Geräten gewährleistet (CE-Zeichen). Damit jedoch auch die Messkette EMV-fest ist, gilt es, einige Punkte zu beachten. Deshalb möchte ich das Prinzip des EMV-Schutzes hier kurz erläutern und die für die Praxis relevanten Folgerungen aufzeigen.

Die generelle Überlegung für einen wirksamen EMV-Schutz (hochfrequente Störungen!) ist sehr einfach: Man nehme ein geschlossenes Gehäuse und baue alles ein! Leider ist dies für die Messtechnik etwas unbefriedigend, da ja nicht nur ein Verstärker, sondern auch Aufnehmer, Kabel, Anzeiger und weitere Auswertegeräte wie PC, Drucker etc. vorhanden sind, die sich nur schlecht oder gar nicht in ein „Gehäuse" einbauen lassen. Nun ist die Forderung auch nicht ganz wörtlich zu nehmen, sondern es ist ein elektrisch leitendes Gehäuse gemeint. Dies ist schon leichter zu realisieren, ja zum Teil bereits vorhanden: Aufnehmer sind oft in einem geschlossenen metallischen Gehäuse, das Kabel ist geschirmt, der Verstärker ist ebenfalls in einem Gehäuse etc. Damit nun diese verschiedenen Gehäuse nicht nur mehrere Einzelteile bleiben, sondern zusammenwirken und den Schutz gewährleisten, muss jedoch eine wichtige Bedingung erfüllt sein: Die Übergänge zwischen den einzelnen Teilen müssen *absolut geschlossen* sein und eine *Hülle* bilden, d. h., der Schirm des Kabels muss *flächig* aufgelegt sein und darf *auf keinen Fall* – wie früher üblich – mit einem Anschlusspin *innerhalb* des Steckers verbunden sein. Da dies auch heute noch manchmal falsch gemacht wird, ist dann eine *Änderung der Verdrahtung* oder die Verwendung anderer Stecker notwendig. Nun müssen deshalb nicht gleich alle alten Kabel weggeworfen werden, sondern es ist zunächst zu fragen, ob ein EMV-Schutz für die betreffende Messaufgabe überhaupt erforderlich ist. Wenn Sie mit einer bestimmten Anordnung bisher störungsfrei messen konnten, so ist – sofern nicht neue Störquellen in der Umgebung hinzukommen – nicht damit zu rechnen, dass Komplikationen auftreten. Oft lässt sich auch durch einen einfachen Austausch der Steckverbindungen die Forderung nach *flächig aufgelegtem Kabelschirm ohne Verbindung nach innen* erfüllen. Sollten Sie jedoch Störsignale messen, so ist auch eine Änderung der Verdrahtung oder die Anschaffung neuerer, EMV-fester Messverstärker zu überlegen.

Für einen funktionierenden EMV-Schutz (Abb. 8-13) ist wichtig:

- Alle Teile der Messkette sollten sich in einem geschlossenen, EMV-festen Gehäuse befinden.
- Die Übergänge müssen eine flächenhafte Verbindung herstellen.
- Die Abschirmung darf an keiner Stelle in das Innere des Gerätes gelangen.
- Signalmasse sowie Erde/Abschirmung sollten getrennt behandelt werden.
- Bei Potenzialunterschieden im Messsystem muss eine Potenzial-Ausgleichsleitung (PA) verlegt werden: hochflexible Litze, Leitungsquerschnitt >10mm^2.

Kapitel 8

- Vermeiden Sie die Erdung der Signalmasse in Folgegeräten.
- Verwenden Sie bei starken Störungen und/oder mehreren Kanälen Messverstärker mit Potenzialtrennung zwischen den Kanälen.
- Starke Netzstörungen sind durch vorgeschaltete Filter zu reduzieren; verwenden Sie möglichst getrennte Stromkreise für Messgeräte und Energieanlagen wie Schütze, Thyristorsteuerungen etc.

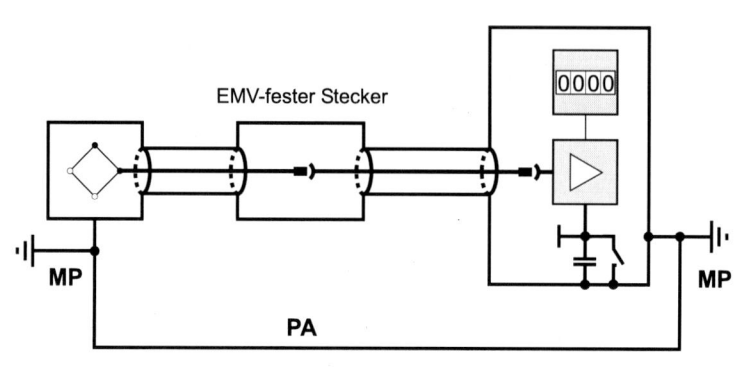

Abb. 8-13: *EMV-Schutz an einer Messkette mit zusätzlichem Potenzialausgleich*

Eine in der Praxis vielfach vorhandene Einschränkung betrifft z.B. BNC-Kabel und -Buchsen: Da hier der Kabelschirm gleichzeitig als Masse fungiert, wird somit die äußere Hülle in den Verstärker hineingebracht – eigentlich ein Widerspruch zum EMV-Prinzip. Besser wäre hier ein Kabel mit zwei Adern plus einer separaten Abschirmung als „Gehäuse". Allerdings hängt es sowohl von der Realisierung der Eingangsschaltung des Verstärkers als auch vom Pegel des Signals ab, wie stark sich Störsignale auswirken. So ergeben z.B. massefreie Differenzeingänge eine wesentlich bessere Störunterdrückung als „Single-ended"-Eingangsschaltungen, bei denen Signalmasse und Gehäuseerdung verbunden sind. Andererseits ist bei Signalspannungen von einigen Volt eine Störspannung von z.B. 50mV noch nicht gravierend. Bei einem Signal von maximal 20mV würde dieselbe Störspannung eine Messung unmöglich machen, da sie dann mehr als doppelt so groß wie das Nutzsignal ist. Für kritische Anwendungen, bei denen die Aufnehmer weit auseinanderliegen und bei denen mit unterschiedlichen Potenzialen zu rechnen ist, sollten potenzialgetrennte Verstärker verwendet werden. Allerdings sind die Preise für solche Verstärker in der Regel etwas höher bzw. diese Art der Schaltungstechnik ist im Low-Cost-Bereich eher selten anzutreffen. Evtl. besteht jedoch auch die Möglichkeit, nur einige kritische Kanäle, z.B. Kanäle mit Thermoelementen, über solche Messverstärker einzubinden.

Noch ein Wort zur Masseverbindung bzw. zu Erdungsproblemen. Um Masseschleifen zu vermeiden, durfte früher eine Messkette nur an einer Stelle, nämlich am Messverstärkereingang geerdet werden. Falls Signalmasse und Abschirmung getrennt sind, kann die Abschirmung auch an mehr als einer Stelle mit Erde verbunden werden, z.b. über den Aufnehmer (metallisches Gehäuse) und den Verstärker (Gehäuse ist mit dem Schutzleiter verbunden). Um Beeinflussungen zu verhindern, sind deshalb in vielen neueren Geräten Signalmasse und Erde bzw. Abschirmung getrennt. Als weitere Maßnahme kann evtl. auch die Signalverarbeitung über Schnittstellen mit Optokopplern und/oder LWL-Übertragung realisiert werden, sodass die Weiterverarbeitung keine Rückwirkung auf die analoge Messkette haben kann. Dies ist in den meisten Mittelklasseverstärkern bereits der Fall, nur im Low-Cost-Bereich sind die Schnittstellen oft nicht galvanisch getrennt. Bitte beachten Sie auch, dass eine Erdverbindung nicht – wie manchmal zu beobachten ist – durch Anschluss an einen Heizkörper, eine Wasserleitung o. Ä. herzustellen ist. Ganz davon abgesehen, dass heute vielfach Wasser führende Leitungen nicht aus Metall, sondern aus Kunststoff sind, wirkt bei solchen Anschlüssen eine metallische Leitung meist noch als „Antenne" zum Einfangen zusätzlicher Störungen. Besser ist hier der Schutzleiter des Netzes, vorzuziehen ist jedoch eine separate Erdpotenzialleitung, wie sie z.B. auch für den Potenzialausgleich in Gebäuden verwendet wird.

Bei sehr langen Leitungen kann auch die Frage eines möglichen Potenzialunterschiedes, hervorgerufen durch Gewitter oder gar Blitzeinschlag, eine Rolle spielen. Hier muss durch eine Potenzial-Ausgleichsleitung (siehe Abb. 8-13 auf Seite 186) und evtl. durch zusätzliche Blitzschutzmaßnahmen vorgesorgt werden.

Eine generelle Lösung für diese Probleme gibt es leider nicht, daher muss immer der jeweilige Einzelfall untersucht werden; eine EMV-gerechte Verschaltung reduziert jedoch die Wahrscheinlichkeit von Problemen.

Kapitel 8

9 Digitale Datenerfassung und Verarbeitung

M. Laible

9.1 Einleitung

Die meisten Aufnehmer sind analoge Sensoren, daher trifft die Bezeichnung „digital erfassen" oft nur für einen Teil der Messkette zu, sowohl Aufnehmer als auch der Eingang des Verstärkers sind häufig analog. Allerdings erfolgt heute meist die gesamte Signalverarbeitung (Skalierung, Filterung, Tarieren) im Messverstärker in digitaler Form. Bei der nachgeschalteten Auswertung dominiert ebenfalls eindeutig der Computer in Form eines PCs. Da zu erwarten ist, dass in Zukunft die rein analogen Verstärker immer mehr in den Hintergrund treten bzw. nur noch für ganz bestimmte Anwendungen verwendet werden, ist eine Betrachtung der digitalen Technik, ihrer Vor- und Nachteile sowie der korrekten Anwendung wichtig.

Dieses Kapitel enthält mehrere Teile, die sich mit den einzelnen Aspekten befassen. Zuerst möchte ich Ihnen eine Übersicht über verschiedene Verstärkertypen geben und Gesichtspunkte zur Auswahl aufzeigen. Danach soll in Abschnitt 9.3 ab Seite 195 der Übergang zwischen Messverstärker und PC betrachtet werden: die Schnittstelle. In Abschnitt 9.4 ab Seite 205 finden Sie eine kleine Auswahlhilfe für messtechnische Software. Die Besonderheiten der digitalen Messtechnik, also z. B. die Auswahl der Messgeschwindigkeit, bilden mit Abschnitt 9.5 ab Seite 207 den Schluss.

9.2 Ausführungen digitaler Messverstärker

9.2.1 Prinzipielle Funktionsweise

Digitale Schaltungen sind von Natur aus potenzielle Störquellen für analoge Signale. Die steilen Flanken der digitalen Signale erzeugen ein breites Frequenzspektrum an Störsignalen, die auch im MHz-Bereich noch beachtliche Amplituden erreichen können (Störung eines Radiogerätes durch einen älteren PC). Daher ist eine hervorragende Abschirmung, die nur durch konstruktive Maßnahmen beim Platinenlayout erreicht wird, unerlässlich. Besonders kritisch ist in diesem Zusammenhang auch die Art der Masseverbindung, weshalb in der Regel mit mindestens zwei entkoppelten Massen gearbeitet wird, der analogen und der digitalen Masse.

Kapitel 9

Ein Beispiel für einen digitalen Verstärker (hier zusätzlich mit Analogausgang) zeigt Abb. 9-1.

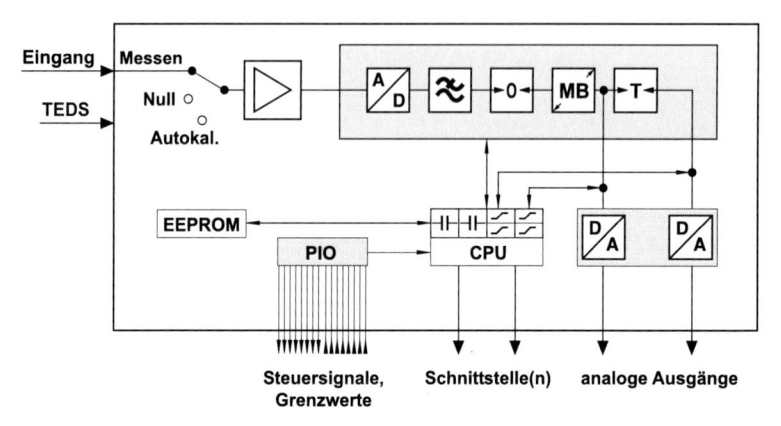

Abb. 9-1: *Schaltung eines Messgerätes mit digitaler Messsignalverarbeitung (MGCplus von HBM)*

Der – wie schon erläutert immer vorhandene – analoge Teil dient als Vorverstärker. Die zwei wesentlichen Vorteile dieses Verstärkerkonzeptes liegen in

- der digitalen Signalverarbeitung,
- der reproduzierbaren und damit auch protokollierbaren Einstellung des Verstärkers.

Darüber hinaus besteht auch noch die Möglichkeit, den verbleibenden analogen Teil über die CPU mithilfe der *Autokalibrierung* zu kontrollieren.

Mit digitaler Signalverarbeitung lassen sich z.b. variable, steilflankige Filter realisieren. Bei einem analogen Filter ist dies mit hohem Bauteilaufwand verbunden, also kostenintensiv. Sollen die Filter variabel sein, so sind veränderbare analoge Bauteile nötig mit all ihren negativen Eigenheiten wie Absoluttoleranzen oder Gleichlaufschwankungen. Aber auch die festen Bauteile wie Widerstände und Kondensatoren unterliegen der Alterung und haben Temperaturabhängigkeiten. Diese Aufzählung zeigt schon die Schwierigkeiten, denen sich der Konstrukteur von analogen Filtern gegenübersieht. Bei der digitalen Filterung müssen lediglich die Koeffizienten einer Gleichung richtig bestimmt werden, und durch „Berechnen" dieser Formel – unter Verwendung der digitalisierten Messwerte – erfolgt die Filterung. Ein einfaches Austauschen der Koeffizienten führt sofort zu einem neuen Filter mit anderer Grenzfrequenz, größerer Steilheit, anderer Filtercharakteristik bezüglich Überschwingen o.Ä. Dies geht nicht nur schneller als beim analogen Filter, alle Einstellungen sind auch *exakt reproduzierbar* und *nicht alterungsabhängig*.

Digitale Datenerfassung und Verarbeitung

Speziell die zuletzt genannten Vorteile gelten natürlich auch für die anderen Stufen: Tarierung, Skalierung etc. Zusammengefasst lässt sich festhalten, dass digitale Schaltungen gegenüber analogen folgende Vorteile haben:
- keine Fehler infolge nicht idealer Bauelemente (Toleranzen, Gleichlauf etc.),
- keine Drift bzw. Hysteresefehler,
- absolut stabile Filtercharakteristik,
- kein Abgleich notwendig,
- Platz und Kostenersparnis insbesondere bei niedrigeren Grenzfrequenzen,
- Dimensionierung einfach und schnell zu ändern.

Die bei diesem Verstärkerkonzept mögliche Autokalibrierung hat zwar einige Vorteile, leider aber auch Nachteile, weshalb sie nicht in jedem digitalen Verstärker eingesetzt wird. Vorteilhaft ist ohne Zweifel die mögliche Erhöhung der Genauigkeit des Systems. Durch das regelmäßige Überprüfen von Nullpunkt und Endwert (Kalibrierwert) des analogen Verstärkers lassen sich Temperaturdriften und Alterserscheinungen praktisch vollständig kompensieren. Eine bisher selbst bei sehr teuren Verstärkern nur mit Mühe erreichbare Präzision ist damit allgemein realisierbar geworden, ohne den Nachteil eines hohen Kostenaufwandes. Nachteilig ist jedoch, dass während eines Autokalibriervorgangs normalerweise keine Messwerte zur Verfügung stehen, es also zu einer Unterbrechung des Datenstroms kommt. Bei kontinuierlichen Prozessen kann dies nicht hingenommen werden, eine evtl. vorhandene Autokalibrierung ist für die Messdauer zu deaktivieren. In den letzten Jahren sind jedoch auch Messverstärker auf den Markt gekommen, die intern mit zwei identischen Verstärkern auf einem Chip (in einem integrierten Schaltkreis) arbeiten. Hierbei wird ein Verstärker dann kalibriert, während der andere misst, sodass keine Signalunterbrechung auftritt.

Durch den Einsatz von D/A-Wandlern wird der Verstärker nach außen hin wieder zum analogen Verstärker (mit digital kontrollierter Messwertverarbeitung). Über ein Flash-EPROM lassen sich alle Einstellungen permanent – also ohne Batterie – speichern. Dies ermöglicht dann die automatische Einstellung des Verstärkers per Knopfdruck oder über TEDS (siehe dazu Abschnitt 10.3.4 ab Seite 227).

9.2.2 Parallel arbeitende Anlagen

Parallel arbeitende Vielstellenmessanlagen unterscheiden sich kaum von „normalen" Messverstärkern, lediglich am Ende der analogen Messkette wird eine digitale Weiterverarbeitung angehängt (Abb. 9-2 auf Seite 192). Charakteristisch ist, dass jeder Kanal einen eigenen Messverstärker (und einen Generator) enthält. Falls wie in Abb. 9-3 kein eigener A/D-Wandler pro Kanal zur Verfügung steht, muss

Kapitel 9

zusätzlich noch für jeden Kanal ein Tiefpassfilter für das Antialiasing sowie ein Sample&Hold-Glied zur zeitsynchronen Erfassung vorgesehen werden.

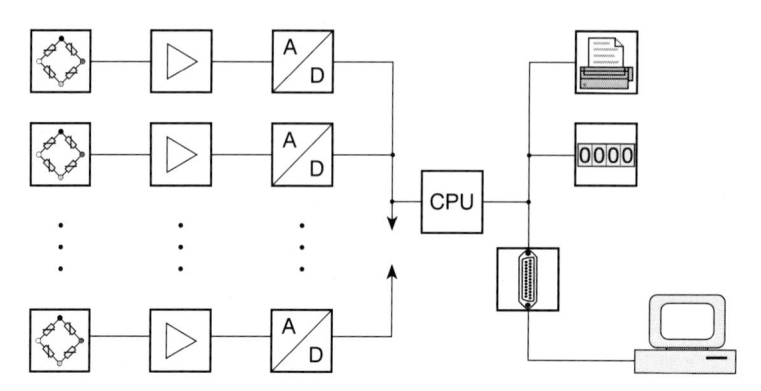

Abb. 9-2: *Parallel arbeitende Vielstellenmessanlage*

Der Mehraufwand ist bei den heutigen Preisen für gute A/D-Wandler allerdings meist nicht mehr sinnvoll, daher wird bei niedrigeren Signalfrequenzen für jeden Kanal meist ein eigener A/D-Wandler eingesetzt. Da bei echten Simultananlagen (Abb. 9-2) jeder Kanal vollständig bestückt ist, bietet diese Anlagenart den Vorteil einer sehr hohen Geschwindigkeit. Bei Anlagen mit nur einem Wandler muss dieser durch Umschalten alle Kanäle abdecken, d.h., die Erfassungsrate sinkt linear mit der Anzahl der Messkanäle. Nachteilig ist, dass der Preis für mehrkanalige Anlagen proportional zur Anzahl der Kanäle wächst.

Digitale Datenerfassung und Verarbeitung

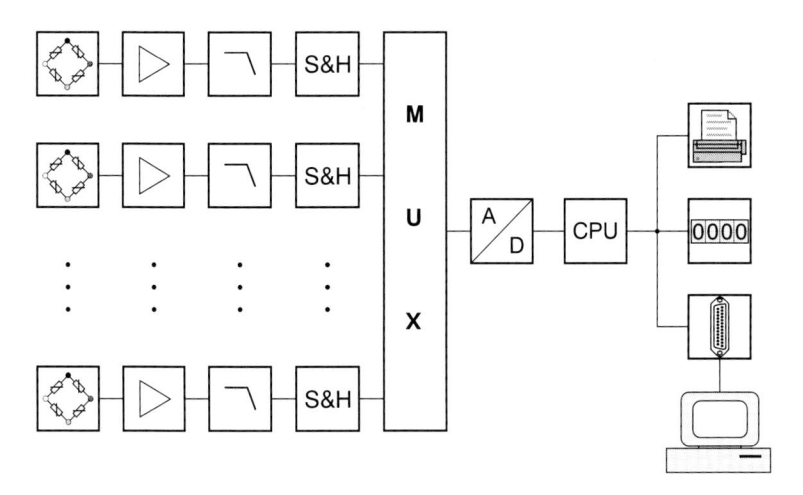

Abb. 9-3: *Einfache Vielstellenmessanlage mit Multiplexer*

Die erreichbaren Geschwindigkeiten für die Datenerfassung speziell bei Simultananlagen, also durchgängig parallelen Anlagen, hängen davon ab, ob nur kurzfristig gemessen werden soll oder eine Langzeiterfassung geplant ist. Bei kurzzeitigen Messungen reicht es u.U., wenn alle Werte im Messgerät zwischengespeichert werden können und nach der Erfassung über die Schnittstelle ausgegeben werden. Dieser Fall ist typisch für den *Transientenrekorder*, die maximale Messzeit ist bei ihm nur durch die Speichertiefe begrenzt. Für Langzeitmessungen ist die Datenübertragungsrate über die Schnittstelle entscheidend für die erzielbare Geschwindigkeit. Die Grenze (1 GBit Ethernet) liegt momentan bei ca. 20 Millionen Messwerten pro Sekunde (bei 4 Byte pro Messwert).

9.2.3 Sequenziell arbeitende Anlagen

Sequenziell arbeitende Anlagen, sogenannte Umschaltanlagen oder Scanning Systems, sind ganz anders aufgebaut: Wie in Abb. 9-4 zu sehen, ist hier nur *ein* Verstärker und *ein* A/D-Wandler vorhanden. Dies ergibt bei vielen Kanälen eine Einsparung. Allerdings muss dafür eine neue Komponente aufgenommen werden: der Umschalter.

Kapitel 9

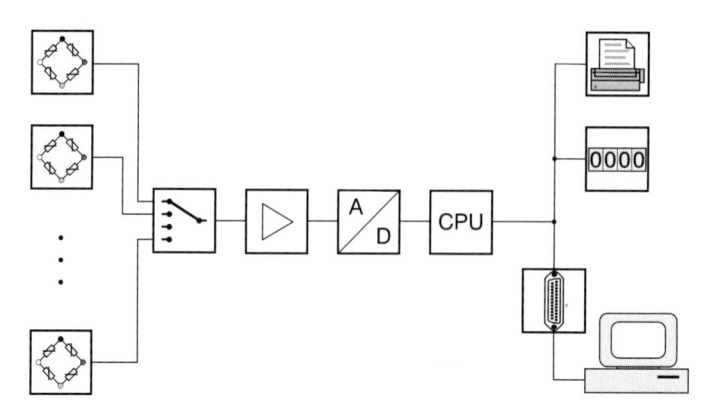

Abb. 9-4: *Umschaltanlage (Prinzip)*

Die Funktion des in Abb. 9-4 eingezeichneten Schalters übernehmen spezielle Transistorkombinationen; über die Rückführleitungen können nicht nur die Schalterübergangswiderstände ausgeregelt, sondern auch alle Spannungsabfälle auf den Zuleitungen kompensiert werden.

Ein Vorteil der nicht kontinuierlichen Anschaltung ist, dass aufgrund der kurzen Anschaltzeiten kaum eine „Aufheizung" der Messstelle stattfindet. Aber wie schon angedeutet gibt es auch Nachteile von Umschaltanlagen. Ihr sicherlich größter – und leider nicht vermeidbarer – ist, dass sie aufgrund des Umschaltens eine gewisse Zeit benötigen. Die entscheidende Größe dabei ist nicht die Einschaltzeit selbst, sondern die Einschwingzeit des Messverstärkers.

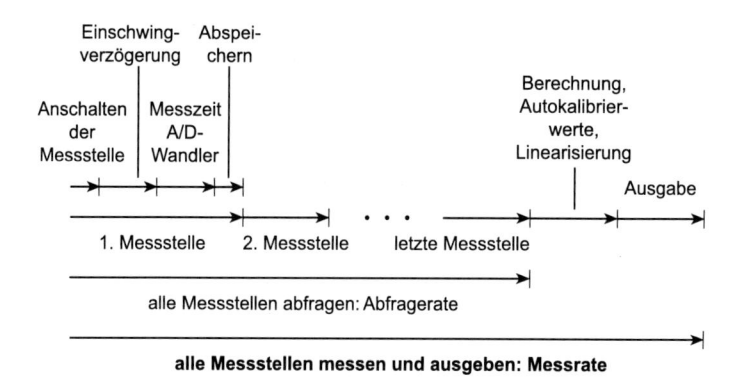

Abb. 9-5: *Zeitlicher Ablauf einer Messung bei einer Umschaltanlage*

Digitale Datenerfassung und Verarbeitung

Die einzelnen Zeiten in Abb. 9-5 hängen natürlich auch von der Realisierung der Anlage ab. Das Anschalten der Messstellen geht sehr schnell – in weniger als einer Millisekunde – vor sich. Die Einschwingverzögerung ist allerdings vom angewählten Messverstärker abhängig, da sich die Einschwingzeit nach der Bandbreite des Verstärkerkanals richtet. Bei einem 225 Hz-Messverstärker mit nur 10 Hz Bandbreite tritt naturgemäß eine sehr lange Einschwingzeit auf (bis zu 30 ms für Einschwingen auf 99,9% des Signalpegels). Die maximal erreichbare Signalfrequenz ist von der Einschwingzeit des Messverstärkers, von der A/D-Wandlungszeit (Integrationszeit) und der Anzahl der Kanäle abhängig.

Beispiel 9-1

Überschlagsrechnung für 225 Hz TF-Verstärker:

50 Kanäle ergeben für die Einschwingverzögerung 25 ms · 50 = 1,25 s. Die Integrationszeit dafür ergibt 1 ms · 50 = 50 ms. Falls die Messwerte in ASCII über RS-232 mit 9,6 kBaud zum PC ausgegeben werden, so dauert dies ca. 0,8 s.

☞ Dies ergibt eine Gesamtzeit von 2,1 s.

Die Werte in Beispiel 9-1 bedeuten, dass nach dieser Überschlagsrechnung alle 2,1 Sekunden die erste Messstelle erneut gemessen wird. Für die Erfassung eines Signals heißt das, dass die Signalfrequenz weit unter 1 Hz liegen muss. Um den Verlauf einer Sinusschwingung erkennen zu können, sollten mindestens fünf Punkte gemessen werden, d. h., im Beispiel 9-1 ist dies erst nach mehr als 10 Sekunden erfüllt. Die maximale Signalfrequenz muss dann kleiner als 0,1 Hz sein!

Dieses (drastische) Beispiel zeigt, dass Umschaltanlagen in der Regel nur für statische bzw. quasistatische Messsignale geeignet sind. Selbst bei Ausnutzung kurzer Messzeiten und schnell einschwingender Messverstärker liegt die Grenze für das Nutzsignal meist nur im Hz-Bereich. Wenn Sie schnellere Signale messen wollen (oder müssen), bleibt Ihnen keine andere Wahl, als zu parallel arbeitenden Anlagen zu greifen, da nur hier die Einschwingzeiten der Messverstärker entfallen.

Da aufgrund der niedrigen Preise für CPUs und gute (20 bis 24 Bit) A/D-Wandler kaum noch eine Preisdifferenz zwischen parallel arbeitenden Anlagen und Umschaltanlagen vorhanden ist, dürften diese Anlagen für den hier interessierenden Frequenzbereich der mechanischen Größen in absehbarer Zeit vom Markt verschwinden.

9.3 Schnittstellen

Um die digitalisierten Werte weiterzuverarbeiten, müssen diese vom Verstärker an andere Geräte weitergereicht werden, z. B. einen PC. Für diese Weitergabe gibt es verschiedene Schnittstellen, deren Vor- und Nachteile für den gewünschten An-

Kapitel 9

wendungsfall geprüft werden müssen. Ohne hier alle möglichen Schnittstellen aufzuführen, möchte ich die gängigsten hier im Überblick vorstellen, um Ihnen eine kleine Orientierungshilfe zu geben.

In der Praxis ist zu unterscheiden zwischen den (klassischen) Laborschnittstellen, den Schnittstellen, die nur *innerhalb* eines Gerätes arbeiten (PCI, VME, VXI), und den Feldbussen, die in erster Linie für den industriellen Einsatz gedacht sind. Ob und inwieweit sich bei Messungen im Labor die Verwendung eines Feldbusses rentiert, hängt von verschiedenen Faktoren ab: So spielen die Anzahl der Messstellen, ihre räumliche Verteilung und die Geschwindigkeit der Datenerfassung eine große Rolle. Für die Überwachung an großen Bauwerken lassen sich u.U. durch die Verwendung eines Feldbusses erhebliche Einsparungen erzielen, da nur ein Kabel benötigt wird, um alle Messstellen zu verbinden. Bei konventioneller Technik werden für jede Messstelle separate Kabel nötig, was leicht zu Gesamtlängen von mehreren Kilometern führen kann. Bei den „internen" Schnittstellen, insbesondere für VME und VXI, gibt es zahlreiche Hersteller, die Einsteckkarten mit verschiedenen Verstärkern im Programm haben. Für die Praxis ist letztlich nur entscheidend, welche technischen Daten geboten werden und wie die Messwerte weiterverarbeitet werden können, d.h., welche Software dafür angeboten wird. Da viele Geräte auf einer der in Abschnitt 9.3.1 ab Seite 197 besprochenen „Laborschnittstellen" oder einem Feldbussystem (Abschnitt 9.3.2 ab Seite 200) basieren, werden diese hier ausführlicher behandelt.

Eine wichtige Unterscheidung bei den Schnittstellen ist zunächst, ob sie als Punkt-zu-Punkt-Verbindung, also *eine* Schnittstelle für *ein* Gerät, oder als Bussystem ausgelegt sind. Tendenziell verursachen Bussysteme höheren Einrichtaufwand, z.B. muss eine Geräteadresse festgelegt werden, dafür ist nur *ein* Interface am PC nötig. Innerhalb der busfähigen Schnittstellen lassen sich vier grundsätzliche Strukturen (Topologien) unterscheiden:

- Ringförmige Anordnung. Hier existieren immer zwei Wege vom Sender zum Empfänger. Diese Redundanz ermöglicht den Betrieb auch bei Ausfall einer Verbindung.

- Sternförmige Anordnung. Hier gehen von einem zentralen Punkt aus die Verbindungen in alle Richtungen zu den Teilnehmern.

- Baumstruktur. Jeder Knoten kann Ausgangspunkt einer Verzweigung sein, die letztlich eine sternförmige Struktur darstellt.

- Linear angeordnete Strukturen (Linienstruktur), bei denen eine Leitung nacheinander alle Sender und Empfänger verbindet. Die Teilnehmer können dabei sowohl einzeln und unabhängig (Busstruktur) als auch „weiterverbindend" arbeiten. Letzteres hat den Nachteil, dass der Ausfall eines Teilnehmers den Rest des Strangs abkoppelt.

Digitale Datenerfassung und Verarbeitung

In der Praxis werden oft Mischformen angewandt, um die Vorteile der jeweiligen Strukturen möglichst ohne die damit verbundenen Nachteile zu erhalten.

9.3.1 Schnittstellen für den Laboreinsatz

9.3.1.1 IEEE 488

Die Schnittstelle wird auch als IEC 625, HP-IB, GPIB oder IEEE 488.2 bezeichnet [46]. Die Unterschiede zwischen den Bezeichnungen betreffen lediglich die Art des Steckers, in der Regel werden Steckverbinder nach der amerikanischen Norm IEEE 488.2 verwendet. Es handelt sich hier um eine sehr schnelle Schnittstelle (bis zu 2 000 000 Werte pro Sekunde), über die mehrere Geräte verbunden werden können, je nach Konfiguration zwischen acht und 16 Geräten. Falls die beteiligten Geräte das Protokoll nach HS488 (HighSpeed = Hochgeschwindigkeit) unterstützen, sind auch höhere Datenraten möglich. Nachteilig ist der hohe Preis für die Schnittstelle pro Interface, das ja zwei Mal vorhanden sein muss, im PC und im Messgerät.

Für die Verwendung muss lediglich am Messgerät und in der Software des PCs die Adresse eingestellt werden, unter der das Gerät am Bus zu erreichen ist.

9.3.1.2 COMx mit RS-485

Die Verwendung der RS-485-Schnittstelle setzt entsprechende Hardware in Ihrem Rechner (Karte) oder einen Adapter auf der RS-232-Schnittstelle voraus. Solche Adapter können in verschiedenen Ausführungen im Handel für Computerzubehör erworben werden. Sie können allerdings nur den PC, nicht jedoch ein Messgerät mit einem dieser Adapter ausrüsten, da die für die Schnittstelle zusätzlich notwendigen Buskommandos nicht in den Messgeräten mit RS-232 implementiert sind. Die Vorteile dieser Schnittstelle liegen darin, dass sie sowohl preiswert ist als auch, dass sich mit ihrer Hilfe Entfernungen bis über 1 km überbrücken lassen. Nachteilig sind die geringen Datenraten, die nur eine sehr langsame Übertragung der Messwerte ermöglichen (selten über 1000 Messwerte pro Sekunde). Wenn jedoch nur wenige Messwerte pro Sekunde erfasst werden müssen, spielt dies keine Rolle.

Da die Schnittstelle busfähig ist, muss die Geräteadresse vor der Datenübertragung festgelegt werden. Zusätzlich sind meist weitere Schnittstellenparameter wie Baudrate (Geschwindigkeit), Anzahl der Bits etc. festzulegen.

Kapitel 9

9.3.1.3 COMx (RS-232)

Da die serielle Schnittstelle nur sehr geringe Datenraten erlaubt, kann sie nur für langsame Erfassungen verwendet werden. Im Unterschied zur vorhergehenden RS-485-Schnittstelle handelt es sich hier um eine *nicht* busfähige Schnittstelle, d.h., es kann pro Schnittstelle nur *ein* Gerät angeschlossen werden. Die maximale Entfernung zwischen zwei Geräten ist auf 20 Meter beschränkt, in der Regel sollten Gerät und PC dicht beieinanderstehen, d.h., die Schnittstelle sollte nur im Labor verwendet werden, da auch die Störsicherheit geringer ist als bei der RS-485. Die maximale Geschwindigkeit beträgt einige 100 Messwerte pro Sekunde, selbst unter günstigsten Bedingungen liegt die Geschwindigkeit unter 1000 Messwerten pro Sekunde.

Zum Betrieb der Schnittstelle sind die Baudrate (Geschwindigkeit) sowie weitere Parameter wie Anzahl der Bits etc. festzulegen. Details ersehen Sie aus der Bedienungsanleitung der Geräte bzw. der Software, über die die Geräte angesteuert werden sollen. Da heute die meisten PCs diese Schnittstelle nicht mehr besitzen, gibt es zunehmend weniger Geräte mit dieser Schnittstelle. Bei alten Geräten kann man sich jedoch meist mit einem Umsetzer von USB auf RS-232 behelfen.

9.3.1.4 Druckerschnittstelle LPT

Ein Vorteil dieser Schnittstelle war, dass sie sehr preiswert war und hohe Datenraten bietet. Die Schnittstelle wurde deshalb vor allem für Low-Cost-Geräte verwendet, solange die USB-Schnittstelle noch keine befriedigenden Datenraten ermöglichte. Bei entsprechender Konfiguration lassen sich durchaus 200 kByte/s übertragen. Nachteilig war die meist notwendige Konfiguration der Schnittstelle, denn in den Standardmodi sind nur geringe Datenraten möglich. In der Regel sind daher mehrere Einstellungen vorzunehmen, angefangen vom BIOS des PCs bis zu evtl. Einstellungen in Windows. Je nach Ausführung konnte auch der von Microsoft für den Datenaustausch zwischen Laptop und PC geschaffene Interlink-Modus benutzt werden, der spezielle Verbindungskabel anstelle von Druckerkabeln verwendet. Der zusätzliche Anschluss eines Druckers an der gleichen Schnittstelle war meist nicht möglich. Aktuell sind jedoch nur noch Altgeräte mit dieser Schnittstelle vorhanden, neue Geräte werden mit Ethernet- oder USB-Schnittstelle versehen.

9.3.1.5 USB

Der USB (Universal Serial Bus) erlaubt den Anschluss von bis zu 126 Geräten, auch während des Betriebes. Die Geräte werden erkannt und können sofort benutzt werden, auch ein Entfernen von Geräten ohne den PC auszuschalten ist er-

Digitale Datenerfassung und Verarbeitung

laubt. Die aktuell verbreitete Schnittstellendefinition ist USB 3.0, bei der sich mehrere Millionen Messwerte pro Sekunde über den Bus übertragen lassen. Es existieren aber auch noch PCs mit einer Schnittstelle nach USB 1.1, bei der nur wenige tausend Messwerte pro Sekunde übertragen werden können. Da die Schnittstelle relativ preiswert ist, sind auch viele Messgeräte oder Sensoren mit USB-Schnittstelle am Markt.

Die Spezifikation USB 2.0 erlaubt sowohl Datenraten von ca. 200000 Messwerten pro Sekunde im Modus „Full Speed" (USB 1.1) als auch den über 40-mal schnelleren Hi-Speed-Modus. Daher kann aus der Bezeichnung USB 2.0 nicht auf die tatsächlich erreichbare Geschwindigkeit geschlossen werden. Obwohl mittlerweile USB 3.0 der aktuelle Stand ist, unterstützen viele Messgeräte nur den Hi-Speed-Modus von USB 2.0, was allerdings meist für die Datenübertragung ausreicht. Allerdings sollten dann Messgeräte nicht mit anderen Geräten gemischt an einem Anschluss des PCs betrieben werden.

9.3.1.6 FireWire

Diese auch als IEEE 1394 bekannte Schnittstelle ist im Consumerbereich z.B. bei Kameras oder Videorecordern etabliert, sowohl Schnittstellen als auch Kabelsysteme sind hinreichend erprobt und zuverlässig. Die Schnittstelle erlaubt die Übertragung von mehr als 50 Millionen Messwerten pro Sekunde und ist damit eine der schnellsten. Hard- und Software ist für alle Betriebssysteme verfügbar. Leider sind die möglichen Kabellängen sehr begrenzt (max. 5m). Auf dem Markt sind jedoch wenig messtechnische Geräte mit dieser Schnittstelle zu finden.

9.3.1.7 Ethernet (TCP/IP)

Bei der Ethernet-Schnittstelle handelt es sich um eine LAN-Netzwerkverbindung (LAN = Local Area Network), die aus dem Bürobereich stammt, in letzter Zeit jedoch zunehmend auch für die Messtechnik verwendet wird. Je nach Auslastung des Netzwerkes werden ganz unterschiedliche Datenraten erreicht. Das verwendete Protokoll zur Datenübertragung ist das auch im Internet übliche TCP/IP-Protokoll. Bei der Verwendung von Messgeräten in größeren Netzwerken sollten Sie sich allerdings unbedingt mit dem Systemadministrator abstimmen. Einige Ausführungen, z.B. Industrial Ethernet oder EtherCAT sind für den Einsatz in der betrieblichen Fertigungstechnik gedacht.

In der praktischen Ausführung unterscheiden sich Ethernet-Netzwerke in der Art des verwendeten Kabels und in der zulässigen Maximalgeschwindigkeit. So werden üblicherweise Flachstecker (RJ45) verwendet, im Bereich der Hochgeschwindigkeitsnetze werden auch Glasfasern eingesetzt. Bei den Geschwindigkeiten ist

Kapitel 9

heute das schnellere 1 GBit/s Ethernet üblich, 10 GBit/s ist jedoch bereits erschwinglich, allerdings nicht an den einzelnen Geräten, sondern eher für die Verteilung von Daten.

Vorteilhaft ist der niedrige Preis für diese Schnittstelle im Laborbereich, da die Komponenten auf dem Computerzubehörmarkt als Standardprodukte erhältlich sind.

9.3.2 Feldbussysteme

Der wichtigste Vorteil von Feldbussystemen ist der gegenüber herkömmlichen Punkt-zu-Punkt-Verdrahtungen (z. B. 4–20 mA-Schnittstellen) reduzierte Verdrahtungsaufwand, der kürzere Montagezeiten und niedrigere Kosten zur Folge hat. Weitere, sich daraus ergebende Vorteile sind der geringere finanzielle und zeitliche Aufwand für die Erweiterung eines bestehenden Systems. Auch der Aufwand für Wartung und die Diagnose von Fehlern sinkt, da weniger Störquellen vorhanden sind. Die am Markt erhältlichen Feldbusse unterscheiden sich allerdings in den Kosten für die Schnittstellen, der Geschwindigkeit, den Übertragungsprotokollen und den zu verwendenden Kabeln, damit je nach Anwendungsfall (Ex-Schutz/schnelle Regelung/nur Ansteuerung von Aktoren) ein optimales Konzept gefunden werden kann.

Die internationale Norm DIN EN 61158 (2008 bis 2011) bzw. die entsprechende IEC-Norm standardisiert weltweit die Anforderungen an Feldbussysteme. Allen Bussystemen gemeinsam ist, dass es festgelegte Formen für die Beschreibung der Systeme gibt, das ISO-OSI-Referenzmodell (OSI = Open System Interconnection). Bei den dort definierten „Schichten" sind meist nur die Schichten 1, 2 und 7 von Bedeutung. Schicht 1 enthält die Beschreibung der elektrischen und mechanischen Eigenschaften inklusive Kabeln, Steckern, Übertragungsrate etc. Schicht 2 stellt die sogenannte Sicherungsschicht dar, also die Definition, wie Verbindungen auf- bzw. abgebaut werden, welche Datenformate benutzt werden usw. Schicht 7 definiert das Daten- und Befehlsformat.

Unterschiede gibt es neben der Art der Kabel in der Struktur (wie am Anfang des Kapitels schon aufgeführt) und in der Art, wie die Kommunikation der Teilnehmer erfolgt:

- Ein Master, viele Slaves. Der Master übt die volle Kontrolle aus, ein Slave darf nur senden, wenn er gefragt wird. Dieses Design benötigt im Fehlerfall relativ viel Zeit, da erst alle Slaves abgefragt werden müssen, bis feststeht, wo welches Problem auftrat.

- Mehrere Slaves zusammen mit mehreren Mastern, die durch „Token-Passing" die Berechtigung zur Kontrolle weitergeben. Jeder kann gezielt einzelne Slaves oder Master ansprechen.

Digitale Datenerfassung und Verarbeitung

- Nur Mastergeräte. Jeder kann jeden gezielt ansprechen, wenn die Leitung frei ist. Diese Vorgehensweise erlaubt schnelles Reagieren bei kritischen Zuständen, da über eine Prioritätssteuerung das gezielte Absetzen einer wichtigen Nachricht gewährleistet werden kann.

Eine Hilfe bei der Auswahl eines Bussystems bietet auch die VDI/VDE-Richtlinie 3687 [45]. Im Folgenden stelle ich einige Bussysteme und ihre Eigenschaften vor, die m.E. für die Messtechnik interessant sind.

9.3.2.1 DIN-Messbus

Dieses Bussystem ist eine deutsche Entwicklung von Herstellern im Bereich der Fertigungstechnik, Anwendern aus der Automobilindustrie und der Physikalisch Technischen Bundesanstalt (PTB). Der DIN-Messbus wurde als sichere und preisgünstige Schnittstelle für Anwendungen in der industriellen Mess- und Prüftechnik konzipiert und ist in DIN 66348 [47] genormt. Er eignet sich insbesondere für Anlagen und Geräte, die dem gesetzlichen Messwesen, d.h. der Eichpflicht, unterliegen. Allerdings ist er nicht zwingend notwendig, um eichpflichtige Anlagen zu realisieren. Der DIN-Messbus verfügt im Unterschied zu den meisten anderen Bussystemen über getrennte Sende- und Empfangskanäle. Durch Verwendung einer seriellen Schnittstelle nach RS-485 können Entfernungen bis 500 m überbrückt werden. Der Bus ist weniger geeignet für die zeitäquidistante Erfassung dynamischer Vorgänge, kann jedoch schnell auf Meldungen wie Grenzwertüberschreitung u.Ä. reagieren. Der DIN-Messbus besteht aus einem Master und bis zu 31 Slaves. Wenn der Master als Gateway ausgeführt wird, kann der DIN-Messbus auch in andere Netze (LAN, WAN) integriert werden. Nachteilig ist, dass das System international wenig verbreitet ist.

9.3.2.2 CAN, CANopen und DeviceNet

CAN (Controller Area Network) wurde von Bosch entwickelt und ist mittlerweile international genormt (ISO 11898 [48], DIN EN 50325). Das Bussystem wird insbesondere im Automobilbereich verwendet, es ist jedoch auch in zahlreichen industriellen Anwendungen zu finden. Insbesondere in den USA ist in den letzten Jahren ein Trend zu diesem Bussystem erkennbar. Neben der hohen Übertragungssicherheit sind auch die niedrigen Anschlusskosten pro Teilnehmer häufig ein ausschlaggebendes Argument für CAN. CANopen ist ein modifiziertes System für die Automatisierungstechnik, das nicht alle CAN-Anweisungen versteht. Es wird von der CiA (CAN in Automation) gefördert. DeviceNet von AllenBradley ist eine Alternative zu CANopen auf dem US-Markt.

Kapitel 9

Ein System mit CANopen bzw. DeviceNet ist leicht zu konfigurieren: Nach der Initialisierung des Interfaces und der Angabe der verwendeten Geschwindigkeit (Baudrate) ist für jedes Gerät, das angesprochen werden soll, nur noch dessen Busadresse anzugeben. Jedes Gerät, das Informationen absetzen möchte, darf dies tun, es gibt keinen globalen Master, der alles kontrolliert, de facto ist jedes Gerät ein Master. Die gesendeten Informationen können deshalb auch von mehr als einem Gerät ausgewertet werden. Da jeder jederzeit senden kann, ist eine schnelle Reaktion auf Ereignisse möglich, solange nicht allzu viele Teilnehmer im Netz sind. In der Standardkonfiguration dürfen (theoretisch) bis zu 2^{11} Teilnehmer in einem Netz vorhanden sein. In der Praxis wird die Anzahl der Teilnehmer durch die maximal mögliche Datenrate des Bussystems begrenzt.

Zur Datenübertragung wird ein zweiadriges abgeschirmtes Kabel verwendet. Die maximale Geschwindigkeit hängt von der Länge der Leitungen ab: bis 25m sind 1MBaud, bis 1000m immer noch 50kBaud möglich. Die maximal erzielbaren Datenraten liegen meist unter 20000 Messwerten pro Sekunde.

9.3.2.3 HART

Die HART-Schnittstelle (Highway Addressable Remote Transducter) wurde ursprünglich von Fisher-Rosemount entwickelt und ermöglicht einen fließenden Übergang von analoger zu digitaler Technik, da hier die Signale digital auf eine analoge 4-20mA-Stromschleife aufmoduliert werden (Bell Frequency Shift Keying). Damit können „neue" Aufnehmer zunächst auch in einer vorhandenen Infrastruktur eingesetzt werden. Auch in diesem Stadium profitiert der Anwender von der digitalen Schnittstelle, da Konfiguration und Wartung über diese Schnittstelle erfolgen können. Wird die Infrastruktur auf digital umgestellt, können die vorhandenen Aufnehmer einfach weiter verwendet werden. In diesem Fall sind auch mehrere Sensoren an einer Stromschleife möglich, die dann nur noch zur Stromversorgung dienen kann.

Ein Vorteil ist, dass die Schnittstelle auch im Ex-Bereich (eigensicher) eingesetzt werden kann. Nachteilig ist die geringe Geschwindigkeit der Schnittstelle, sie wird daher vor allem zur Konfiguration und Wartung oder für die Meldung von Grenzwerten verwendet. Bei der Übertragung von Messwerten sind nur wenige Messwerte pro Sekunde möglich.

9.3.2.4 PROFIBUS

Der PROFIBUS ist ein etwas teureres, aber auch leistungsfähiges Bussystem, genormt nach IEC 61158 und IEC 61784 [49]. Innerhalb des PROFIBUS gibt es drei verschiedene Ausprägungen: PROFIBUS FMS (Fieldbus Message Specification)

Digitale Datenerfassung und Verarbeitung

für die höheren Leitebenen, PROFIBUS-DP (Decentralized Periphery) für die Fertigungsautomatisierung und PROFIBUS-PA (Process Automation) für die Prozessautomatisierung. Der PROFIBUS-PA ist eigensicher ausgeführt und wird daher vor allem in explosionsgefährdeten Bereichen (Bergbau, Chemie, Lebensmittel, Brauereien sowie Farben- und Klebstoffherstellung) eingesetzt; die Datenrate ist hier auf 31,25 kBit/s beschränkt. Ansonsten wird vor allem im Maschinenbau meist der PROFIBUS-DP verwendet, der universell einsetzbar und recht schnell ist. Er ist insbesondere als Ersatz für die konventionelle Signalübertragung mit 0 bis 20 mA oder 24 V gedacht.

Durch die hohe Geschwindigkeit (bis zu 12 MBit/s bei 100 m Leitungslänge) können kurze Reaktionszeiten (z.B. 1 ms bei 32 aktiven Teilnehmern) erreicht werden. Für die Übertragung können nicht nur Kupferkabel, sondern auch Lichtleiter verwendet werden. Dies ist für Anwendungen in stark störbehafteter Umgebung, zur Potenzialtrennung oder zur Vergrößerung der Reichweite bei hohen Übertragungsgeschwindigkeiten vorteilhaft. Ein weiterer Vorteil dieses Busses liegt darin, dass je nach einzubindendem Gerät bzw. Sensor oder Aktor unterschiedliche Strategien für den Buszugriff realisierbar sind. So können bei diesem System mehrere Master vorhanden sein, die abwechselnd ihre jeweiligen Slaves abfragen. Durch zyklischen Betrieb und Weitergabe der Buskontrolle (Token-Passing) sind garantierte Antwortzeiten möglich. Im Zuge der Weiterentwicklung dieses Systems kann über TCP/IP-Extensions der Betrieb auch über Ethernet-Komponenten abgewickelt werden (transparente Kopplung). Das Bussystem stammt ursprünglich von Siemens und wird insbesondere in Europa eingesetzt.

Ein Nachteil dieses Bussystems ist, dass das System zunächst aufwendig konfiguriert werden muss: Die „Spezifikationen" der am Bus verbundenen Geräte müssen eingelesen werden (Geräte-Stammdaten-Datei, GSD-Datei), und die angeschlossenen Geräte sind je nach Anforderungsprofil zu konfigurieren. Dazu ist nicht nur spezielle Software notwendig, es muss zuerst eine Projektierung des Gesamtsystems erfolgen. Ohne Grundlagenwissen über den Bus, seine Eigenheiten sowie eine genaue Analyse der Anforderungen für das konkrete Projekt ist ein erfolgreiches Set-up nicht möglich.

Die erzielbaren Datenraten sind abhängig vom verwendeten Master und der Struktur des Busses, eine Gesamtdatenrate von über 50 000 Messwerten pro Sekunde ist möglich.

9.3.2.5 Interbus

Dieses von Phoenix Contact als Sensor/Aktorbus entwickelte Bussystem ist ebenfalls nach IEC 61158 und IEC 61784 [49] genormt und insbesondere als Erweiterung bzw. Ersatz für traditionelle SPS-Steuerungen gedacht, eine Anbindung an offene Rechnersysteme ist jedoch ebenfalls möglich. Es verwendet grundsätzlich

Kapitel 9

eine Ringstruktur als Topologie, eine Segmentierung (Peripheriebus) kann jedoch vorgenommen werden, d.h., bei einem Fehler fällt nur die Kommunikation ab der Fehlerstelle aus. Da der zentrale Master alle Teilnehmer zyklisch abfragt, sind auch die Antwortzeiten des Systems genau definiert. Allerdings kann bedingt durch die Ringstruktur während des Betriebs kein Teilnehmer entfernt werden.

Die Geschwindigkeit der Datenübertragung selbst ist nicht sehr hoch (500 kBaud), allerdings ist der Verwaltungsoverhead relativ klein, daher können Nutzinformationen trotzdem schnell an den Master gelangen: Es wird zwischen dem zyklischen Transport von (wenigen) E/A-Daten und dem azyklischen Nachrichtentransport von z.B. 100 kB Information unterschieden. Die schnelle Übertragung von E/A-Daten wird durch die azyklische Übertragung von größeren Datenmengen nicht behindert, es können deshalb im Millisekundentakt Daten übertragen werden. Die Effektivität der Übertragung wird auch dadurch erhöht, dass selbst bei vielen Teilnehmern nur wenig Steuerdaten zur Übertragung notwendig sind. Weiterhin können auch größere Entfernungen überbrückt werden, da die Schnittstellen physikalisch auf der RS-485 basieren: zwischen zwei Geräten 400 m. Durch die Repeaterfunktion der Geräte kann ein Ring aus bis zu 13 km Leitung bestehen. Beim Übergang auf Lichtleiter können auch noch größere Entfernungen überbrückt werden. Insgesamt können in einem Netz bis zu 512 Teilnehmer vorhanden sein. Der Bus ist auf einkanalige Systeme optimiert, also *ein* Aktor oder *ein* Sensor, die Übertragung von Daten für mehrere Kanäle an bzw. von einem Teilnehmer ist schwierig zu realisieren.

Auch bei diesem Bussystem ist zunächst eine umfangreiche Konfiguration notwendig. Die dazu nötige Software kann meist auch für Monitoring und Diagnose eingesetzt werden (CMD = Configuration Monitoring Diagnostic). Die Projektierung des Systems orientiert sich an der Programmierung einer SPS. Vom Hersteller sind Gerätedaten, hier Teilnehmerbeschreibung genannt, zur Verfügung zu stellen, die dann in das entsprechende CMD-Programm eingelesen werden können. Ohne Grundlagenwissen über den Bus, seine Eigenheiten sowie eine genaue Analyse der Anforderungen für das konkrete Projekt ist ein erfolgreiches Setup nicht möglich.

9.3.2.6 MODbus bzw. 3964R-RK512 (Siemens)

Der MODbus ist ein Bussystem, das insbesondere für die Anbindung an SPS bzw. Leitrechner verwendet wird. Der gesamte Datenbetrieb wird von einem Master (der SPS) gesteuert. Die Übertragung selbst beruht auf einer RS-485-Schnittstelle, es werden jedoch zusätzliche Protokolle verwendet. Die gesamte Art der Datenübermittlung ist genormt, für den Aufbau einer Verbindung ist daher zunächst das entsprechende Protokoll des Messgerätes in die Software der SPS bzw. des Leitrechners einzubauen. Da die Art und Weise der Ausführung genormt

Digitale Datenerfassung und Verarbeitung

ist, müssen nur die Inhalte entsprechend angepasst werden. Trotzdem ist der Aufwand nicht zu vernachlässigen, er entspricht jedoch dem üblichen Aufwand bei der Programmierung einer SPS. Das Protokoll 3964R-RK512 wird speziell von den SPS der Fa. Siemens verwendet. Hierbei ist kein Busbetrieb möglich, es kann immer nur *ein* Gerät an die SPS angeschlossen werden. Der MODbus wird in letzter Zeit immer seltener verwendet, stattdessen wird heute meist der PROFIBUS eingesetzt.

9.3.2.7 Weitere Bussysteme

Neben den oben erwähnten Systemen gibt es noch eine Vielzahl weiterer Feldbusse wie FOUNDATION Fieldbus, Profinet (Industrial Fieldbus), LON, LIN, AS-Interface etc. Einige davon sind allerdings nur für spezielle Bereiche interessant, z.B. LON für die Gebäudeautomatisierung. Inwieweit sich andere Bussysteme am Markt durchsetzen können, wird nicht nur von der Verfügbarkeit, sondern auch von den jeweiligen Vor- und Nachteilen und nicht zuletzt vom Preis abhängig sein.

Weitere Informationen zu den einzelnen Systemen finden Sie am schnellsten im Internet[1] oder bei den jeweiligen Herstellern der Systeme:

- USB: www.usb.org
- FireWire: www.1394ta.org
- DIN-Messbus: www.measurement-bus.de
- CAN in Automation: www.can-cia.de
- Open DeviceNet Vendor Assoc.: www.odva.org
- PROFIBUS Nutzer Organisation: www.profibus.com
- FOUNDATION Fieldbus: www.fieldbus.org
- INTERBUS-S Club: www.interbusclub.com
- LonMark Interoperability Assoc.: www.lonmark.org, s.a. www.echelon.com
- HART Communication Foundation: www.hartcomm.org

9.4 Software für die Messtechnik

Die Frage nach der „richtigen" Software ist leider genauso schwierig zu beantworten wie die Frage nach dem „richtigen" Messverstärker. Zum einen spielt hier die

---

1. Beachten Sie bitte, dass sich Internetadressen schnell ändern können. Im Zweifelsfall sollten Sie mit einer Suchmaschine arbeiten, um aktuellere Adressen herauszufinden.

Kapitel 9

Anwendung eine Rolle, zum anderen sind Gesichtspunkte wie bereits vorhandene Software und/oder Geräte wichtig. Sollten Sie nämlich bereits Erfahrung im Umgang mit einer Software haben und diese auch die neue Anwendung abdecken können, so ist es meist einfacher, die Messaufgabe mit der vorhandenen Software zu lösen, da dann keine Einarbeitungszeiten anfallen. Falls andererseits für eine Messaufgabe bestimmte Geräte benötigt werden, so sollten Sie zunächst einmal die Software des Herstellers der Geräte anschauen, da diese in der Regel optimal auf die eigenen Geräte abgestimmt ist.

Falls Sie die freie Auswahl haben, so können Sie zwischen sehr unterschiedlichen Programmen auf dem Markt wählen:

- LabVIEW, DIAdem oder z.B. TestStand von National Instruments GmbH
- DASYLab von measX GmbH & Co. KG
- catmanEasy, catman Enterprise oder GlyphWorks von Hottinger Baldwin Messtechnik GmbH
- jBeam von AMS GmbH
- TestPoint von TestPoint Pty Ltd
- Agilent VEE von Agilent Technologies (ehem. HP)

Dies ist nur eine relativ willkürliche Auswahl von Programmen, die für die Datenerfassung und Auswertung geeignet sind. Daneben gibt es noch zahlreiche Programme, die entweder nur die Datenerfassung oder nur die Auswertung ermöglichen. Insbesondere spezielle Auswerteverfahren oder Darstellungen erfordern meist die Anwendung von Sonderprogrammen wie z.B. SPSS, DesignLife, Origin, FlexPro, STATISTICA oder Mathematica. Leider gibt es kein Programm, das alle Anwendungen abdeckt, leicht zu erlernen ist und alle auf dem Markt befindlichen Geräte ansteuern kann. Sie müssen daher selbst die einzelnen Programme anschauen und überlegen, ob sie geeignet sind. Dies kostet jedoch Zeit, insbesondere wenn die Entscheidung nicht im Schnellverfahren bzw. anhand der Prospektangaben erfolgen soll. Eine Entscheidungsfindung per Prospekt ist keinesfalls zu empfehlen, da nach den Angaben im Prospekt bei vielen Programmen fast alles möglich ist. Die Unterschiede zwischen den Programmen liegen mehr in der Art und dem Zeitaufwand der Realisierung als in der prinzipiellen Möglichkeit, eine bestimmte Messaufgabe zu realisieren.

Wie können Sie nun herausfinden, welches Programm für Ihre Anwendung geeignet ist?

Falls eine Demoversion erhältlich ist, bietet dies eine gute Möglichkeit, ein Programm kennenzulernen. Bei allen oben angeführten Programmen ist dies möglich. Sofern eine Einführung oder ein Tutorial enthalten ist, kann auch recht schnell die

Digitale Datenerfassung und Verarbeitung

grundlegende Arbeitsweise erlernt werden, um einen Testlauf zu machen. Rechnen Sie dennoch mit zwei Tagen Zeitaufwand pro Programmtest.

Stellen Sie zunächst einen Katalog von Kriterien auf:

- Welcher Art sind die Messaufgaben: immer wechselnde Anwendungen oder immer gleicher Ablauf, immer gleicher Aufbau hinsichtlich Geräten und Aufnehmern oder jedes Mal andere Konfigurationen etc.
- Was soll gemacht werden: nur messen, messen und auswerten, wie auswerten etc.
- Wie lange soll die Messung mit welcher Geschwindigkeit ablaufen?
- Sollen die Daten schon während der Messung verarbeitet und dargestellt werden können, oder kann eine nachträgliche Auswertung erfolgen? Hierfür können evtl. zwei spezialisierte Programme verwendet werden.

Prüfen Sie zunächst, welche(s) Programm(e) Ihre Kriterien möglichst gut erfüllt, und prüfen Sie dann, welches davon sich leicht bedienen lässt und schnell erlernbar ist.

☞ Testen Sie als Letztes, wie gut die Hotline zu erreichen ist und ob Sie dort kompetente Ratschläge bekommen, die Ihnen im Falle eines Falles auch weiterhelfen.

Falls Sie sich dann für ein Programm entschieden haben, sollten Sie zusätzlich ein Seminar einplanen, um möglichst schnell den Einstieg zu finden. Komplexe Programme wie z.B. DIAdem oder LabVIEW erfordern durchaus Einarbeitungszeiten von zwei bis vier Wochen, bevor eine konkrete Anwendung abgewickelt werden kann. Teilweise bieten auch die Hersteller der Programme weitere Unterstützung bei der Einarbeitung an.

9.5 Digitale Messwerterfassung

Der Umgang mit der neuen Technik bringt sicher viele Vorteile, wie in den letzten Kapiteln dargestellt. Leider gibt es jedoch auch einige neue Probleme bzw. mögliche Fehlerquellen, die beim Einsatz beachtet werden müssen. Da mithilfe des PCs und entsprechender Messgeräte nicht mehr nur „ein paar" Messwerte erfasst werden, sondern einige 10000 bis hin zu mehreren Millionen Werten pro Kanal, und das teilweise für mehrere tausend Kanäle, muss auch beim digitalen Messen zunächst ein Anforderungsprofil erstellt werden:

1. Wie viele Kanäle sind zu erfassen?
2. Welche Messrate ist für welchen Kanal nötig?
3. Wie lange müssen welche Daten aufgehoben werden?

Kapitel 9

Der letzte Punkt lässt sich in der Regel am leichtesten klären: Für den PC-Bereich existieren zahlreiche Geräte wie CD-ROM, optische oder Bandlaufwerke, die zur Archivierung geeignet sind, allerdings nur für einen Zeitraum von einigen Jahren. Wenn die Daten über ein Jahrzehnt oder mehr aufgehoben werden sollen oder müssen, wird es schwierig, da einige Formate dann evtl. nicht mehr lesbar sind und Datenträger wie Magnetband oder CD/DVD umkopiert werden müssen. Kritisch ist auch die Frage, ob die Daten und Geräteeinstellungs-Protokolle im Originalformat aufgehoben werden sollen, denn dann ist ein Programm, das die Daten einlesen kann, ebenfalls zu archivieren. Wird alles in ASCII als Text aufgehoben, können alle Daten auch mit anderen Programmen noch nach Jahren wieder gelesen bzw. importiert werden. Diese Vorgehensweise ist insbesondere bei Langzeitarchivierung (>10 Jahre) zu empfehlen. Auf jeden Fall sollten Sie nicht nur die Messdaten speichern, sondern auch Angaben zur Erfassung: wann, wie, wo, mit welchen Verstärkern, welchen Einstellungen, welche Aufnehmer etc., d.h. die „Rückführbarkeitsdaten". Die „reinen" Messwerte sind ohne solche Angaben in der Regel wertlos.

Die erste Frage nach der Anzahl der Messstellen ist wesentlich schwieriger zu beantworten, es lassen sich nur schwer allgemeine Kriterien dafür formulieren: Nehmen Sie lieber eine Messstelle zu viel, die als Kontrollmessstelle fungieren kann, als eine zu wenig, sodass die Messung wiederholt werden muss, da nur unzureichend Informationen vorliegen. Da diese Entscheidung aber mit Kosten verbunden ist, wird je nach Sachlage eine Abwägung getroffen werden müssen, wie viele Messstellen unbedingt nötig, wie viele wünschenswert und wie viele sinnvoll sind.

Die Beantwortung der zweiten Frage wird in Abschnitt 9.5.1 vorgenommen, Abschnitt 9.5.2 ab Seite 210 zeigt eine Problematik auf, die erst mit dem Aufkommen der schnellen PC-Messtechnik und der Möglichkeit, viele unterschiedliche Messstellen schnell und parallel zu erfassen, relevant geworden ist.

9.5.1 Welche Messrate ist richtig?

Eine in der digitalen Messtechnik oft gestellte Frage ist die nach der richtigen Mess- oder Abtastrate. Es ist jedoch gar nicht so schwer, die Antwort zu finden. Abb. 9-6 zeigt, was passiert, wenn Sie bei einem abtastenden Messsystem eine zu niedrige Messrate wählen: Die gestrichelte Linie zeigt die Kurve, die Ihnen eine Grafik der Messwerte zeigen würde, die durchgezogene Linie ist das Originalsignal, das zu bestimmten Zeiten *gesampelt*, also abgetastet, wurde. Der Effekt heißt Alias: Man sieht eine (ganz andere) Kurve, die nur scheinbar im Signal vorhanden ist (Alias = falscher Name). Daher besitzen viele abtastend arbeitende Geräte sogenannte Antialiasfilter.

Digitale Datenerfassung und Verarbeitung

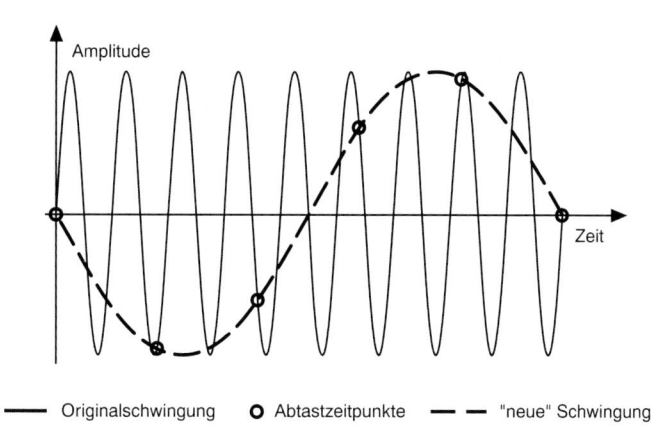

Abb. 9-6: *Aliaseffekt bei zu niedriger Abtastrate*

—— Originalschwingung   ◯ Abtastzeitpunkte   — — "neue" Schwingung

Diese Filter verhindern, dass Signalamplituden gemessen werden, deren Frequenzen über der halben Abtastrate liegen[1]. Die wichtigste Frage, die Sie deshalb als Erstes beantworten müssen, ist die nach der Bandbreite Ihres Systems. Prüfen Sie die analoge Bandbreite des Messverstärkers. Je nach Typ des Verstärkers (niedrige oder hohe Trägerfrequenz etc.) ist diese auf einige 10 Hz bis zu einigen Kilohertz beschränkt. Wenn Sie sicher sein möchten, dass Ihnen keine Werte verloren gehen, Sie also alle im analogen Signal vorhandenen Informationen auch bekommen, müssen Sie eine Messrate verwenden, die über dieser Bandbreite liegt.

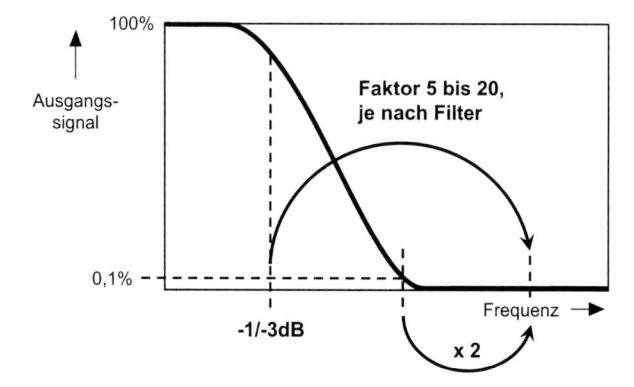

Abb. 9-7: *Bandbreite, maximaler betrachteter Signalpegel und Messrate*

---

1. Bei Verstärkern mit integrierenden Wandlern sind solche Filter häufig nicht notwendig, da die Integration höherfrequente Störungen unterdrückt.

Kapitel 9

Rein rechnerisch ist nur der Faktor 2 nötig, dies bezieht sich aber auf die maximale Frequenz, die der Verstärker noch durchlässt (1 LSB des A/D-Wandlers) und nicht auf die angegebene -3 dB-Bandbreite (siehe dazu den folgenden Abschnitt 9.5.2). Ausgehend von einer (gedachten) minimalen Signalamplitude, z.B. 0,1% wie in Abb. 9-7, die noch als relevant erachtet wird, wäre die hierbei existierende Grenzfrequenz des Tiefpasses zu ermitteln und dann das Doppelte dieser Frequenz als Messrate zu verwenden. Da das Verhalten der in den Verstärkern verwendeten Filter aber selten so genau bekannt ist, sollten Sie in der Praxis je nach Filter bzw. Filtersteilheit den fünf- bis zwanzigfachen Wert der -3dB-Bandbreite des verwendeten Tiefpassfilters als Messrate wählen.

☞ Falls jedoch in dem vom Tiefpassfilter *unterdrückten* Bereich anstelle von Störungen Nutzsignale vorhanden sind, werden diese nicht gemessen und können deshalb auch nicht erkannt werden.

Wenn Sie daher die Art des zu messenden Signals nicht kennen, sollten Sie deshalb zunächst die größtmögliche analoge Bandbreite (maximale Frequenz des Tiefpassfilters) und die schnellste Messrate wählen. Nach einer „Probemessung" können Sie mithilfe eines Spektrums bestimmen, welche Signalfrequenzen überhaupt vorliegen (keine oder nur noch sehr geringe Amplitude mehr ab welcher Frequenz?). Stellen Sie dann die Bandbreite mit dem Tiefpassfilter auf den benötigten Wert ein (Sie können zur Sicherheit auf den doppelten Wert gehen), und geben Sie als Messrate das Fünffache der ermittelten Bandbreite ein.

9.5.2 Filterung von Signalen

Häufig sind Messsignale von Störungen überlagert, die die Messstelle mechanisch oder elektromagnetisch beeinflussen. Dies können z.B. Vibrationen sein, die durch den Untergrund auf das Messobjekt übertragen werden. Tiefpassfilter unterdrücken Frequenzen oberhalb einer bestimmten Grenzfrequenz, sie können deshalb benutzt werden, wenn die Störungen höhere Frequenzen haben als das Messsignal (Abb. 9-8).

Digitale Datenerfassung und Verarbeitung

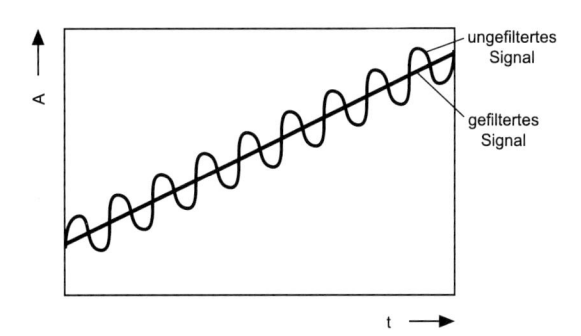

Abb. 9-8:
Wirkungsweise eines Tiefpassfilters

Sehr häufig ist dies der Fall bei statischen oder quasistatischen Messungen, aber auch bei schnelleren Vorgängen kann eine Unterdrückung höherfrequenter Störanteile sinnvoll sein. Leider hat die Filterung nicht nur positive Aspekte, sondern es können sich auch unerwünschte Effekte ergeben. Alle Tiefpassfilter haben einen typischen Amplitudengang, eine Laufzeit und zeigen eine bestimmte Sprungantwort. Die Werte für diese drei Merkmale sind abhängig vom eingesetzten Filtertyp und der gewählten Grenzfrequenz. Die Grenzfrequenz ist nach Definition diejenige Frequenz, bei der die Amplitude am Ausgang auf rund 70% (-3dB) des Signals am Eingang gesunken ist. Oft findet sich noch eine zweite Angabe, die -1dB-Frequenz: Hier ist die Amplitude auf rund 90% des Signals am Eingang gesunken. Mit beiden Angaben können Sie die Steilheit des Filters gut rekonstruieren.

Meist stehen verschiedene Filtercharakteristiken zur Verfügung, die sich in ihrer Steilheit unterscheiden, z.B. Butterworth oder Bessel. Um Störungen zu unterdrücken, ist eigentlich das Butterworth-Filter besser geeignet, da es viel steiler ist und damit eine große Bandbreite besitzt, innerhalb derer die Amplituden der Nutzsignale unverfälscht durchgelassen werden, während der Übergang zum „Sperrbereich", d.h. dem Bereich, ab dem eine vollständige Unterdrückung stattfindet, relativ klein ist. Leider gibt es auch einen Nachteil: Das Signal am Ausgang dieses Filtertyps zeigt ein Überschwingen, das im Original nicht vorhanden ist. Deshalb wird in der Messtechnik meist das Bessel-Filter verwendet, bei dem keine Verfälschung des Signals auftritt. Allerdings ist der Übergangsbereich wesentlich größer, da das Filter bei Weitem nicht so steil ist wie das Butterworth-Filter (Abb. 9-9 rechte Seite).

Kapitel 9

Abb. 9-9:
Sprungantwort und Amplitudengang

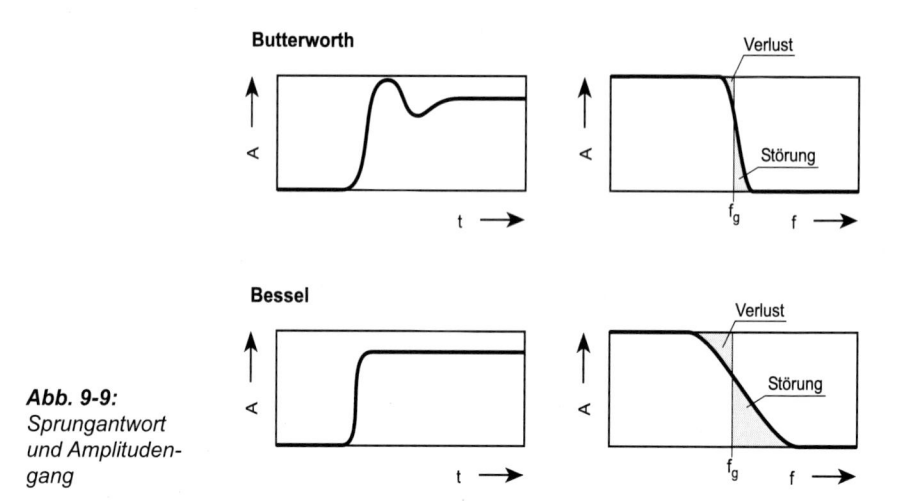

Ein weiterer Effekt, der bei praktisch jedem Filter auftritt, ist die Laufzeit, die das Signal benötigt, um vom Eingang des Filters zum Ausgang zu gelangen.

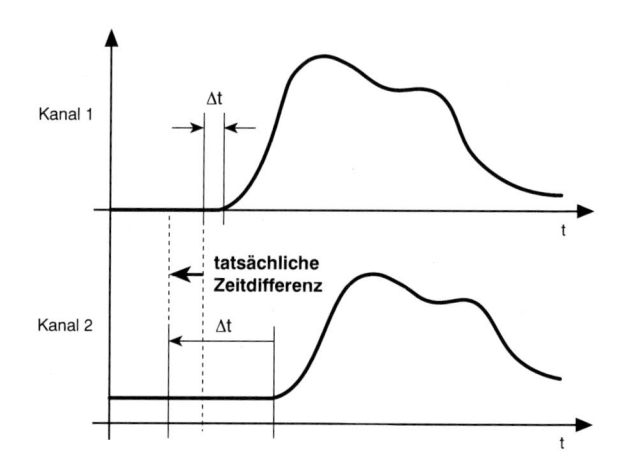

Abb. 9-10:
Auswirkung unterschiedlicher Filterlaufzeiten

Da diese Laufzeit ebenfalls vom Typ und von der Grenzfrequenz abhängt, bedeutet dies, dass bei einer parallelen Erfassung mehrerer Kanäle entweder alle Kanäle die gleichen Filter verwenden müssen oder eine rechnerische Korrektur unterschiedlicher Laufzeiten erfolgen muss, wenn der zeitliche Zusammenhang zwischen den Kanälen relevant ist. Ansonsten könnte wie in Abb. 9-10 der Eindruck entstehen, dass das Signalmaximum auf Kanal 2 nach dem Signalmaximum auf Kanal 1 auftrat, während dies in Wirklichkeit nur daran lag, dass dieses Filter

212

Digitale Datenerfassung und Verarbeitung

eine längere Laufzeit hatte als das von Kanal 1. Da in der Regel die Messwerte nicht zeitlich rückdatiert werden können, ist es oft leichter, die Kanäle, deren Filter nur kleine Laufzeiten haben, so weit nach „hinten" zu verschieben, dass die Laufzeit des langsamsten Filters erreicht wird. Berechnen Sie dazu die Anzahl von Messwerten, die in der fraglichen Zeit erfasst worden wären, erstellen Sie einen Kanal mit dieser Anzahl von Werten und setzen Sie alle Werte auf null. Hängen Sie dann den „zu schnellen" Kanal hinten an.

Beispiel 9-2

Ausgleich von Laufzeiten: Kanal 1 ist ein 5 kHz-Verstärker mit 900 Hz Bessel-Filter, Kanal 2 ein DC-Verstärker mit 20 Hz Bessel-Filter. Die Messrate für alle Kanäle beträgt 2400 Hz.

Aus den Datenblättern folgt für die Laufzeit von Kanal 1 0,47 ms und für Kanal 2 7,4 ms. Die Differenz beträgt damit knapp 7 ms. In dieser Zeit wurden rund 17 Messwerte erfasst.

☞ Erzeugen eines neuen Kanals mit 17 Nullwerten. An diesen Kanal den Kanal 1 hinten anhängen.

Nun sind beide Kanäle wieder zeitsynchron und die Auswirkung sowie zeitliche Verzögerung eines Signals von Kanal 1 auf Kanal 2 kann zeitlich ausgewertet werden.

Nicht immer haben unterschiedliche Laufzeiten direkte Auswirkungen auf die zeitlichen Zusammenhänge: Bei Reaktionszeiten im Sekundenbereich sind die Unterschiede in den Laufzeiten der Filter, die in der Regel im Millisekundenbereich liegen, zu vernachlässigen. Sobald jedoch zeitliche Zusammenhänge zwischen einzelnen Kanälen wichtig werden, die ebenfalls im Millisekundenbereich liegen, sind diese Verzögerungen zu berücksichtigen.

Kapitel 9

10 Abgleich von Messketten

M. Laible

10.1 Einleitung

Beim elektrischen Messen mechanischer Größen wird eine Messkette aus Aufnehmer, Verstärker (inkl. Generator) und Anzeige oder Auswertungseinheit aufgebaut. Um mit dieser Anordnung arbeiten (messen) zu können, sind einige Einstell- und Abgleichvorgänge nötig. Diese beginnen beim Anpassen von Messverstärker und Aufnehmer durch Anwählen der entsprechenden Betriebsart, z.b. Halb- oder Vollbrückenschaltung, oder dem Setzen der Speisespannung und gehen über Nullabgleich sowie evtl. C-Abgleich/Referenzphaseneinstellung bis hin zum Einstellen einer der Messgröße entsprechenden zahlenrichtigen Anzeige. Zur Klärung sollen die verschiedenen Begriffe nach DIN 1319 [50] hier aufgelistet werden:

- *Justieren* oder *Abgleichen* heißt, ein Messgerät so einstellen, dass die Messabweichungen möglichst klein werden, d.h., es findet ein Eingriff statt, der das Messgerät bleibend verändert.

- *Kalibrieren* oder *Einmessen* bedeutet, die Messabweichungen am Messgerät feststellen, ohne dass eine Veränderung am Messgerät erfolgt. Das Kalibrieren durch Vergleich mit „Normalen" höherer Genauigkeit wird auch *Anschließen* oder *Rückführung* genannt.

- *Eichen* umfasst die von einer Eichbehörde nach Eichvorschriften vorzunehmenden Prüfungen (d.h. ein Kalibriervorgang) und das Erteilen eines Prüfstempels, wenn der Prüfling den Vorschriften entspricht. Dabei wird auch eine Frist festgelegt, innerhalb der zu erwarten ist, dass die Anforderungen weiterhin erfüllt werden.

Insofern ist der richtige Begriff für die im Folgenden beschriebenen Vorgänge das *Abgleichen*; häufig wird jedoch auch die (falsche) Bezeichnung *Kalibrieren* verwendet[1].

Beim Abgleichen einer Messkette wird der Verstärker so verändert, dass die Anzeige ein geeignetes ganzzahliges Vielfaches der physikalischen Größe ergibt, z.B. bei einem Kraftaufnehmer für 5kN Nennlast eine Anzeige von 5000 bei Nennlast.

---

1. Die Autokalibrierung eines Messgerätes macht allerdings nur Sinn, wenn etwaige Abweichungen vom Soll selbstständig (durch das Messgerät) korrigiert werden.

Kapitel 10

Beim Abgleich wird die Kennlinie des Messgerätes so justiert, dass die gewünschten Anzeigen erscheinen. Die Kennlinie eines Verstärkers ist die grafische Darstellung des Zusammenhangs zwischen Eingangs- und Ausgangsspannung:

$$U_A = f(U_E) \qquad (10\text{-}1)$$

Die Kennlinie geht nach dem Nullabgleich durch den Nullpunkt (Abb. 10-1).

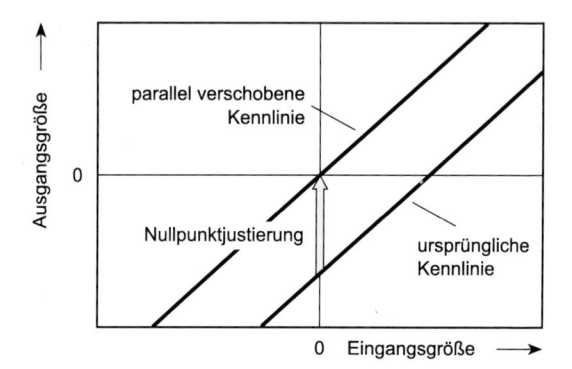

Abb. 10-1:
Parallelverschiebung der Kennlinie beim Nullabgleich

Durch Ändern der Steigung dieser Geraden kann die gewünschte Anzeige bei Nennlast eingestellt werden (Abb. 10-2 auf Seite 219). Dieser Vorgang der Veränderung der Verstärkung ist das *Justieren* des Verstärkers. Beide Schritte zusammen (Nullabgleich und Justieren) bilden den *Abgleich* der Messkette.

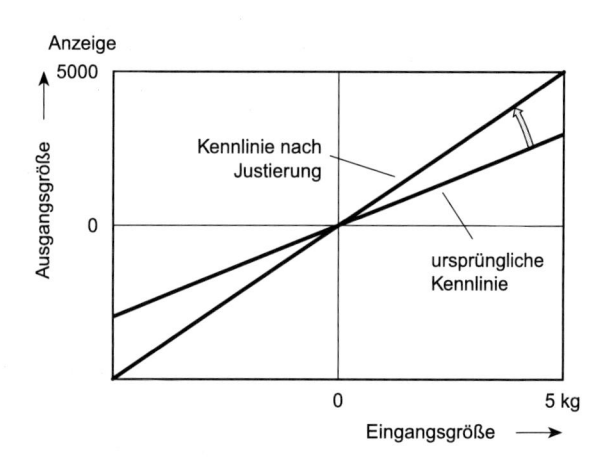

Abb. 10-2:
Änderung der Steigung der Kennlinie beim Justieren

Meist sind jedoch zusätzliche Einstellungen notwendig: Heutige Messverstärker bieten neben der Möglichkeit, die Speisespannung zu ändern auch vielfach die Option, Halb- oder Vollbrückenschaltungen anzuschließen, die verwendete Einheit im Display anzeigen zu lassen etc. Diese Einstellungen sind *immer vor* dem eigentlichen Abgleich durchzuführen.

Für die Durchführung dieses Abgleiches gibt es verschiedene Methoden sowohl für die verschiedenen Aufnehmertypen (DMS, DMS-Aufnehmer, induktiver Aufnehmer) als auch für unterschiedliche Geräte (neuere digitale Messverstärker oder analoge Messverstärker, evtl. noch mit 4-Leitertechnik).

Bei den verschiedenen Kombinationen von Aufnehmern und Geräten gibt es – im Wesentlichen – vier Möglichkeiten, einen Abgleich in der Praxis durchzuführen:

1. Simulation eines Signals am Aufnehmer (Shunt-Kalibrierung).
2. Belasten eines Aufnehmers mit „echter" Last.
3. Simulation eines Signals mit Kalibriergerät.
4. Verwenden der eingebauten Elektronikfunktionen, d.h. Angabe der Aufnehmerkennwerte.

In der Regel wird heute die vierte Methode benutzt, trotzdem haben die anderen ihre Berechtigung nicht ganz verloren. Das Aufbringen von definierten Belastungen ist z.b. eigentlich eine sehr gute Methode, die jedoch in der Praxis üblicherweise nur dann angewandt wird, wenn eine offizielle Kalibrierung erfolgt, z.B. die Eichung einer Waage. Ansonsten scheidet diese Methode entweder mangels Genauigkeit aus, oder es wird relativ teuer, da hochgenaue Eichgewichte benötigt werden. Trotzdem ist es sehr zu empfehlen, wenigstens einen Test mit echter Belastung (Gewichte, Füllung mit Wasser o.Ä.) zu machen, um den durchgeführten Abgleich zu verifizieren.

Vergleichen Sie die möglichen Vorgehensweisen, und finden Sie die für Ihren Fall beste heraus!

10.2 Messungen mit Dehnungsmessstreifen

10.2.1 Die Shunt-Kalibrierung

Beim Anschluss eines DMS wird dieser über die Wheatstone-Brückenschaltung an den Messverstärker angeschlossen. Wird nun der DMS mit einer positiven Dehnung beaufschlagt, so ändert sich dessen Widerstand, er wird größer. Der Wert dieser Widerstandsänderung lässt sich bei bekannter Dehnung aus der Gleichung 10-2 berechnen.

Kapitel 10

$$\frac{\Delta R}{R} = k \cdot \varepsilon \qquad (10\text{-}2)$$

Umgekehrt lässt sich natürlich auch eine bekannte Widerstandsänderung in eine Dehnung umrechnen. Dies wird bei der Shunt-Kalibrierung gemacht: Über einen Widerstand parallel zum DMS wird eine Widerstandsänderung erzeugt, die einer ganz bestimmten (berechenbaren) Dehnung entspricht (Abb. 10-3). Dieser berechnete Dehnungswert wird dann durch Justieren des Verstärkers in die Anzeige gebracht.

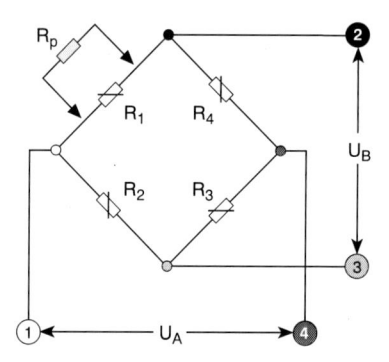

Abb. 10-3:
Prinzip der Shunt-Kalibrierung

Setzt man $R_1 = R_2 = R_3 = R_4 = R$, so errechnet sich der resultierende Widerstand R_r aus der Parallelschaltung von R_p und R_1 zu:

$$R_r = \frac{R \cdot R_p}{R + R_p} \qquad (10\text{-}3)$$

Damit folgt für ΔR:

$$\Delta R = R_r - R \qquad (10\text{-}4)$$

Eingesetzt in Gleichung 10-2 ergibt sich:

$$\frac{R_r - R}{R} = k \cdot \varepsilon$$

$$\frac{\frac{R \cdot R_p}{R + R_p} - R}{R} = k \cdot \varepsilon$$

$$\frac{R_p}{R + R_p} - 1 = k \cdot \varepsilon$$

Abgleich von Messketten

$$\varepsilon = \frac{1}{k} \cdot \left(\frac{R_p}{R+R_p} - 1\right)$$

oder mit Einheiten

$$\varepsilon = \frac{1}{k} \cdot \left(\frac{R_p}{R+R_p} - 1\right) \cdot 10^6 \, \frac{\mu m}{m} \qquad (10\text{-}5)$$

Mit Gleichung 10-5 lässt sich zu einem gegebenen Widerstand R_p und dem DMS-Widerstand R die vom Shunt simulierte Dehnung ε berechnen, auf die die Anzeige justiert werden muss.

Beispiel 10-1

$R_{DMS} = R = 120\,\Omega$; $R_p = 100\,k\Omega$; $k = 2{,}04$

$$\varepsilon = \frac{1}{2{,}04} \cdot \left(\frac{100000}{100000 + 120} - 1\right) \cdot 10^6 \, \frac{\mu m}{m}$$

$$\varepsilon = -588 \, \frac{\mu m}{m}$$

Beispiel 10-2

$R_{DMS} = R = 350\,\Omega$; $R_p = 100\,k\Omega$; $k = 2{,}00$

$$\varepsilon = \frac{1}{2{,}0} \left(\frac{100000}{100000 + 350} - 1\right) \cdot 10^6 \, \frac{\mu m}{m}$$

$$\varepsilon = -1744 \, \frac{\mu m}{m}$$

Der Shuntwiderstand sollte ein Präzisionswiderstand sein, der sich auch bei Temperaturschwankungen nicht ändert (z.B. Metallfilm mit TK0). Die Genauigkeit der Kalibrierung hängt von den Widerstandstoleranzen ab. Für den DMS sind Toleranzen zwischen 0,1% und 0,5% üblich, daher sollte auch die Toleranz des Shuntwiderstandes 0,1% oder weniger betragen.

Der besondere Vorteil der Shunt-Kalibrierung liegt in der Tatsache, dass die gesamte Messkette in den Abgleich einfließt, also auch alle Kabeleinflüsse erfasst werden.

10.2.2 Der Abgleich durch Eingabe der Kennwerte

Diese Art des Abgleichs ist bei allen neueren Geräten möglich. Der Abgleich vereinfacht sich erheblich, da nur noch die relevanten Zahlen am Gerät eingegeben werden. Zunächst muss jedoch eine Umrechnung erklärt werden: Welche Verstim-

Kapitel 10

mung in mV Ausgangsspannung pro Volt Brücken-Speisespannung ergibt sich bei einer bestimmten Dehnung?

Für die Wheatstone-Brückenschaltung gilt:

$$\text{Verstimmung} = \frac{U_A}{U_B} = \frac{1}{4} \cdot \frac{\Delta R}{R} \tag{10-6}$$

Unter der Voraussetzung, dass in einer Wheatstone-Brücke nur ein aktiver DMS mit k-Faktor $k = 2{,}0$ vorhanden ist, ergibt sich mit Gleichung 10-2:

$$\frac{U_A}{U_B} = \frac{1}{4} \cdot k \cdot \varepsilon = \frac{1}{2} \cdot \varepsilon \tag{10-7}$$

Für eine Dehnung von z. B. 2000 µm/m folgt:

$$\frac{U_A}{U_B} = \frac{1}{2} \cdot 2000 \cdot 10^{-6} = 10^{-3} \tag{10-8}$$

$$\frac{U_A}{U_B} = 1 \, \frac{mV}{V} \tag{10-9}$$

Daraus ergeben sich die Werte in Tabelle 10-1. Sie geben also lediglich diesen Zusammenhang ein. Wenn Sie z. B. Dehnungen bis 2000 µm/m messen möchten, geben Sie ein: 2000 µm/m bei 1 mV/V.

Tabelle 10-1: Dehnung und Verstimmung für Einzel-DMS

Dehnungswert	Verstimmung der WB
100 µm/m	0,05 mV/V
500 µm/m	0,25 mV/V
1000 µm/m	0,5 mV/V
2000 µm/m	1 mV/V
4000 µm/m	2 mV/V

10.2.3 Die Berücksichtigung von k-Faktoren

Bisher erfolgten alle Rechnungen und Einstellungen unter der Annahme $k = 2{,}0$. Dies dürfte jedoch in den meisten Fällen nicht zutreffen. Deshalb ist bei allen neueren Geräten, die für die Messung von DMS gedacht sind, die Eingabe eines k-

Abgleich von Messketten

Faktors und teilweise auch eines Brückenfaktors möglich. Andererseits ist auch ohne diese Eingabemöglichkeit eine Umrechnung nicht allzu aufwendig: Da der k-Faktor lediglich angibt, wie viel mehr oder weniger der aktuelle DMS an Signal gegenüber dem „Standard-DMS" mit k = 2,0 liefert, muss lediglich dieser Unterschied (beide Werte sind nötig) berücksichtigt werden.

Am einfachsten ist dies, wenn Sie als Messbereich 4000 µm/m gewählt haben – geben Sie dann einfach den k-Faktor als Messbereich ein. In allen anderen Fällen müssen Sie entsprechend umrechnen.

Beispiel 10-3

Messbereich 1 mV/V = 2000 µm/m, k-Faktor 2,04

Messbereich auf $\frac{1 \cdot 2,0}{2,04} = 0,98$ mV/V bei Anzeige 2000 µm/m einstellen

Auch bei älteren analogen Geräten ist eine Berücksichtigung des k-Faktors möglich, z.B. durch nachträgliche Korrektur des Anzeigewertes.

Beispiel 10-4

k-Faktor 2,04, Anzeige 342

Für die Dehnung ergibt sich:

$$\varepsilon = \frac{342 \cdot 2,0}{2,04} \frac{\mu m}{m} = 335 \frac{\mu m}{m}$$

10.3 Messungen mit DMS-Aufnehmern

10.3.1 Der Abgleich durch direkte Belastung des Aufnehmers

Nach dem Nullabgleich wird eine bekannte Last in den Aufnehmer eingeleitet und der Messverstärker auf die entsprechende Anzeige eingestellt (Abb. 10-4).

Beispiel 10-5

- Nullabgleich durchführen
- Last 5 kg einleiten
- Anzeige auf 5000 einstellen

Kapitel 10

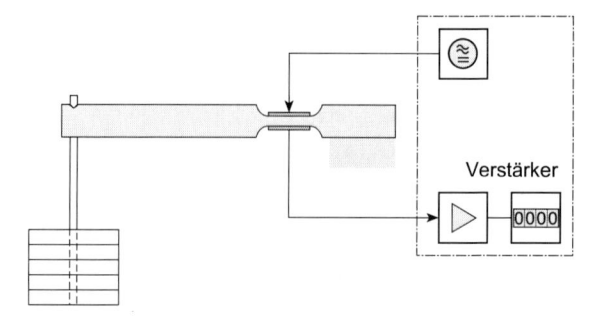

Abb. 10-4:
Abgleich durch direkte Belastung

Diese zunächst sehr einfach erscheinende Art des Abgleichs kann leider in der Praxis nur in Ausnahmefällen verwendet werden:

- Es muss eine entsprechende Last zur Verfügung stehen (man denke an eine 100 t Wägezelle oder an einen 1000 bar Druckaufnehmer).
- Die Genauigkeit der Kalibrierung hängt von der Genauigkeit der verwendeten Normale ab.

Speziell die Forderung „hohe Genauigkeit" ist in der Praxis nur mit entsprechend hohem Aufwand zu erfüllen. Daher werden Aufnehmer beim Hersteller mit hochpräzisen Prüfmaschinen kalibriert. Aus dem Prüfprotokoll des jeweiligen Aufnehmers sind dann die Abweichungen vom Idealwert ersichtlich. Wenn der Abgleich mit direkter Belastung jedoch durchführbar ist, so ergibt sich ein Vorteil: Es sind alle störenden Einflüsse und Fehler durch die Krafteinleitung oder die mechanische Ausrichtung der verwendeten Aufnehmer erfasst.

Um den Aufwand zu verdeutlichen, der für eine hochgenaue Krafteinleitung nötig ist, möchte ich Ihnen nachfolgend einige Kriterien nennen, die für die 1967 installierte 240 kN Belastungsmaschine im DKD-Prüflabor (Deutscher Kalibrierdienst) bei der Firma Hottinger Baldwin Messtechnik in Darmstadt zu erfüllen waren. Um die angestrebte hohe Messgenauigkeit durch Direktbelastung mit Massen zu erreichen, muss sichergestellt werden, dass

- die Kraft genau in Achsrichtung in den Aufnehmer eingeleitet wird,
- die Massen stoßfrei aufgesetzt werden,
- die örtliche Fallbeschleunigung bekannt ist (Zusammenhang zwischen Masse und Kraft): $g = (9{,}81045 \pm 3 \cdot 10^{-6}) \text{m/s}^2$,
- die Veränderung der Erdbeschleunigung über die Höhe (10 m) des Gewichtsstapels berücksichtigt wird: $20 \cdot 10^{-6} \text{m/s}^2$.

Da die Hottinger Baldwin Messtechnik GmbH seit 1977 als (erste) Kalibrierstelle des DKD anerkannt ist, wird diese Anlage auch zur Prüfung beim Erstellen amtli-

Abgleich von Messketten

cher Bestätigungen (Kalibrierschein) verwendet. Selbstverständlich müssen bei jedem Hersteller von Aufnehmern mehrere Anlagen mit verschiedenen Messbereichen vorhanden sein, die in festgelegten Zeiträumen mit den jeweiligen nationalen Kontrollnormalen verglichen werden.

Abb. 10-5 zeigt den Bedienteil der fertigen Konstruktion in der heutigen Form, die Abbildungen 10-6 und 10-7 geben einen Einblick in Aufbau und Dimension der Anlage.

Der letztlich erreichte Gesamtfehler dieser Anlage ist kleiner als 0,002%!

Abb. 10-5:
Der obere Teil der Belastungsmaschine heute

Kapitel 10

Abb. 10-6:
Die Gewichte beim Einbau

Abb. 10-7:
Die Gewichte im eingebauten Zustand

10.3.2 Der Abgleich mit Shunt-Kalibrierung

Leider ist (bedingt durch den Aufwand) der oben beschriebene Abgleich in der Praxis vor Ort meist nicht anwendbar. Nun könnte man versuchen, den Abgleich mit Shuntwiderständen durchzuführen. Dies ist jedoch normalerweise ebenfalls nicht möglich. Der Grund liegt in der internen Beschaltung des Aufnehmers (Abb. 10-8).

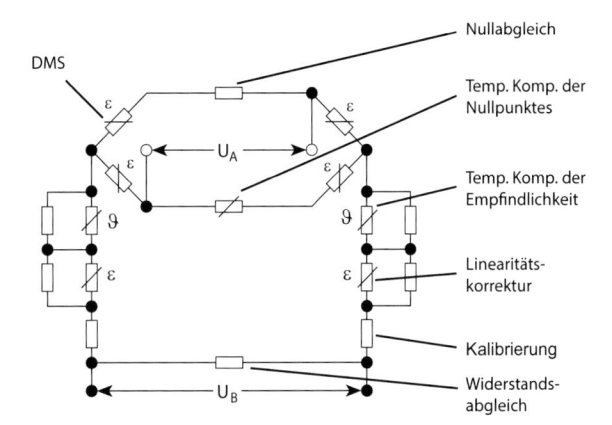

Abb. 10-8:
Interne Schaltung eines DMS-Aufnehmers

Zwischen den von außen zugänglichen Anschlusspunkten liegt nicht nur ein DMS, sondern es sind auch diverse Abgleich- und Linearisierungselemente verschaltet. Da deren Widerstand nicht genau bekannt ist, lässt sich auch die eintretende Verstimmung durch den Anwender nicht mehr berechnen, und ein Abgleich wird unmöglich. Nur wenn ein vom Hersteller vorgesehener Shunt bereits im Aufnehmer eingebaut ist (Abb. 10-9), kann die Shunt-Kalibrierung verwendet werden; in diesem Fall wird jedoch vom Hersteller der jeweilige Wert für das Ausgangssignal bei Verwendung des Shunts angegeben (meist ca. 50% bis 80% des Messbereiches).

Beispiel 10-6

Drehmomentmesswelle 500 Nm

Kalibriersignal 255 Nm

Abgleich mit dem im Aufnehmer eingebauten Shuntwiderstand:
- Nennmessbereich einstellen
- Nullabgleich durchführen
- Shunt anschalten
- Signal messen lassen und zugehörige Laststufe (255 Nm) am Messverstärker angeben
- Shunt deaktivieren

Kapitel 10

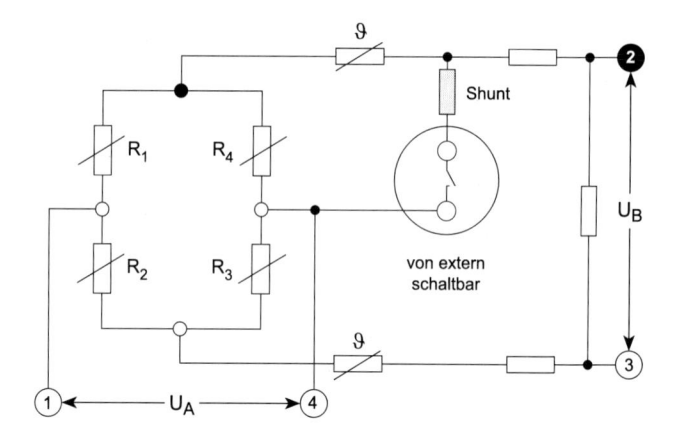

Abb. 10-9:
Aufnehmer mit eingebautem Shunt

10.3.3 Der Abgleich mit einem Kalibriergerät

Insbesondere bei älteren Geräten, die nicht über die 6-Leiterschaltung verfügen, ist ein Abgleich mit Kalibriergerät notwendig. Kalibriergeräte sind mit Messabweichungen von unter 0,0025% erhältlich.

Durchführung des Abgleichs mit Kalibriergerät

- Voreinstellungen vornehmen (Speisespannung/Brückenart/Einheit)
- Kalibriergerät anstelle des Aufnehmers anschließen.
- Nullabgleich durchführen.
- Verstimmung einstellen (z. B. 2mV/V) und am Messverstärker die Anzeige auf den Nennwert des Aufnehmers (z. B. 50kN) justieren.
- Erneuten Nullabgleich mit dem Aufnehmer nicht vergessen!

Vorausgesetzt ist sowohl hier als auch im vorhergehenden Abschnitt, dass der Aufnehmer fehlerfrei eingebaut wurde. Daher wird in der Praxis bei Wägeeinrichtungen oft eine Kontrolle des erstmalig erfolgten Abgleichs mit einer Belastung durch Eichgewichte oder bei Drucksystemen mit einem durch eine Druckwaage erzeugten Prüfdruck durchgeführt.

10.3.4 Der Abgleich durch Eingabe der Kennwerte bzw. Verwenden der Elektronikfunktionen

Wie schon bei den DMS vereinfacht sich auch für Aufnehmer der Abgleich erheblich, wenn nur die Eingabe der Aufnehmerkennwerte nötig ist. Dies ist bei (fast) allen modernen Geräten möglich, die über 6-Leiterschaltung und Autokalibrierung verfügen, da diesen Geräten nur noch die „Eingangsgrößen" mitgeteilt werden müssen, alle anderen Einstellungen, Umrechnungen etc. können intern im Gerät erfolgen. Dabei gibt es heute zwei Möglichkeiten:

1. Manuelle Eingabe der Daten anhand eines Prüf- oder Kalibrierprotokolls.
2. Elektronischer Abgleich über TEDS.

Durchführung des manuellen Abgleichs

- Voreinstellungen vornehmen (Speisespannung/Brückenart/Einheit)
- Aufnehmer-Kennwert (z.B. 2,01423 mV/V) eingeben.
- Messbereichsendwert (Aufnehmer-Nennlast) eingeben (z.B. 10 kN).
- Nullabgleich bei entlastetem Aufnehmer durchführen.

Soweit irgend möglich, sollten Sie den *tatsächlichen* Kennwert aus dem Prüfprotokoll des Aufnehmers verwenden, nicht den *Nennkennwert*. Andernfalls sind Abweichungen von 1% und mehr möglich, da die Aufnehmer heute meist nicht mehr auf einen „exakten" Kennwert von 2,000 mV/V abgeglichen werden.

Abgleich mit TEDS

TEDS (Transducer Electronic Data Sheet) ist quasi ein elektronisches Datenblatt mit allen relevanten Kennwerten eines Aufnehmers in einem Chip. Die Art und Weise der Anschaltung, die zu hinterlegenden Daten etc. sind in der TEDS-Norm IEEE 1451.4 festgelegt und daher prinzipiell auch von Messgeräten verschiedener Hersteller lesbar. Es können nicht nur alle Kennwerte wie minimale und maximale Speisespannung, Frequenzgrenze oder Strombedarf, sondern auch Linearisierungstabellen oder Polynomfunktionen im TEDS-Modul gespeichert werden. Je nach Messverstärker ist zum Auslesen noch ein Knopfdruck nötig oder der Sensor wird direkt beim Anschließen oder Einschalten des Gerätes ausgelesen. Da das TEDS-Modul sehr klein ist, kann es entweder im Aufnehmer selbst oder im Anschlussstecker untergebracht werden. Damit erfüllt sich eigentlich ein Traum vieler Messtechniker: Aufnehmer anschließen, Messverstärker einschalten, messen.

Kapitel 10

Leider gibt es aber auch ein paar Wermutstropfen:

- Nach der Norm sind verschiedenen Anschlussvarianten möglich. Der Anschluss kann mit zwei oder mit nur einer zusätzlichen Leitung erfolgen. Oder es können, z.B. bei aktiven Sensoren, die Plus- und die Minusleitung vertauscht werden (dies ist der Quasistandard bei piezoelektrischen Sensoren mit eingebautem Verstärker). Die vierte Variante verwendet die bei DMS-Aufnehmern üblichen Fühlerleitungen, um das TEDS-Modul auszulesen. Nicht jeder Messverstärker muss alle diese Varianten unterstützen (in der Regel werden nur ein oder zwei Varianten unterstützt).

- Nicht alle „Templates", das sind quasi Formulare, in die die entsprechenden Daten eingetragen werden können, müssen vom Messverstärker unterstützt werden. So sind z.B. die Templates zur Linearisierung über Tabelle oder Polynom optionale Templates.

- Die Einheit bar ist in der Norm nicht vorgesehen und daher auch nicht wählbar.

- Das System basiert auf binär verschlüsselten Informationen, nicht auf „Klartext". Daher können z.B. nur die Namen der Hersteller von Aufnehmern angezeigt werden, die auf der „offiziellen" Liste stehen. Falls neue Hersteller hinzukommen, müssten diese Listen in den vorhandenen Geräten ergänzt werden (Software-Update). Gleiches gilt für die Namen von Sensoren. Deshalb werden Herstellername und Sensorname meist nur bei den Verstärkern des jeweiligen Herstellers angezeigt. Dies betrifft allerdings nur Textinformationen, die Daten sind als Zahlen hinterlegt und damit immer lesbar.

- Die Norm erlaubt zusätzliche Templates z.B. für Messstellenname, Filtereinstellungen etc. Diese „herstellerspezifischen" Templates können natürlich nur von den Messgeräten des jeweiligen Herstellers interpretiert werden.

- Die Anschlussleitungen dürfen eine bestimmte Länge nicht überschreiten, damit das Modul ausgelesen werden kann. Die konkrete Länge (20 bis 100m) hängt allerdings vom verwendeten Anschlussverfahren ab und wird meist vom Hersteller des Messgerätes angegeben.

Prüfen Sie deshalb vor der Installation bzw. vor dem Kauf von TEDS-Aufnehmern, welche Messgeräte Sie einsetzen und welche Verfahren und Templates von diesen Geräten unterstützt werden.

Abgleich mit Software, „Soft-TEDS"

Falls die Messgeräte kein TEDS unterstützen, gibt es heute in vielen Programmen die Möglichkeit, eine Datenbank mit den verwendeten Aufnehmern anzulegen und dann aus der Datenbank die relevanten Daten zuzuweisen. Welche Verfahren hierfür verwendet werden, richtet sich jedoch nach der eingesetzten Software. So wird z.B. von National Instruments die Bezeichnung „Virtual TEDS" verwendet und es lassen sich die binären TEDS-Dateien von Sensoren in die Programme einlesen. Diese TEDS-Dateien werden – zumindest mit den Standarddaten – von vielen Herstellern für ihre Sensoren zur Verfügung gestellt und müssen dann nur noch mit einem geeigneten Editor (TEDS-Editor) mit den Daten aus dem Kalibrierprotokoll ergänzt werden. Der Nachteil gegenüber der „Hardware-Lösung" ist lediglich, dass eine Verwechslung von Sensoren stattfinden kann, alle anderen Vorzüge bleiben erhalten und teilweise werden sogar die oben angesprochenen Nachteile des TEDS-Verfahrens durch zusätzliche Einträge in der „Sensor-Datenbank" vermieden.

10.4 Messungen mit induktiven Aufnehmern

Bei induktiven Aufnehmern ist – im Unterschied zu DMS-Aufnehmern – der Abgleich mit „Last", also eine Verschiebung mit Endmaßen, die in der Praxis am besten funktionierende und daher auch am häufigsten benutzte Methode. Dies ist dadurch bedingt, dass bei diesem Aufnehmertyp zum einen eine relativ hohe Streuung des Kennwertes vorliegt (±1% bis ±10% vom Nennkennwert), und zum anderen dieser Wert auch stark von den Kabel- und Verstärkerverhältnissen (Widerstand und Kapazität) beeinflusst wird. Ein qualitativ hochwertiger Abgleich muss alle Störgrößen mit einbeziehen und daher eine Justierung mit einer entsprechenden Maßverkörperung vornehmen. Je nach Typ des Aufnehmers sind noch weitere Besonderheiten zu beachten, z.B. muss bei einigen induktiven Aufnehmern erst der mechanische Nullpunkt bestimmt werden etc. Lesen Sie daher unbedingt in der Betriebsanleitung des Aufnehmers nach, welches Verfahren der Hersteller empfiehlt.

10.5 Besonderheiten beim Abgleich

Mit einem Aufnehmer, der für den Anschluss in 4-Leiterschaltung kalibriert ist (hierbei wird das Anschlusskabel des Aufnehmers in die Kalibrierung vollständig einbezogen, also auch die Änderungen des Kabelwiderstands mit der Temperatur), und bei Verwendung der 4-Leitertechnik kann theoretisch nur dann fehlerfrei gemessen werden, wenn das Aufnehmerkabel ohne Verlängerung, also direkt, an den Verstärker angeschlossen wird. Sie können jedoch einen in 4-Leiterschaltung kalibrierten Aufnehmer problemlos an einen Verstärker mit 6-Leiterschaltung anschließen. Das Aufnehmerkabel sollte in diesem Fall möglichst dicht beim Aufnehmer (z.B. als Ring aufgewickelt) verbleiben. Es darf *keinesfalls* gekürzt werden, da sonst die Kalibrierung nicht mehr stimmt (siehe oben: Kabelwiderstand ist in der Aufnehmerkalibrierung enthalten). Der Anschluss sollte wie in Abb. 10-10 gezeigt erfolgen: Die Verbindungen Fühlerleitung–Speiseleitung werden im Stecker des Aufnehmers vorgenommen.

Kapitel 10

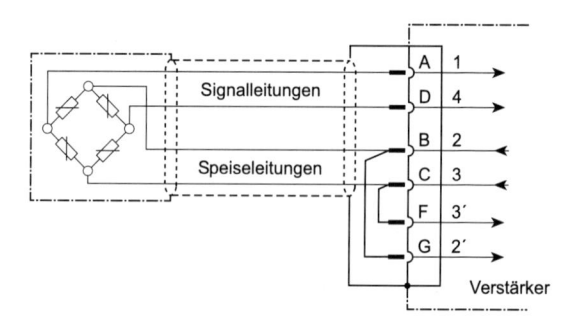

Abb. 10-10:
Anschluss von Aufnehmern in 4-Leitertechnik an Verstärker mit 6-Leiterschaltung

Die meisten Aufnehmer sind jedoch für den Betrieb mit 6-Leiterschaltung ausgelegt. Für die Durchführung der Kalibrierung ergibt sich durch die 6-Leitertechnik eine bedeutende Vereinfachung: Da der Kabeleinfluss ausgeregelt wird, muss das Kabel nicht mehr in die Kalibrierung einbezogen werden, d.h., der Abgleich vereinfacht sich auf die Eingabe der entsprechenden Kennwerte.

Ein Aufnehmer, der in 6-Leiterschaltung kalibriert ist, kann *nicht fehlerfrei* an einen alten Messverstärker mit 4-Leiterschaltung angeschlossen werden. Bei Verstärkern in 6-Leitertechnik *müssen die Rückführleitungen unbedingt angeschlossen sein*, da sonst aufgrund der nicht vorhandenen Regelung eine erhöhte Speisespannung am Aufnehmer anliegen kann und somit auch zu hohe Werte am Ausgang der Wheatstone-Brücke entstehen würden. In der Regel wird von digitalen Verstärkern eine Fehlermeldung angezeigt, dies ist jedoch nicht bei allen Geräten der Fall, insbesondere nicht bei analogen Geräten.

10.5.1 Der Abgleich von Trägerfrequenz-Messverstärkern

Bei TF-Verstärkern können sich einige Besonderheiten beim Abgleich ergeben. Dies liegt daran, dass das Kabel zwischen Aufnehmer und Messverstärker nicht nur einen ohmschen Widerstand hat, sondern auch Kabelkapazitäten. Dies führt u.U. zu zusätzlichen Fehlerquellen, die bei älteren Messgeräten durch einen geeigneten Abgleich beseitigt werden müssen.

10.5.1.1 Nullabgleich C

Der Anschluss einer Wheatstone-Brückenschaltung mit 4 Adern an den Messverstärker ergibt bei Berücksichtigung der Kapazitäten der Kabel untereinander das in Abb. 10-11 gezeigte Bild: Es existiert also eine kapazitive Brücke parallel zur ohmschen Brücke. Bei starker Unsymmetrie der Kapazitäten entsteht dadurch eine Verstimmung und demzufolge eine Aussteuerung des Messverstärkers. Dies kann

Abgleich von Messketten

in ungünstigen Fällen dazu führen, dass bei zusätzlicher Verstimmung des Aufnehmers der Messverstärker übersteuert wird.

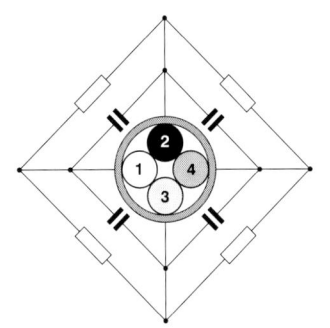

Abb. 10-11:
Kabelkapazitäten der Adern untereinander

In der Praxis spielt jedoch bei DMS-Voll- und -Halbbrücken sowie qualitativ guten Messkabeln dieser Effekt keine Rolle mehr. Lediglich bei Viertelbrücken, induktiven Aufnehmern oder sehr schlechtem Kabel sind Auswirkungen zu befürchten. Wenn jedoch eine Abgleichmöglichkeit am Verstärker vorgesehen ist, so muss zumindest kontrolliert werden, ob der C-Abgleich richtig durchgeführt ist, da durch einen falschen Abgleich genauso ein Fehler entstehen kann wie z.B. durch schlechte Kabel.

Vorgehensweise beim C-Abgleich

- Normalen Nullabgleich durchführen (teilweise mit *Nullabgleich R* für resistiv bezeichnet).
- Aussteuerungsanzeige des Messverstärkers (Modulation) mithilfe des C-Abgleiches auf *Minimum* stellen (vgl. Abb. 10-12).
- Evtl. normalen Nullabgleich (R) nachjustieren.

Abb. 10-12:
Frontplatte eines analogen Messverstärkers mit Aussteuerungsanzeige und Referenzphasen-Einstellmöglichkeit sowie C-Abgleich-Potenziometer

Kapitel 10

10.5.1.2 Referenzphasenabgleich

Ein weiterer Kabeleffekt entsteht dadurch, dass jede Ader auch eine Kapazität gegen den Kabelschirm hat.

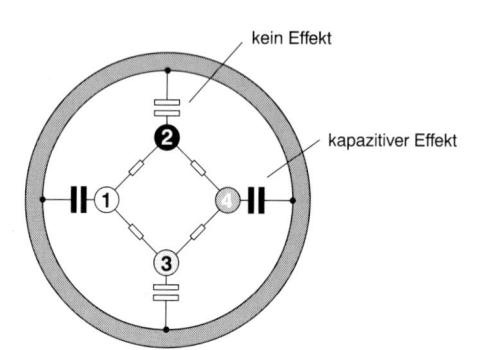

Abb. 10-13:
Kabelkapazitäten der Adern
gegen die Abschirmung

In Verbindung mit dem Kabelwiderstand entsteht dadurch ein Tiefpass, der sowohl die Bandbreite begrenzt (über 100 m ergibt Grenzfrequenzen unter 20 kHz) als auch eine Phasenverschiebung des Messverstärker-Eingangssignals gegenüber dem Generatorsignal zur Folge hat (rechts oben in Abb. 10-14 auf Seite 233). Die Verringerung der Grenzfrequenz führt dazu, dass schnelle Signaländerungen (Impulse) nicht mehr originalgetreu übertragen werden, was insbesondere bei Gleichspannungsverstärkern problematisch werden kann; bei TF-Verstärkern mit ihrer ohnehin wesentlich niedrigeren Bandbreite entsteht hierdurch meist noch kein Fehler. Allerdings führt die Phasenverschiebung im Demodulator zu einer Fehlanpassung, sodass die Ausgangsspannung (hinter dem Tiefpass) niedriger wird (rechts unten in Abb. 10-14). Dies kann beim Justieren zunächst durch Einstellen einer höheren Verstärkung ausgeglichen werden, in ungünstigen Fällen könnte der Verstärker jedoch durch die Erhöhung der Maximalamplitude übersteuert werden. Daher sollte bei Messverstärkern, die über eine Einstellmöglichkeit verfügen, zusätzlich immer auch die Referenzphaseneinstellung überprüft werden.

Abgleich von Messketten

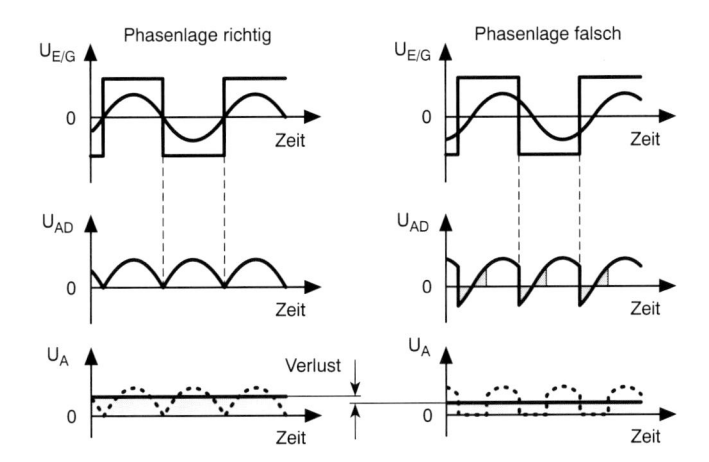

Abb. 10-14: Demodulation bei richtiger und grob falscher Phasenlage;
$U_{E/G}$ = **E**ingangssignal des Verstärkers bzw. **G**eneratorsignal,
U_{AD} = **A**usgang **D**emodulator und U_A = **A**usgang Messverstärker

Vorgehensweise beim Referenzphasenabgleich:

- Nach dem Null- und C-Abgleich Aufnehmer oder Kalibriergerät verstimmen (ca. 50% – 80% der Nennverstimmung).
- Mit dem Potenziometer „Ref.-Phase" (siehe Abb. 10-12 auf Seite 231) das *Ausgangssignal*, also meist die Digitalanzeige, und nicht wie in Abschnitt 10.5.1.1 in diesem Kapitel die *Aussteuerung*, auf *Maximum* einstellen.
- Weiteren Abgleich durchführen, also richtigen Anzeigewert einstellen etc.
- ☞ *Bei aktuellen Messverstärkern sind diese zusätzlichen Abgleichschritte nicht mehr notwendig.*

Heutige Messverstärker sind, wie weiter oben bereits ausgeführt, generell in 6-Leitertechnik ausgeführt. Wenn dies zusätzlich so gestaltet ist, dass der Abgleich der Referenzphase automatisch durchgeführt wird, indem zur Demodulation als Referenz *nicht die Generatorspannung*, sondern die *rückgeführte Speisespannung* verwendet wird, entfällt die gesamte Prozedur des C-Abgleichs und der Referenzphaseneinstellung.

Kapitel 10

10.6 Zusammenfassung

Je nach Gerät und Aufnehmer können verschiedene Methoden für den Abgleich einer Messstelle verwendet werden. Im Allgemeinen wird entweder

TEDS verwendet

oder

1. Brückenart, Speisespannung und Einheit gewählt,
2. der Kennwert sowie die Nennlast eingegeben,
3. der Nullpunkt unter Einbaubedingungen gemessen

oder bei Verstärkern in 4-Leitertechnik bzw. bei analogen Messverstärkern:

1. Brückenart und Speisespannung gewählt,
2. der Nullpunkt abgeglichen (R und evtl. C-Abgleich),
3. eine Verstimmung am Aufnehmer oder mit einem Kalibriergerät am Aufnehmerort erzeugt,
4. bei TF-Verstärkern die Phasenlage kontrolliert,
5. der dazugehörige Anzeigewert eingestellt, d.h. der Verstärker justiert.

Das bei einer Verstimmung aufzubringende Kalibriersignal sollte ca. 50% bis 100% des Nennsignals oder des später erwarteten Messsignals betragen.

Für das Einstellen der Speisespannung gilt:

- Speisespannung so hoch wie möglich wählen, um ein möglichst gutes Signal-Rausch-Verhältnis zu erhalten.
- Vorsicht bei DMS: Maximalwert aus dem Datenblatt beachten. Zu hohe Speisespannung führt zu erhöhter lokaler Eigenerwärmung, das DMS-Signal driftet zunächst nach dem Einschalten und stabilisiert sich dann; es ergibt sich jedoch ein *Messfehler* infolge eines veränderten E-Moduls. Daher in diesem Fall unbedingt eine kleinere Speisespannung wählen.

11 Durchführen von Messungen

M. Laible

11.1 Einleitung

Obwohl manchmal nach der Devise gehandelt wird, „mal schnell eine Messung machen", sollte die Vorbereitung, d.h. die Planung der Durchführung einer Messung, sorgfältig erfolgen, da sowohl die beteiligten Messketten als auch die investierte Arbeitszeit in der Regel viel Geld kosten. Daher sollen in diesem Kapitel zunächst einige Hinweise für die Durchführung von Messungen gegeben werden. Die Überlegungen betreffen zwar in erster Linie Messungen zu Forschungs- oder Prüfzwecken, viele der aufgeführten Punkte lassen sich aber auch auf die Einrichtung einer Messkette in der Prozessautomatisierung übertragen.

11.2 Aufgabenstellung

Zunächst muss die Aufgabenstellung für ein Messprojekt mit dem Auftraggeber genau abgesprochen werden. Dabei ist es wichtig, das genaue Ziel der Messung zu erfahren, da dies die Messbedingungen, d.h. die Art und Anzahl der erforderlichen Messstellen, den Umfang der Messung sowie den Versuchsablauf und seine Auswertung bestimmt. Manchmal kann das Ziel einer Untersuchung nur mit einer anderen Herangehensweise als ursprünglich vorgesehen erreicht werden. Außerdem muss mit dem Auftraggeber über den zeitlichen Ablauf des Projekts, die Rahmenbedingungen und natürlich die Kosten gesprochen werden.

Zu den Messbedingungen gehören beispielsweise:

- Welche Signalfrequenzen sollen erfasst werden (zwingend notwendig für die Auslegung der Messkette, notfalls ist dies durch eine Voruntersuchung ermitteln)?
- Welche Genauigkeit ist für die Messung notwendig bzw. welche Messunsicherheiten können noch toleriert werden (dies beeinflusst die Auswahl der Messgeräte, Aufnehmer, Schaltungen und Messverfahren ganz entscheidend)?
- Welche/wie viele Messwerte sind mindestens erforderlich, um das Ziel zu erreichen?

- Sind Reservemessstellen erforderlich, falls Originalmessstellen ausfallen (z.B. bei nicht wiederholbaren Messungen, die das Prüfobjekt zerstören)?
- Welche Kontrollmöglichkeiten sind einzuplanen?
- Welche Auswertung und Darstellung der Ergebnisse wird verlangt?

Zum zeitlichen Ablauf des Projekts gehören beispielsweise:

- Zeiten für die Beschaffung von notwendigen Geräten und Material.
- Zeiten für die Ausbildung von Personal.
- Zeiten für den Versuchsaufbau bzw. Montage der Aufnehmer und Geräte.
- Zeitpunkt und Dauer der Messung.
- Ist ein Vorlauf zur Bestimmung von Referenzwerten nötig?
- Zeiten für die Demontage.
- Wann sollen die Ergebnisse vorliegen?

Die Rahmenbedingungen beinhalten beispielsweise:

- Klimatische Umgebungsbedingungen.
- Allgemeine Umgebungsbedingungen wie Erreichbarkeit (Straße oder Feldweg) oder Netz- und Kommunikationsanschlüsse (Telefon, Handy etc.).
- Die Zugänglichkeit des Messobjektes.
- Platz für Aufnehmer, Kabel, Messgeräte und ihre Montage.
- Platz für das Bedienpersonal während der Messung.
- Darf das Objekt verändert werden (z.B. Bohrungen für Kabel)?

☞ Alle Absprachen sollten schriftlich festgehalten werden, um Missverständnisse zu vermeiden.

11.3 Planung

11.3.1 Allgemeines

Nachdem die Aufgabenstellung mit dem Auftraggeber abgesprochen ist, erfolgt die Planung der Messung. Dabei sollte man sich den eigentlichen Zweck der Messung immer wieder vergegenwärtigen. Ein Messfehler, der z.B. durch ein falsches Messverfahren entsteht, ist weder rechnerisch noch sonst auf irgendeine Weise

Durchführen von Messungen

erfassbar oder gar korrigierbar. Nur eine Wiederholung der Messung mit einem anderen Verfahren kann solche Schwachstellen aufzeigen. Es ist daher äußerst wichtig, durch sorgfältige Planung der Messung mögliche Schwachstellen zu entdecken und durch geeignete Maßnahmen oder Vorversuche sicherzustellen, dass keine Fehler entstehen.

Problematisch sind insbesondere:
- ungeeignete Mess- oder Auswerteverfahren,
- falsche Bedienung von Messgrößenaufnehmern oder Messgeräten,
- Protokollierfehler,
- Vernachlässigung von Fehlerquellen.

Am Anfang stehen die Auswahl eines geeigneten Messverfahrens und die Betrachtung aller Einflussgrößen (Störgrößen) für die Messung: Temperatur, Werkstoff, Feuchtigkeit, Luftdruck, Gebäudeschwingungen, schlechte Qualität der Netzspannung bzw. Stromversorgung, nieder- und hochfrequente elektromagnetische Einstreuungen etc. Während der Messung sollten Sie immer die Plausibilität des Ergebnisses überprüfen und nicht zuletzt empfehle ich – soweit möglich – eine überschlägige Kontrollrechnung für das Ergebnis. So können Sie feststellen, ob die theoretischen Erwartungen und das Ergebnis in derselben Größenordnung liegen. Ist das nicht der Fall, sollten Sie unbedingt nach den Gründen dafür (falsche Theorie oder schlechte Messung?) suchen und im Zweifelsfall die Messung sorgfältig wiederholen.

Nach der Festlegung des Messverfahrens empfiehlt es sich, alle Parameter, wie z.B. verwendete Geräte und Aufnehmer, Kabelart und Länge etc., in einem Protokoll festzuhalten. Anhand der Spezifikationen der Geräte und Aufnehmer und der durch sie gegebenen Abweichungen können Sie dann eine Abschätzung der erreichbaren minimalen (unbekannten) systematischen Messabweichungen durchführen (siehe Kapitel 12, *Berechnung der Messunsicherheit*) und eine erste Bewertung, ob Aufwand und Nutzen im richtigen Verhältnis stehen. Eventuell ist es auch möglich, den Messaufwand zu reduzieren. Andererseits können Sie am Ergebnis erkennen, ob – und wenn ja, an welcher Stelle in der Messkette – Verfahren mit kleineren Messabweichungen verwendet werden müssen, um die geforderte Messunsicherheit des Ergebnisses, d.h. die Genauigkeit der Messung, einhalten zu können.

Kapitel 11

11.3.2 Temperatur als Störgröße

11.3.2.1 Auswirkungen von Temperaturänderungen

Da für einen großen Teil der Messungen die Temperatur als potenzielle Störgröße auftritt, für einen anderen Teil, insbesondere bei Messungen im Labor, diese jedoch keine Rolle spielt, soll an dieser Stelle auf die Probleme und Lösungsmöglichkeiten sowie auf die Durchführung von Temperaturmessungen im Allgemeinen in einem eigenen Abschnitt eingegangen werden, obwohl das Thema Temperaturmessung primär nicht unter das Messen mechanischer Größen fällt.

Alle Eigenschaften der Stoffe, alle physikalischen und chemischen Vorgänge sind mehr oder weniger stark temperaturabhängig. Beim elektrischen Messen mechanischer Größen können Temperaturänderungen die Messergebnisse verfälschen, wenn nicht durch besondere Maßnahmen der Einfluss der Temperatur kompensiert wird. Temperaturänderungen bewirken im Wesentlichen:

- Nullpunktdrift der Aufnehmer,
- Änderung der Empfindlichkeit der Aufnehmer,
- Änderung des Widerstands und der Kapazität von Messleitungen, die bei manchen Messverfahren das Messergebnis beeinflussen,
- Nullpunktdrift im Messverstärker, A/D-Wandler und der Signalverarbeitung,
- Änderung des Verstärkungsfaktors in Messverstärker oder der Signalverarbeitung.

Bei einigen Aufnehmern kommt noch eine Veränderung der Kennlinie hinzu, d.h. der Linearität. Der Temperatureinfluss kann nur verhindert werden, indem Kalibrierung und Messung bei der gleichen, über die Zeit unveränderlichen Temperatur ausgeführt werden (thermokonstanter Raum).

☞ Der Einfluss von Temperaturänderungen kann nicht verhindert, sondern nur durch geeignete Maßnahmen kompensiert werden.

11.3.2.2 Kompensation des Temperatureinflusses

Wenn es die Messaufgabe zulässt, sollte man Aufnehmer wählen, die infolge des zugrunde liegenden physikalischen Prinzips nur eine geringe Temperaturabhängigkeit besitzen. Hier erübrigen sich unter Umständen weitere Kompensationsmaßnahmen, wenn die Größe des Temperatureinflusses im Vergleich zum Wert der zu messenden Größe vernachlässigt werden kann.

Durchführen von Messungen

Durch konstruktive Maßnahmen beim Bau der Aufnehmer und Messverstärker lässt sich der Temperatureinfluss verringern. Manchmal lässt es sich auch erreichen, dass der Temperatureinfluss eines Bauteils den eines anderen ganz oder wenigstens teilweise aufhebt. Ein Beispiel hierfür sind Dehnungsmessstreifen mit angepasstem Temperaturkoeffizienten (sogenannte selbstkompensierende DMS, Abschnitt 2.3.4 ab Seite 52). Die Güte der Temperaturkompensation entscheidet oft über die Qualität des Sensors.

Schaltungstechnische Maßnahmen ermöglichen ebenfalls in vielen Fällen eine Kompensation der Temperatureinflüsse. Beispiele sind Halb- oder Vollbrückenschaltung zur Temperaturkompensation, wie sie für DMS in Abschnitt 2.3.3 ab Seite 51 beschrieben sind, ebenso die in Abschnitt 1.6.2.2 ab Seite 22 genannten Schaltungen zur Eliminierung der Änderung der Kabelwiderstände bei Messungen mit DMS.

Die bei DMS erläuterten Differenzschaltungen können auch bei anderen Sensoren zur Temperaturkompensation verwendet werden: Es müssen zwei Sensoren mit möglichst gleichem Temperaturgang an der Messstelle so angebracht werden, dass *beide* möglichst die gleiche *Temperatur* haben, jedoch nur *ein* Sensor die zu *messende Größe* aufnimmt (aktiver Sensor). Der andere, passive Sensor wird von der Messgröße nicht beeinflusst, sondern nur von der Temperatur. Die Messsignale beider Sensoren werden über einen Verstärker gegeneinander geschaltet (Abb. 11-1). Die hierdurch entstehende Differenz der Signalspannung bleibt von Temperaturveränderungen weitgehend unbeeinflusst. Da in der Praxis die Temperaturgangkurven der beiden Sensoren jedoch nicht ideal gleich sind, bleibt ein sogenannter Resttemperaturfehler. Fehler können bei dieser Methode auch entstehen, wenn durch große Temperaturgradienten an der Messstelle beide Sensoren unterschiedliche Temperaturen haben.

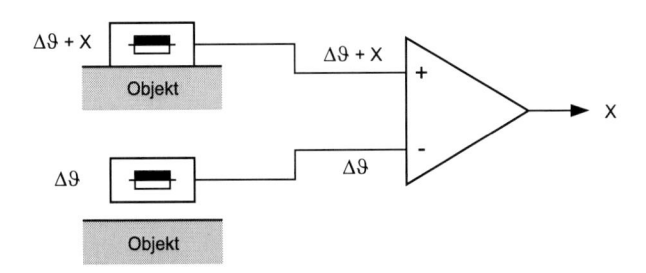

Abb. 11-1:
Kompensation des Temperatureffektes mit zwei Sensoren

Eine rechnerische Berücksichtigung des Temperaturgangs ist grundsätzlich immer möglich, jedoch ist der Aufwand meist größer als bei den vorher genannten Methoden. Die Größe des Temperatureinflusses auf den Sensor kann näherungsweise dem Datenblatt entnommen werden. Der Temperaturgang ist eine systematische Abweichung und kann als Korrektur bei der Auswertung berücksichtigt werden. Dies setzt voraus, dass die Temperatur an der Messstelle während der Messung bekannt ist und den vom Sensor gelieferten Messwerten zugeordnet werden kann. Hierzu ist eine simultane Registrierung von Messwert und Temperatur notwendig; dies erhöht den Aufwand für die Messung, weil zu jeder Messstelle für die gesuchte mechanische Größe eine zusätzliche Temperaturmessstelle notwendig ist. Falls eine Temperaturgangkurve des Sensors bekannt ist, kann dann die zur jeweiligen Temperatur gehörende Korrektur des Messwerts vorgenommen werden.

Da die Temperaturgangkurve für den Aufnehmer in der Regel nicht vom Hersteller mitgeliefert wird, muss sie in einem Vorversuch ermittelt werden. Falls der Hersteller nur die mittleren Werte für einen Aufnehmertyp angibt (wie z.B. bei DMS) und nicht individuell für jeden Sensor gemessene Werte, gehen die Exemplarstreuungen der einzelnen Aufnehmer, für die vom Hersteller Toleranzen angegeben werden sollten, als systematische Messunsicherheit in die Unsicherheit der Messung als solcher mit ein.

Die Feststellung des Temperaturgangs von vielen Messstellen, die Durchführung der eigentlichen Messungen sowohl für die jeweiligen Geber als auch für die dazugehörigen Temperaturmessstellen und die Ermittlung der sich hieraus ergebenden Korrekturen sind sehr aufwendig; eine derartige Kompensation des Temperatureinflusses lässt sich deshalb nur bei Verwendung von rechnergesteuerten Messsystemen ausführen. Dabei ist es dann möglich, die meist nichtlinearen Temperaturgangkurven für jede Messstelle individuell zu speichern. Nach der Messung der einzelnen Temperaturgangkurven werden sie in der Regel durch Ausgleichspolynome ersetzt, von denen für die jeweilige Messstelle nur die Koeffizienten gespeichert werden. Nach jeder Messung werden vom PC oder der im Messgerät vorhandenen CPU mithilfe der Koeffizienten aus den Polynomen die Korrekturen berechnet und von den Messwerten abgezogen.

In ähnlicher Weise kann auch eine eventuell vorhandene Temperaturabhängigkeit der Sensorempfindlichkeit berücksichtigt werden.

11.3.2.3 Temperaturmessung

Das zuletzt genannte Verfahren der Kompensation des Temperatureinflusses setzt die genaue Kenntnis der Temperaturen an der Messstelle bzw. des Aufnehmers voraus. Von den sehr zahlreichen Effekten zur technischen Temperaturmessung seien hier nur die genannt, die in Verbindung mit dem elektrischen Messen mechanischer Größen sinnvoll sind:

- Thermoelemente
- Widerstandsthermometer
- Halbleiter-Temperatursensoren

Alle genannten Aufnehmer gehören zur *Berührungsthermometrie*, die auf der Tatsache beruht, dass die Temperatur von zwei Körpern sich so lange ausgleicht, bis beide dieselbe Temperatur angenommen haben. Der Ausgleich erfolgt über Wärmeleitung bei direkter Berührung, durch Konvektionsströmung der umgebenden Luft und Wärmestrahlung. Ob die Temperatur des Thermometers nach dem Ausgleich die zu messende ursprüngliche Temperatur des Körpers zeigt, hängt von verschiedenen Bedingungen ab:

- Die Masse des Thermometers muss klein sein gegenüber der Masse des Körpers.
- Das Thermometer muss in einem möglichst guten Wärmekontakt mit dem Körper sein.
- Das Thermometer darf möglichst wenig Wärme an die Umgebung abführen (Wärmeisolierung auch zur Verhütung von Wärmeabstrahlung).

Die o. g. Messverfahren gestatten meist eine ausreichend genaue Messung der Temperatur des Temperaturfühlers. Durch falsches Anbringen der Sensoren oder die Wahl eines für den speziellen Fall ungeeigneten Temperaturfühlers können jedoch beträchtliche Messfehler entstehen im Hinblick auf die tatsächliche Temperatur der Messstelle.

Bei der Messung mit Thermoelementen ist zu beachten, dass hierbei aus Prinzip immer eine Differenzmessung stattfindet zwischen der Temperatur am Thermoelementkopf (der Verbindung zweier Metalle) und dem Übergabepunkt (Vergleichsstelle) von Thermo- oder Ausgleichsleitung auf die Anschlussleitung (Kupfer) bzw. den Stecker. Daher muss an der Vergleichsstelle entweder die Temperatur ebenfalls erfasst werden, oder es muss diese mit einem Thermostaten auf einer bestimmten Temperatur, z.B. 60°C, gehalten werden. Letzteres Verfahren wird heute seltener verwendet, meist sind in die Übergabestelle kleine Halbleitertemperaturfühler integriert, die in einem kleinen Bereich (z.B. 10°C bis 40°C) ausreichend genau die Temperatur erfassen. Zu beachten ist jedoch, dass die Kompensation nur in einem bestimmten Bereich erfolgen kann und dass an der Übergabestelle eine gleichmäßige Temperatur herrschen muss. Sie darf keinen Temperaturgradienten aufweisen, z.B. weil sie von einem Lüfter angeblasen wird.

Die Messung mit Halbleiter-Temperatursensoren ist in der Regel nur in einem begrenzten Temperaturbereich möglich. Teilweise sind Schaltungen zur Umrechnung in die Temperatur bereits in den Sensor integriert, es wird dann direkt eine temperaturproportionale Spannung abgegeben. Ein Beispiel für die Temperaturmessung mit LWL ist in Abschnitt 7.3.1 in Kapitel 7 ab Seite 159 zu finden. Da diese Aufnehmer allerdings nicht industriell genormt sind, werden meist die „Standardverfahren" Thermoelement oder Pt100 verwendet.

Neben den *Berührungsthermometern* gibt es noch die *Strahlungsthermometer*, z.B. die berührungslos arbeitende Infrarot-Temperaturmessung. Diese werden jedoch selten bei den hier besprochenen Messungen eingesetzt und deshalb hier nicht weiter betrachtet.

Zeitverhalten eines Thermometers

Ändert sich die Temperatur der Messstelle sprungartig von ϑ_1 auf ϑ_2, so zeigt das Thermometer die neue Temperatur erst nach einer gewissen Zeit an. Bei guter Wärmeleitfähigkeit erfolgt der Temperaturausgleich am Thermometer gemäß einer e-Funktion (Abb. 11-2). Sie wird charakterisiert durch die Zeiten, bei denen der Messwert 50% ($t_{0,5}$) und 90% ($t_{0,9}$) des Endwertes erreicht. Einige Hersteller geben auch die Zeiten für 63,2% (entspricht der Zeitkonstanten τ) und 90% an. Je nach Ausführung können die „Einschwingzeiten" auf den Endwert bei einigen Millisekunden (schnelle Thermoelemente: 100 ms) bis zu mehreren Sekunden liegen, bei ummantelten Temperaturfühlern auch wesentlich länger.

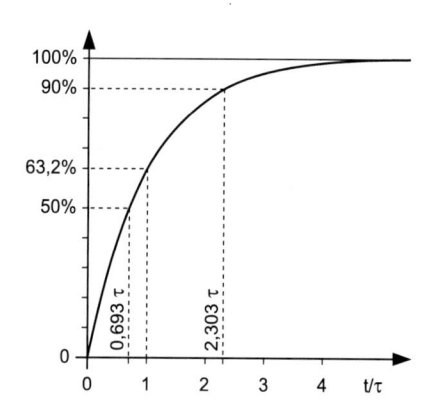

Abb. 11-2:
Einschwingfunktion

Für die Anzeige M_A gilt bei gegebenem Endwert M_E:

$$\frac{M_A}{M_E} = 1 - e^{-\frac{t}{\tau}} \tag{11-1}$$

Daraus folgt, dass erst nach einer Zeit, die dem Fünffachen der Zeitkonstante entspricht, der Messfehler kleiner als 1% wird.

Bei Thermoelementen ist zu beachten, dass diese eine galvanische Verbindung zum Messobjekt haben können. Bei der Verwendung mehrerer Fühler ergeben sich dann Brummschleifen, die nur durch galvanisch getrennte Verstärker (Isolierverstärker) unterbrochen werden können.

Durchführen von Messungen

Bei Widerstandsthermometern ist zu beachten, dass die Speiseströme eine Eigenerwärmung erzeugen, die je nach Medium (Luft/Flüssigkeit) unterschiedlich stark ist. Auch darf nicht jeder Sensor mit Gleich- oder mit Wechselspannung gespeist werden, meist darf eine Frequenz von 500 Hz nicht überschritten werden, da sonst induktive Effekte die Messung verfälschen.

Ganz allgemein gilt: Temperaturfühler mit Thermoelementen sind kleiner und deshalb schneller, aber nicht so genau wie Pt100 Widerstandstemperaturfühler. Je nach gewählter Toleranzklasse [52] sind die Abweichungen zwischen angezeigtem Wert und tatsächlicher Temperatur unterschiedlich groß, Widerstandsthermometer mit Pt10, Pt100, Pt500 oder Pt1000 sind jedoch mit sehr engen Toleranzen erhältlich. Dank moderner Fertigungstechnik sind auch sehr kleine Ausführungen, z. B. mit 0,5 mm Durchmesser, oder aufklebbare Sensoren erhältlich.

11.3.3 Dokumentation

In eine Skizze oder Zeichnung des Messobjektes sollten die einzelnen Messstellen, die Kabelführung und der Platz für die Messgeräte eingetragen werden. Es empfiehlt sich auch, die Messstellen mit einer Codierung zu nummerieren, aus der Art und Position erkennbar sind. Falls erforderlich, müssen auch Detailzeichnungen angefertigt werden: Für jede Messstelle muss der passende Aufnehmer, die zu verwendende Schaltung etc. festgelegt werden.

Nach der Fertigstellung des Messstellenplans ist leicht ersichtlich, was an Material, Werkzeugen, Geräten, etc. benötigt wird.

11.3.4 Letzte Fragen

Bei Messungen unter rauen Umgebungsbedingungen, beispielsweise auf Baustellen, sind eventuell besondere Schutzmaßnahmen gegen Blitzeinwirkung oder gegen eine mechanische Beschädigung erforderlich, z. B. Verlegen der Messkabel in Metallrohren. Manchmal ist es auch zweckmäßig, „Dummy-Messstellen" einzuplanen, die immer denselben Messwert erzeugen. Daran können dann Fehlbedienungen oder Fehlfunktionen der Messgeräte erkannt werden. Vergessen Sie auch nicht, die Frage des Stromnetzes (und seiner Störungen) sowie der Masseverbindungen zu klären, desgleichen die Unterbringung bzw. den Standort der Bediener während der Messung.

Falls ein bestimmter Zeitrahmen für die Messung vorgegeben ist, muss nach der Ermittlung des Zeitbedarfs geprüft werden, ob der Termin eingehalten werden kann. Hierfür gibt es geeignete Software, die ein Planen und Überwachen der kritischen Phasen erlaubt.

Kapitel 11

11.4 Vorbereitung der Messung

Nach dem Aufbau der Messkette ist diese abzugleichen, es müssen u.U. Formulare oder Programme erstellt werden, die die Erfassung aller relevanten Daten wie Datum, Uhrzeit, Witterung, Temperatur, Luftfeuchtigkeit etc. ermöglichen. Diese Formulare und Programme sollten unbedingt in einem „Probelauf" getestet werden. Zum Abschluss der Vorbereitungen werden die einzelnen Messketten in geeigneter Weise protokolliert, z.B. mit Fotos.

11.5 Praktische Durchführung

Während der Messung muss ein vollständiges Messprotokoll entstehen, damit der Vorgang nachvollziehbar wird. Wenn bei der abschließenden Kontrolle festgestellt wird, dass die Messwerte nicht stimmen, kann mit dem Protokoll möglicherweise rekonstruiert werden, woher der Fehler kommt oder wie er entstanden ist, und die Messung kann durch eine Korrektur berichtigt werden. Ohne Protokoll muss die gesamte Messung wiederholt werden.

Während der Messung sollte nach Möglichkeit kein Personalwechsel erfolgen. Ist ein Wechsel unumgänglich, so muss sichergestellt werden, dass das neue Personal sorgfältig und vollständig eingewiesen wird. Jeder Wechsel ist im Protokoll zu vermerken.

☞ Der Leiter einer größeren Messung sollte nur den Ablauf überwachen, damit er bei unerwarteten Ereignissen oder Problemen rechtzeitig eingreifen kann. Deshalb sollte er nicht durch eine feste Aufgabe gebunden sein.

Nach dem Ende der Messung sollte die Messeinrichtung nicht sofort abgebaut werden, sondern unverändert stehen bleiben, bis die Ergebnisse kontrolliert sind. Ergibt die Kontrolle unerwartete Resultate oder Fehler, kann so nachgeprüft werden, ob Fehler an der Messeinrichtung oder in ihrer Bedienung vorliegen, notfalls kann eine Wiederholungsmessung erfolgen. Ein typisches Beispiel ist die Messung mit einer Vollbrücke, wobei am Messverstärker „Halbbrücke" eingestellt wurde. In diesem Fall wird nur ca. die Hälfte der zu messenden Größe angezeigt. Ist der Fehler nachweisbar, kann er auch rechnerisch korrigiert werden. Erst wenn feststeht, dass keine Nachprüfungen oder Messungen mehr erforderlich sind, sollte der Abbau beginnen.

12 Berechnung der Messunsicherheit

M. Laible

12.1 Einleitung

Um Aussagen über die Zuverlässigkeit der Messergebnisse machen zu können, müssen die Messabweichungen bestimmt werden. Dies wird oft vernachlässigt, da die Materie angeblich schwierig und das Verfahren aufwendig ist. Dies ist jedoch nicht ganz richtig, wie das folgende Kapitel zeigen wird. Richtig ist allerdings, dass z.b. für Kalibrierlaboratorien oder bei offiziellen Gutachten nach einer Übereinkunft des DARs (Deutscher Akkreditierungsrat) die internationale ISO-Richtlinie, der *Guide to the Expression of Uncertainty in Measurement* (GUM) [65], anzuwenden ist und nicht die DIN-Norm.

Für die „normale" Messung kann meist ein vereinfachtes Verfahren angewandt werden, ohne die mathematische Funktion für die an der Messung beteiligten Größen und Störgrößen zu formulieren. In der Regel ergibt sich bei einer nicht zerstörenden Messung auch ein einfacher Zusammenhang zwischen den beteiligten Störgrößen, der leicht berechnet werden kann. Die folgenden Berechnungen betreffen daher den Fall, dass nur eine *einzelne* Messgröße durch direkte Messung bestimmt wird. Dies trifft im Alltag der Messtechnik für viele Messungen zu. Um das konkrete Vorgehen in diesem Fall darzustellen, wird die Berechnung der Messunsicherheit im Anschluss an die theoretische Erläuterung an einem praktischen Beispiel vorgeführt. In allen anderen Fällen sind die Verfahren aus DIN 1319-3 [58] und DIN 1319-4 [59] bzw. GUM [65] anzuwenden, die eine Berücksichtigung der Fortpflanzung von Messunsicherheiten durch Aufstellen einer Modellfunktion für die zu untersuchende Größe erlauben.

Alle Messungen werden mit einer *Messeinrichtung* durchgeführt (Abb. 12-1), das Ergebnis ist der Messwert. Zwischen den einzelnen Komponenten sind die Messsignale vorhanden. Die in der Messeinrichtung verwendeten Geräte bilden die sogenannte *Messkette*, die auch vielfach digital ausgeführt sein kann. Bei jeder Messung gibt es verschiedene Einflüsse, die eine Abweichung des Ergebnisses vom „wahren Wert" bewirken. Eine Angabe, in welchen Grenzen der wahre Messwert erwartet wird, wie hoch also die Messabweichungen sind, ist deshalb unverzichtbar, da nur dann das Ergebnis richtig und vollständig bestimmt ist.

Kapitel 12

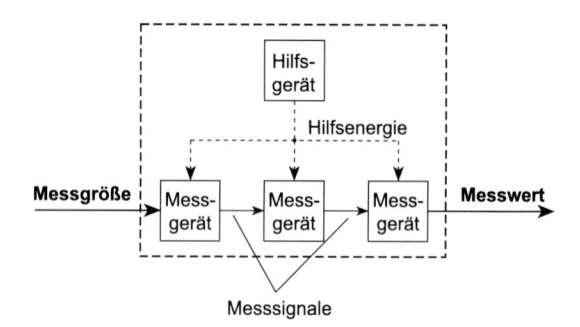

Abb. 12-1:
Schema einer Messeinrichtung

[Diagramm: Messgröße → Messgerät → Messgerät → Messgerät → Messwert; Hilfsgerät liefert Hilfsenergie; Messsignale]

Eine wichtige erste Unterscheidung für die Betrachtung ist nach der Art der Messung zu treffen: Wurde *ein* Objekt vom gleichen Messtechniker mit den gleichen Messgeräten mehrfach gemessen, handelt es sich um wiederholte Messungen, also *Wiederholbedingungen* (Normalfall). Wird jedoch (von verschiedenen Personen mit verschiedenen Messgeräten und verschiedenartigen Messverfahren) an *mehreren gleichartigen* Objekten gemessen, so liegen *Vergleichbedingungen* vor (meist wird jedoch auch hier an den einzelnen Objekten mehrfach gemessen). Dementsprechend werden auch die einzelnen Messabweichungen bezeichnet, z. B. Vergleichsstandardabweichung oder Wiederholstandardabweichung.

Die auftretenden Quellen für die Messunsicherheit lassen sich in zwei Kategorien einteilen:

1. Zufällige Messabweichungen.
2. Systematische Messabweichungen.

Bereits nach der vorletzten Überarbeitung der DIN-Normen 1319 (siehe [60] bis [62]), die in den Jahren 1980 bis 1985 erfolgte, wurde der Begriff *Fehler* nur noch für bestimmte Größen verwendet; in den meisten Fällen wurde er durch „Abweichung" ersetzt, um eine Vereinheitlichung und exaktere Bezeichnung zu erreichen. In der aktuellen Fassung (siehe [56] bis [59]) wird statt „Abweichung" der Begriff „Messabweichung" verwendet. Die Bezeichnung „Grober Fehler" entfällt bereits seit 1985 ganz. Dies ist sinnvoll, da ein Messfehler, der z. B. durch ein ungeeignetes Messverfahren entsteht, weder rechnerisch noch sonst auf irgendeine Weise erfassbar oder gar korrigierbar ist. Nur eine Wiederholung der Messung mit einem anderen Verfahren kann solche Schwachstellen aufzeigen, d. h., diese Fehler gehen vollständig in die systematischen Abweichungen ein. Es ist daher äußerst wichtig, durch sorgfältige Planung der Messung (siehe Kapitel 11 ab Seite 235) mögliche Schwachstellen zu entdecken und sicherzustellen, dass keine Fehler entstehen.

Zur Kennzeichnung der *Messunsicherheiten* wird der Buchstabe *u* verwendet, zur Unterscheidung verschiedener Anteile wird $u(x_1)$, $u(x_2)$, etc. benutzt. Der Buchstabe x wird deshalb benutzt, weil alle Größen, die an der Auswertung beteiligt sind, also alle Einflussgrößen oder Größen, die der Korrektion dienen, zur Berechnung der Messunsicherheit der Messgröße gleichgestellt werden. Als Bezeichnung für die *Messabweichungen* verwendet die aktuelle Fassung den Buchstaben e (von Englisch *error*).

In der ISO-Empfehlung (GUM) werden zum Teil etwas andere Bezeichnungen verwendet, allerdings sind die inhaltlichen Differenzen m.E. nicht sehr groß: Die DIN-Norm bezieht alle Angaben auf einen „wahren Wert", der jedoch de facto nie bestimmt werden kann. Dies wird in den ISO-Richtlinien umgangen, der Begriff „wahrer Wert" taucht nicht auf: Es gibt Messwerte und Abweichungen, sonst nichts. Ob der „wahre Wert" einer Messung innerhalb des angegebenen Intervalls liegt, lässt sich letztlich nur über Vergleichsmessungen entscheiden: Falls diese alle auf den gleichen Wertebereich kommen, so ist die *Wahrscheinlichkeit* groß, dass der „wahre Wert" gefunden wurde. Sicher ist auch das nicht.

12.2 Messabweichung und Messunsicherheit

12.2.1 Zufällige Messabweichung e_r

Alle Messungen sind von zufälligen Störgrößen überlagert, die eine Streuung der Messwerte bewirken. Dazu gehören Effekte wie Lagerreibung, Temperatur, Luftdruck, elektrische und magnetische Störfelder, Inhomogenität des Messobjektes, Strahlung oder Rauschen, um nur einige zu nennen. Allgemein spricht man von „nicht beherrschbaren Änderungen der Werte der Messgröße oder der Einflussgrößen oder nicht beherrschbaren Einflüssen der Messgeräte". Auch „nicht einseitig gerichtete Einflüsse des Beobachters" z.B. bei der Ablesung werden zu den zufälligen Messabweichungen gezählt.

Die verschiedenen Einflüsse sind allerdings nicht zu trennen, und der Gesamteinfluss kann nur durch statistische Verfahren abgeschätzt werden. Im allgemeinen Fall liegen die Messwerte mit einer gewissen Wahrscheinlichkeit um den *Mittelwert* herum verteilt – die Messwerte streuen. Der Mittelwert ist der Schätzwert für den Erwartungswert der Messgröße. (Falls keine systematischen Messabweichungen vorlägen, wäre der Mittelwert der Erwartungswert des wahren Wertes.) Als Maß für die Art und den Umfang der Streuung dient die *Standardabweichung*. Die Standardabweichung s wird auch empirische (d.h. durch Messung ermittelte) genannt, um sie von der wahren Standardabweichung σ_r[1], deren Schätzwert sie ist, zu unterscheiden.

---

1. σ_r ist die Standardabweichung unter Wiederholbedingungen, σ_R unter Vergleichbedingungen

Kapitel 12

Glücklicherweise handelt es sich bei den meisten Messungen um Vorgänge, die voneinander unabhängig sind. In diesem Fall unterliegen die Messwerte einer Normalverteilung, d.h., bei unendlich vielen Messungen ergibt sich eine (gaußsche) Normalverteilung (Glockenkurve in Abb. 12-7 auf Seite 254). Ein Gegenbeispiel wären Messungen an einem Objekt, das bereits durch die erste Messung plastisch verformt wird: Hier sind die folgenden Messwerte nicht mehr unabhängig davon, ob die erste Messung stattfand oder nicht, d.h., sie sind auch nicht voneinander unabhängig. Wird jedoch der gesamte Vorgang mit mehreren Objekten wiederholt, so sind die Messungen des gesamten Vorgangs wieder *vergleichbar*. Es handelt sich dann allerdings nicht um *Wiederholbedingungen*, sondern um *Vergleichbedingungen*.

Mittelwert und Standardabweichung lassen sich heutzutage mit den meisten Taschenrechnern direkt berechnen. Für den Mittelwert von v_j Messwerten gilt:

$$\bar{v} = \frac{1}{n} \cdot \sum_{j=1}^{n} v_j \tag{12-1}$$

Die Standardabweichung lässt sich nach Gleichung 12-2 berechnen:

$$s = \sqrt{\frac{1}{n-1} \cdot \sum_{j=1}^{n} (v_j - \bar{v})^2} \tag{12-2}$$

12.2.2 Messunsicherheit aufgrund zufälliger Einflüsse

Mittelwert und Standardabweichung stellen jedoch nur Schätzwerte für die Parameter μ und σ der Verteilung der Messwerte dar. (Zur Ermittlung der tatsächlichen Parameter müssten tausende von Messungen erfolgen.) Um die Abhängigkeit von der Anzahl der Messwerte zu berücksichtigen, wird als Maß für die Unsicherheit aufgrund zufälliger Einflüsse $u_r(x_1)$ deshalb die *Standardabweichung des Mittelwertes* verwendet:

$$u_r(x_1) = \frac{s}{\sqrt{n}} = \sqrt{\frac{1}{n(n-1)} \cdot \sum_{j=1}^{n} (v_j - \bar{v})^2} \tag{12-3}$$

Wenn aus früheren Messungen, die unter vergleichbaren Bedingungen durchgeführt wurden, bereits die Standardabweichung s_0 der Verteilung bekannt ist, so kann auch Gleichung 12-4 (Seite 249) verwendet werden.

$$u_r(x_1) = \frac{s_0}{\sqrt{n}} \qquad (12\text{-}4)$$

12.2.3 Systematische Messabweichung e_s

Systematische Messabweichungen werden z.b. hervorgerufen durch Unvollkommenheiten des Messverfahrens, der Geräte und des Messgegenstandes. Die Messabweichungen sind im Allgemeinen zeitlich veränderlich, z.B. aufgrund von Alterung, sie haben jedoch ein bestimmtes Vorzeichen. Auch nicht erkannte „grobe Fehler" führen zu systematischen Abweichungen. Systematische Messabweichungen können z.B. durch Vergleich von Messgeräten mit anderen, genaueren Messgeräten oder durch Kalibrieren mit einem *Normal* festgestellt werden. Auch das Wiederholen einer Messung mit anderen Geräten in einem anderen Labor kann solche systematischen Messabweichungen deutlich machen. Nach Möglichkeit sind Messungen so durchzuführen, dass die Messabweichungen während der Messzeiten einen konstanten Betrag haben.

Dies ist natürlich in der Praxis nicht ohne Weiteres durchführbar; hinzu kommt noch, dass eine *genaue* Ermittlung aller systematischen Messabweichungen unmöglich ist. Deswegen werden diese Messabweichungen in *bekannte systematische Messabweichungen* ($e_{s,b}$) und *unbekannte systematische Messabweichungen* ($e_{s,u}$) unterteilt.

☞ Unter Wiederholbedingungen sind systematische Messabweichungen prinzipiell nicht erkennbar, nur bei unter Vergleichbedingungen durchgeführten Messungen könnten Unterschiede im Ergebnis durch diese Messabweichungen entstanden sein.

12.2.3.1 Bekannte systematische Messabweichung $e_{s,b}$

Bekannte systematische Abweichungen – die auch als Fehler einer Messeinrichtung bezeichnet werden dürfen – müssen durch eine entsprechende *Korrektion* berücksichtigt werden, sonst ist das Ergebnis *unrichtig!*

Die Korrektion selbst kann entweder in Form einer Addition (Gleichung 12-5) von Mittelwert und Korrektion (= systematische Messabweichung mit umgekehrten Vorzeichen) oder durch Multiplikation mit dem Korrekturfaktor erfolgen.

$$y = \bar{v} + K \qquad (12\text{-}5)$$

Kapitel 12

12.2.3.2 Unbekannte systematische Messabweichung $e_{s,u}$

Systematische Messabweichungen, von denen zwar bekannt ist, dass sie auftreten, die aber nicht eindeutig ermittelt werden können, oder bei denen der Aufwand zur Ermittlung unverhältnismäßig groß wäre, werden als unbekannte systematische Messabweichungen behandelt. Sie können durch den unbekannten Fehler eines Messgerätes oder durch zwar bekannte, aber nicht vermeidbare und auch nicht genau quantifizierbare Fehler hervorgerufen werden. Sie werden dadurch berücksichtigt, dass ihr Einfluss abgeschätzt wird, z.B. anhand der Herstellerunterlagen der verwendeten Geräte.

Nicht vergessen werden sollte bei dieser Vorgehensweise, dass die Datenblätter der Hersteller zwar oft die einzigen Informationsquellen sind, die in diesen enthaltenen Zahlen jedoch nur bedingt in der Realität erreicht werden. Um z.B. die Größe der Nichtlinearität zu charakterisieren, sind verschiedene Verfahren möglich, die zu jeweils anderen Zahlenwerten führen.

Exkurs: Bestimmung der Nichtlinearität bei induktiven Aufnehmern

Viele induktive Aufnehmer besitzen einen Verfahrbereich in positiver und negativer Richtung. Um nun die Nichtlinearität zu bestimmen, könnte man, wie in Abb. 12-2 auf Seite 251 gezeigt, einen Aufnehmer ausgehend vom Nullpunkt in eine Richtung bis zum Nennweg verfahren, die tatsächliche Kennlinie messen und die Abweichung von der idealen Linie in Prozent des Nennkennwertes als Linearitätsfehler angeben: Nullpunkt – (einseitiger) Endwert. Anstelle des Nennkennwertes als Bezug könnte natürlich auch der tatsächliche Maximalwert verwendet werden, auch dies ergibt evtl. geringfügig bessere Werte.

Wesentlich interessanter sind aber weitere Kombinationen: Muss die Ideallinie durch den Nullpunkt und den Endwert gehen, oder genügt die bestpassende Gerade nur durch den Nullpunkt (Abb. 12-3 auf Seite 251)?

Muss bei Aufnehmern, die beidseitige Messbereiche haben, auch der negative Ast in die Angabe eingehen? Sollte die Gerade dann nicht frei durch die Messkurve gelegt werden, ohne Bezug zu Null- oder Endwert (Best Fit, Abb. 12-4 auf Seite 251)?

Berechnung der Messunsicherheit

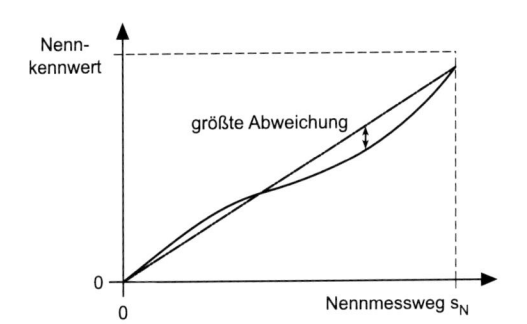

Abb. 12-2:
Bestimmung der Nichtlinearität

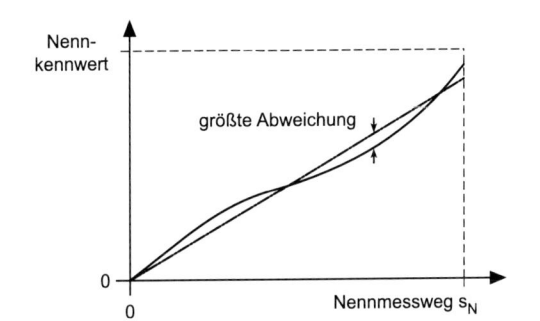

Abb. 12-3:
Beste Gerade durch Null

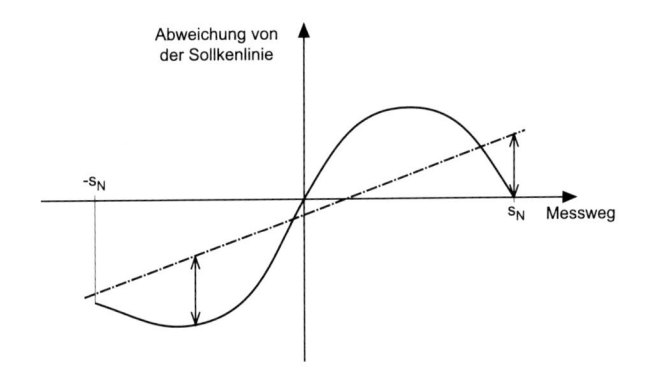

Abb. 12-4:
Bestpassende Gerade (Best Fit)

Auf dem Markt sind noch weitere Definitionen zu finden, je nach Anwendungsgebiet, Aufnehmertyp oder Hersteller. So könnten z.B. bei einem Aufnehmer mit beidseitigem Messbereich die bestpassenden Geraden durch jeweils den Endpunkt ermittelt und dann davon die schlechtere zur Kennzeichnung verwendet werden (schlechtere Endpunktgerade, Abb. 12-5).

Kapitel 12

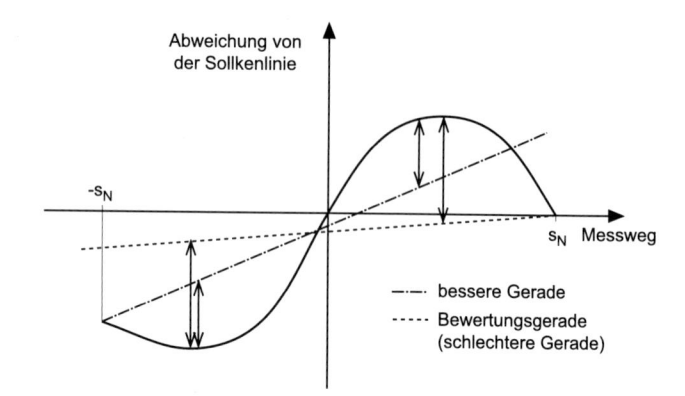

Abb. 12-5:
Schlechtere Endpunktgerade

— · — bessere Gerade
– – – – Bewertungsgerade (schlechtere Gerade)

Oder man könnte die Abweichung vom Nennwert bei positiver und bei negativer Richtung addieren und durch zwei teilen (Mittelwert), durch diese zwei Punkte eine Gerade ziehen und dann die Abweichung von dieser „idealen" Geraden bestimmen (Abb. 12-6).

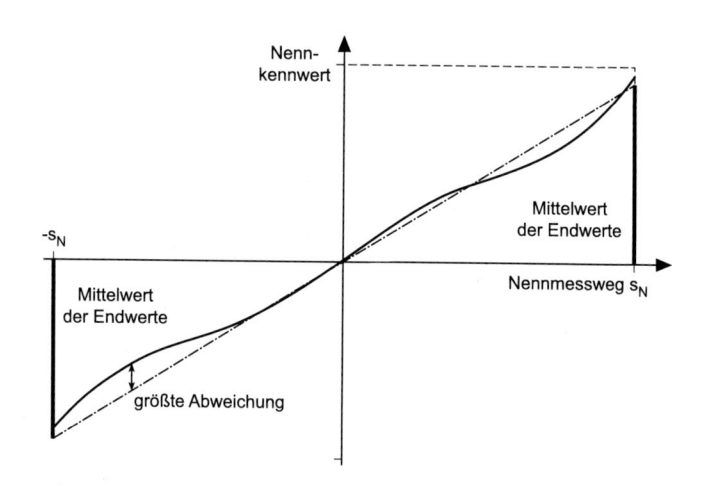

Abb. 12-6:
Abweichung nach Mittelwertdefinition

Sie sehen, es gibt eine ganze Reihe möglicher Definitionen. Dabei ist keine dieser Definitionen die allein „wahre", ja es gibt sogar in den Normen, die für die verschiedenen Bereiche der Messtechnik gelten, durchaus unterschiedliche Definitionen, z. T. aufgrund internationaler Regelungen. Daher muss in der Praxis immer mit Abweichungen zwischen erzielbarer Kennlinie und angegebenen Werten gerechnet werden. Tabelle 12-1 zeigt, welche Werte sich ergeben, wenn drei Aufnehmer nach vier verschiedenen Definitionen berechnet werden.

Berechnung der Messunsicherheit

Tabelle 12-1: Resultate unterschiedlicher Linearitätsdefinitionen

Definitionen	Aufnehmer Typ 1	Aufnehmer Typ 2	Aufnehmer Typ 3
Nullpunkt (freier Endwert)	±0,0355%	±0,1580%	±0,0950%
Best Fit	±0,0365%	±0,1950%	±0,0896%
Schlechtere Endpunktgerade	±0,0500%	±0,2300%	±0,1190%
Mittelwert	±0,0370%	±0,1800%	±0,1060%

Wenn schon bei der simplen Feststellung der Nichtlinearität so viele verschiedene Definitionen möglich sind, lässt sich erahnen, wie viele Definitionen z.B. für die Angabe des Temperaturgangs beim Endwert möglich sind: Wird der gesamte Temperaturbereich betrachtet oder nur der Gradient um 22°C und worauf wird das Ergebnis bezogen usw.

Die in den Datenblättern angegebenen Werte sind daher mit Vorsicht zu behandeln, im Zweifelsfall muss beim Hersteller nachgefragt werden, nach welcher Definition oder welcher Norm der jeweilige Aufnehmer geprüft wurde.

12.2.4 Messunsicherheit aufgrund unbekannter systematischer Abweichungen

Da in der Regel mehrere (geschätzte) Einzelfehler zusammengefasst werden müssen, wird oft gefragt, wie die Anteile summiert werden sollen. Dies ist jedoch eindeutig in DIN 1319 bestimmt: Da es um die Ermittlung der wahrscheinlichen Messunsicherheit geht und nicht um die Ermittlung des größtmöglichen Fehlers, werden die einzelnen Abweichungen u_x nach Gleichung 12-6 summiert.

$$u_s = \sqrt{u_1^2 + u_2^2 + \ldots + u_n^2} \qquad (12\text{-}6)$$

☞ Falls lediglich eine untere Grenze a_i und eine obere Grenze b_i für die *möglichen* Werte einer Einflussgröße angegeben werden können, lässt sich die Messunsicherheit wie folgt angeben:

$$u_s(x_i) = \frac{b_i - a_i}{\sqrt{12}} \qquad (12\text{-}7)$$

Kapitel 12

12.2.5 Ermittlung der gesamten Messunsicherheit

Für die Berechnung des vollständigen Messergebnisses muss zunächst die Korrektur des Mittelwertes erfolgen:

$$y = \bar{v} + K \tag{12-8}$$

Für die Messunsicherheit sind die beiden Komponenten unbekannte systematische Messabweichung und zufällige Abweichung zu kombinieren:

$$u(y) = \sqrt{u_s^2 + u_r^2} \tag{12-9}$$

Da Herstellerangaben oft in Prozent erfolgen, kann es vorteilhaft sein, auch bei der Messung jeweils die relative Unsicherheit zu berechnen, solange $y \neq 0$ ist, damit sich die Messunsicherheit in Prozent o.Ä. angeben lässt:

$$u_{rel}(y) = \frac{u(y)}{|y|} \tag{12-10}$$

12.2.6 Grafische Erläuterung der Zusammenhänge

Alle Begriffe sind in Abb. 12-7 grafisch dargestellt, um den Zusammenhang zu verdeutlichen. Bitte beachten Sie die Richtung der jeweiligen Pfeile. Als *Messwert* wurde willkürlich *ein* gemessener Wert herausgegriffen.

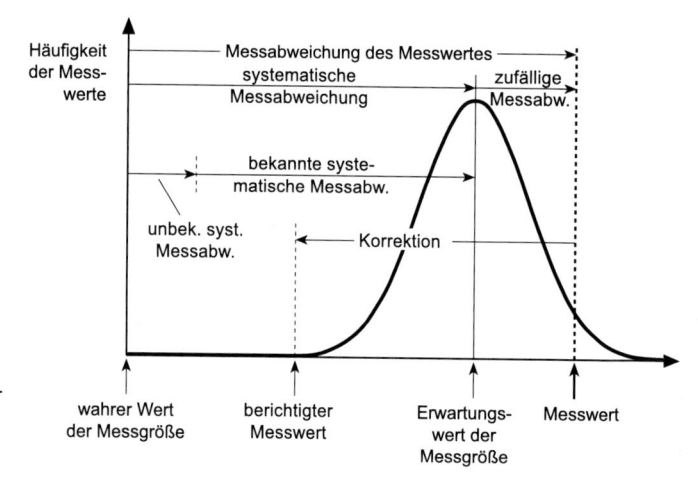

Abb. 12-7: Schematische Darstellung der verwendeten Begriffe

12.2.7 Angabe des vollständigen Messergebnisses

Das vollständige Messergebnis für die Messgröße Y kann (leider) in verschiedenen Schreibweisen angegeben werden:

1. $Y = y \pm u(y)$
2. $Y = y (1 \pm u_{rel}(y))$
3. $y, u(y)$
4. $y, u_{rel}(y)$
5. $Y = y (u(y))$

Wichtig ist dabei, dass gerundete Unsicherheitswerte mit zwei oder drei signifikanten Ziffern anzugeben sind und ggf. aufgerundet werden müssen. Das Messergebnis ist an derselben Stelle (signifikante Stelle) wie die zugehörige Messunsicherheit zu runden.

12.3 Beispiel

Für die in Abb. 12-8 gezeigte Messkette soll die Messunsicherheit ermittelt werden. Ich gehe im Folgenden davon aus, dass die Messwerte *unabhängig voneinander* sind und einer *Normalverteilung* unterliegen, d.h., dass die in Abb. 12-8 gezeigte Biegefeder nur elastisch verformt wird und nicht durch die erste Belastung plastisch, also dauerhaft, deformiert wird. Weiterhin soll die Berechnung der Messabweichungen neu erfolgen, d.h., dass noch keine statistischen Größen wie Standardabweichung o.Ä. für den zu betrachtenden Prozess bekannt sind.

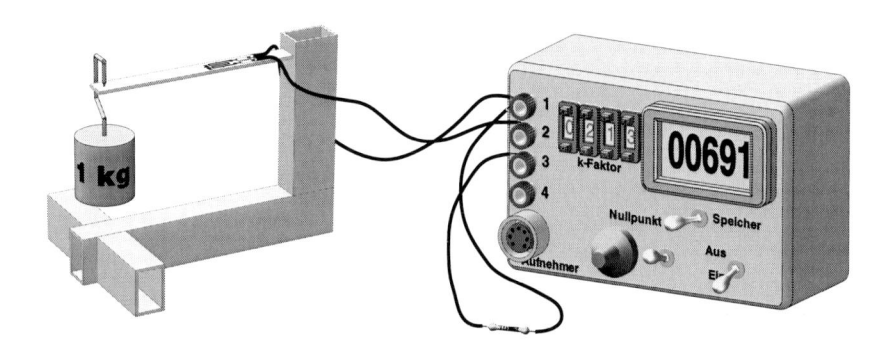

Abb. 12-8: Aufbau der Messkette

Kapitel 12

12.3.1 Zufällige Messabweichungen

Es wird eine Messreihe durchgeführt und aus dieser der Mittelwert und die Standardabweichung berechnet. Um die Abhängigkeit von der Anzahl der Messwerte zu berücksichtigen, muss nach Gleichung 12-3 auf Seite 248 die Standardabweichung noch durch $\sqrt{n}$ dividiert werden. Zusätzlich soll die relative Messunsicherheit u_r verwendet werden, um unabhängig von der verwendeten physikalischen Größe eine Angabe in Prozent zu erhalten[1].

$$u_r = \frac{s}{\sqrt{n} \cdot |\bar{v}|} \qquad (12\text{-}11)$$

Bei der Messung an einer Biegefeder ergab sich aus 5 Messungen ein Mittelwert von 540,40 µm/m und eine Standardabweichung von 1,14 µm/m. Daraus folgt eine relative Messunsicherheit von $9{,}4 \cdot 10^{-4}$ oder 0,094%.

12.3.2 Bekannte systematische Messabweichung (Korrektion)

Wenn es möglich ist, die systematische Messabweichung einer Messeinrichtung zu ermitteln, muss diese Messabweichung mit umgekehrtem Vorzeichen als *Korrektion* berücksichtigt werden. Um die (notwendige) Korrektion nicht für jeden Messwert einzeln vornehmen zu müssen, wird sie auf den oben bestimmten Mittelwert der Messreihe angewandt.

In unserem Beispiel wurde die Biegefeder auf reine Biegung beansprucht. Da das Messgitter des DMS nicht direkt auf der Oberfläche der Biegefeder sitzt, muss eine Korrektur abhängig von DMS-Typ und Kleber vorgenommen werden, da der gemessene Wert zu hoch liegt.

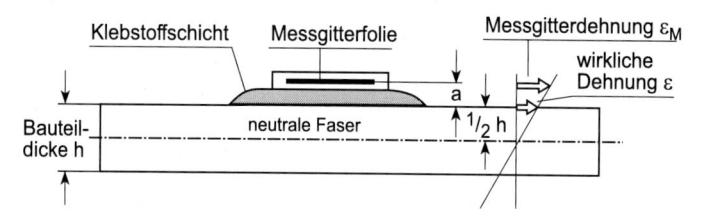

Abb. 12-9: Bekannte systematische Abweichung

---

1. Dies geht natürlich nur, wenn der Mittelwert ungleich null ist.

Berechnung der Messunsicherheit

In diesem Fall ist die Korrektur über einen Faktor sinnvoll. Der Wert ergibt sich aus der Summe a der Dicken für die Klebstoffschicht (6 µm) und DMS-Trägerfolie (40 µm) sowie der Dicke der Biegefeder (h = 2 mm) nach Gleichung 12-12.

$$\varepsilon = \varepsilon_M \cdot \frac{\frac{1}{2}h}{\frac{1}{2}h + a} = 0{,}96 \cdot \varepsilon_M \qquad (12\text{-}12)$$

Daraus folgt für den korrigierten Mittelwert: 518,78 µm/m.

12.3.3 Unbekannte systematische Abweichungen

Diese Messabweichungen entstehen durch die Unvollkommenheiten der Messgeräte und durch nicht erfassbare Störeinflüsse. Durch Berücksichtigung der Herstellerangaben können die entstehenden Fehler durch die verwendeten Geräte oder Aufnehmer unter Beachtung der Einsatzbedingungen gut abgeschätzt werden. Da die Messung innerhalb kurzer Zeit erfolgte, sind keine Temperatureinflüsse zu berücksichtigen, die größten Effekte sind also die Unsicherheit des k-Faktors, die Kalibriergenauigkeit und Messgenauigkeit des Messverstärkers (Schaltungstechnik, Kabelwiderstand) sowie evtl. Unsicherheiten der Lastaufbringung.

1. Gewichtssatz: 0,1 %
2. Lasteinleitung: 0,33 %
3. Aufnehmer (k-Faktor): 1 %
4. Verkabelung: 0,02 %
5. Messverstärker: gesamt 0,37 %
   Kalibrierfehler: 0,02 %
   Linearität: 0,01 %
   Anzeigefehler: ±2 Digit

Bitte beachten Sie, dass durch die digitale Anzeige des Wertes von 540 µm/m ± 2 µm/m der Fehler des Verstärkers doch größer wird, als es die anderen Angaben zunächst vermuten lassen. Mit diesen Werten ergibt sich nach Gleichung 12-6 auf Seite 253 u_S = 1,12 %. Dieser Wert ist hauptsächlich bedingt durch die Toleranz des k-Faktors (1 %) des verwendeten DMS.

Kapitel 12

12.3.4 Berechnung und Angabe des vollständigen Messergebnisses

Das Ergebnis setzt sich zusammen aus dem in Abschnitt 12.3.2 auf Seite 256 berechneten korrigierten Mittelwert und den in Abschnitt 12.3.1 auf Seite 256 und Abschnitt 12.3.3 auf Seite 257 bestimmten Anteilen der Messunsicherheit, die nach Gleichung 12-9 (Seite 254) berechnet wird. Das Ergebnis lässt sich damit in einer der Schreibweisen nach Abschnitt 12.2.7 (Seite 255) formulieren.

Für unser Beispiel ergibt sich für diese Messung der Dehnung eine der folgenden Schreibweisen für das vollständige Messergebnis:

1. $\varepsilon = 518{,}8\,\mu m/m \pm 5{,}8\,\mu m/m$
2. $\varepsilon = 518{,}8 \cdot (1 \pm 0{,}0112)\,\mu m/m$ oder $\varepsilon = 518{,}8 \cdot (1 \pm 1{,}12 \cdot 10^{-2})\,\mu m/m$
3. $518{,}8\,\mu m/m\,;\,5{,}8\,\mu m/m$
4. $518{,}8\,\mu m/m\,;\,1{,}12\%$
5. $\varepsilon = 518{,}8\,\mu m/m\,(5{,}8\,\mu m/m)$

Beachten Sie bitte die Anzahl der Nachkommastellen, die in ihrer Signifikanz bei Messergebnis und Messunsicherheit übereinstimmen müssen. Daher ist die erste aufgeführte Form der Angabe die einfachste.

Die Angabe eines Vertrauensintervalls ist *nur zusätzlich* zur Angabe des vollständigen Ergebnisses erlaubt. Die Berechnung wird bei Bedarf mithilfe der t-Verteilung und (üblicherweise) einem Vertrauensniveau von 95% vorgenommen, d.h., der Wert für die Standardabweichung wird mit dem Wert für die t-Verteilung bei der durchgeführten Anzahl von Messungen multipliziert. Nötig ist diese Form der Berechnung aber nicht; falls sie erfolgt, müssen das verwendete Vertrauensniveau oder der Faktor *t* sowie die Anzahl der Messwerte mit angegeben werden.

Literaturverzeichnis

Kapitel 1, *Grundlagen des elektrischen Messens mechanischer Größen*

[1] Pfeifer, T. (Hrsg.) (1994). *Handbuch der industriellen Meßtechnik*. R. Oldenbourg Verlag, Düsseldorf.
[2] Hoffmann, J. (Hrsg.) (1999). *Handbuch der Meßtechnik*. Carl Hanser Verlag, München.
[3] Hoffmann, J. (Hrsg.) (1999). *Taschenbuch der Messtechnik*. Fachbuchverlag, Leipzig.
[4] VDI/VDE/GESA 2636 (2000). *Zertifizierung der Durchführung von Kursen und Prüfungen in Dehnungsmessstreifen-Messtechnik*. Beuth Verlag GmbH (Hrsg.), Berlin.
[5] VDI/VDE/GESA 2635 Blatt 2 (2004). *Experimentelle Strukturanalyse - Empfehlungen zur Durchführung von Dehnungsmessung bei hohen Temperaturen*. Beuth Verlag GmbH (Hrsg.), Berlin.
[6] Firmenschriften: MEGATRON® Elektronik AG&Co., Putzbrunn. (http://www.megatron.de)
[7] Paetow, J. (1988). *Die 6-Leiterschaltung für DMS-Aufnehmer*. In: wägen und dosieren 1/1988.
[8] DIN 1301-1 (2010). *Einheitennamen, Einheitenzeichen*. Beuth Verlag GmbH (Hrsg.), Berlin.

Kapitel 2, *Grundlagen und Anwendung der Dehnungsmessstreifen-Technik*

[9] OIML IR 62 (1985). *Performance characteristics of metallic resistance strain gauges*. International Organization of Legal Metrology, Paris.
Siehe auch ASTM E251 - 92(2009) Standard Test Methods for Performance Characteristics of Metallic Bonded Resistance Strain Gages.
[10] VDI/VDE 2635 Blatt 1 (1974). *Dehnungsmeßstreifen mit metallischem Meßgitter; Kenngrößen und Prüfbedingungen*. Beuth Verlag GmbH (Hrsg.), Berlin.
[11] VDI/VDE/GESA 2636 (2000). *Zertifizierung der Durchführung von Kursen und Prüfungen in Dehnungsmessstreifen-Messtechnik*. Beuth Verlag GmbH (Hrsg.), Berlin.
[12] Giesecke, P. (1994). *Dehnungsmeßstreifentechnik*. Friedr. Vieweg & Sohn Verlagsgesellschaft mbH, Braunschweig/Wiesbaden.

Literaturverzeichnis

[13] Hoffmann, K. (1987). *Eine Einführung in die Technik des Messens mit Dehnungsmeßstreifen.* Hottinger Baldwin Messtechnik GmbH (Hrsg.), Darmstadt.

[14] Keil, S. (1995). *Beanspruchungsermittlung mit Dehnungsmeßstreifen.* Cuneus-Verlag, Lippstadt.

Kapitel 3, Aufnehmer mit Dehnungsmessstreifen

[15] Profos, P. (Hrsg.) (1984). *Handbuch der industriellen Meßtechnik.* Vulkan Verlag, Essen.

[16] Paul, H. (1987). *Wägezellen kleiner Nennlast mit Dehnungsmeßstreifen in Dünnfilmtechnik.* In: wägen + dosieren 3/1987, S85ff.

Kapitel 4, Piezoelektrische Sensoren

[17] Tichý, J. und Gautschi, G. (1989). *Piezoelektrische Messtechnik*, Springer-Verlag, Berlin-Heidelberg-New York (vergriffen).

[18] Gautschi, G. (2002). *Piezoelectric Sensorics*, Springer-Verlag, Berlin-Heidelberg-New York.

[19] Bill, B. (2002). *Messen mit Kristallen*, verlag moderne industrie, Landsberg.

Kapitel 5, Induktive Aufnehmer

[20] Loos, H. R. (1992). *Systemtechnik induktiver Weg- und Kraftaufnehmer.* expert-Verlag, Ehningen.

[21] Firmenschriften: MTS Sensors, Lüdenscheid. (http://www.mtssensors.com)

[22] Firmenschriften: Micro-Epsilon Messtechnik GmbH, Ortenburg (http://www.micro-epsilon.com)

[23] Firmenschriften: ME-Meßsysteme GmbH, Hennigsdorf. (http://www.me-systeme.de)

Kapitel 6, Kapazitive Aufnehmer

[24] Bonfig, K. (1997). *Sensoren und Sensorsignalverarbeitung.* expert-Verlag, Ehningen.

[25] Firmenschriften: Capacitec, Massachusetts. (http://www.capacitec.com)

[26] Orlowski, R. und Graeger, V. (1984). *Keramische Differenzdrucksensoren in Dickschichttechnik; VDI-Berichte Nr. 509, S. 217-222.* VDI-Verlag, Düsseldorf.

Literaturverzeichnis

[27] Procter, E. (1984). *High Temperature Creep Strain Measurements Using a Capacitance Type Strain Gauge; VDI-Berichte Nr. 514, S. 101-107.* VDI-Verlag, Düsseldorf.
[28] Firmenschriften: Conti Temic microelectronics GmbH, Kirchheim/Teck.

Kapitel 7, *Weitere Aufnehmerprinzipien*

[29] Firmenschriften: Computer Controls Ltd., Division EuroSensor, London. (http://www.eurosensor.com)
[30] Firmenschriften: BD | SENSORS GmbH, Thierstein. (http://www.bdsensors.de)
[31] Firmenschriften: FOS Messtechnik, Schacht-Audorf. (http://www.fos-messtechnik.de)
[32] Slowik, V. u.a. (1999). *Faser-Bragg-Gitter-Sensoren zur langzeitigen Dehnungsmessung im Bauwesen.* In: VDI Berichte 1463; GESA Symposium: Anspruch und Tendenzen in der experimentellen Strukturmechanik.
[33] Firmenschriften: Telegärtner Gerätebau GmbH, Höckendorf. (http://www.geraetebau.telegaertner.com)
[34] Firmenschriften: Northrop Grumman LITEF GmbH, Freiburg. (http://www.northropgrumman.litef.com/)
[35] Firmenschriften: Kistler Automotive GmbH, Wetzlar. (http://www.corrsys.de)

Kapitel 8, *Messverstärker*

[36] Heringhaus, E. Dr.-Ing. (1983). *Trägerfrequenz- und Gleichspannungs-Meßverstärker, ein Systemvergleich aus anwendungstechnischer Sicht.* Hottinger Baldwin Messtechnik GmbH (Hrsg.), Darmstadt.
[37] Pelz, H. (1984). *Elektromagnetische Störeinwirkungen auf elektronische Geräte.* In: Regelungstechnische Praxis, Jahrgang 26 (1984) Heft 9, S. 383ff.
[38] EMV-Richtlinie 2004/108/EG bzw. EMVG: Gesetz über die elektromagnetische Verträglichkeit von Betriebsmitteln vom 26. Februar 2008.
[39] DIN EN 61000 (Teile 2 - 6) (1994 - 2012). *Elektromagnetische Verträglichkeit (EMV).* Beuth Verlag GmbH (Hrsg.), Berlin.
[40] DIN EN 61326 (2006) und Berichtigungen dazu (2008 bis 2011). *Elektrische Mess-, Steuer-, Regel- und Laborgeräte – EMV-Anforderungen.* Beuth Verlag GmbH (Hrsg.), Berlin.

Literaturverzeichnis

Kapitel 9, *Digitale Datenerfassung und Verarbeitung*

[41] Best, R. (1993). *Digitale Signalverarbeitung und -simulation, Band 1.* AT Verlag, Aarau.
[42] Best, R. (1991). *Digitale Signalverarbeitung und -simulation, Band 2.* AT Verlag, Aarau.
[43] Weichert, N. (2000). *Messtechnik und Messdatenerfassung.* Oldenbourg Wissenschaftsverlag, München.
[44] Bonfig, K. (1997). *Sensoren und Sensorsignalverarbeitung.* expert-Verlag, Ehningen.
[45] VDI/VDE 3687 (1999). *Auswahl von Feldbussystemen durch Bewertung ihrer Leistungseigenschaften für industrielle Anwendungsbereiche.* Beuth Verlag GmbH (Hrsg.), Berlin.
[46] DIN-IEC 60625-1 (1981), DIN-IEC 60625-2 (1981). *Ein byteserielles bitparalleles Schnittstellensystem für programmierbare Meßgeräte.* Beuth Verlag GmbH (Hrsg.), Berlin.
[47] DIN 66348-1 (1986), DIN 66348-2 (1989), DIN 66348-3 (1989). *Schnittstellen und Steuerungsverfahren für die serielle Meßdatenübermittlung.* Beuth Verlag GmbH (Hrsg.), Berlin.
[48] DIN ISO 11898 (1995). *Straßenfahrzeuge – Austausch digitaler Informationen – Steuergerätenetz (CAN) für schnellen Datenaustausch.* Beuth Verlag GmbH (Hrsg.), Berlin.
[49] IEC 61158 und IEC 61784. *Industrielle Kommunikationsnetze.* Beuth Verlag GmbH (Hrsg.), Berlin.

Kapitel 10, *Abgleich von Messketten*

[50] DIN1319-1 (1995). *Grundlagen der Meßtechnik, Teil 1: Grundbegriffe.* Beuth Verlag GmbH (Hrsg.), Berlin.

Kapitel 11, *Durchführen von Messungen*

[51] Firmenschrift (1998): *Handbuch zur Temperaturmessung mit Thermoelementen und Widerstandsthermometern.* TC Meß- und Regeltechnik GmbH (Hrsg.), Mönchengladbach.
(http://www.tcgmbh.de)
[52] DIN EN 60751 (1996). *Industrielle Platin-Widerstandsthermometer und Platin-Meßwiderstände.* Beuth Verlag GmbH (Hrsg.), Berlin.
[53] DIN EN 60584-1 (1996), DIN EN 60584-1 Berichtigung 1 (1998), DIN EN 60584-2 (1994). *Thermopaare.* Beuth Verlag GmbH (Hrsg.), Berlin.

Literaturverzeichnis

Kapitel 12, *Berechnung der Messunsicherheit*

[54] Gränicher, H. (1996). *Messung beendet – was nun?* vdf Hochschulverlag, Zürich.
[55] Bantel, M. (2000). *Grundlagen der Messtechnik.* Fachbuchverlag Leipzig.
[56] DIN 1319-1 (1995). *Grundlagen der Meßtechnik, Teil 1: Grundbegriffe.* Beuth Verlag GmbH (Hrsg.), Berlin.
[57] DIN 1319-2 (2005). *Grundlagen der Meßtechnik, Teil 2: Begriffe für die Anwendung von Meßgeräten.* Beuth Verlag GmbH (Hrsg.), Berlin.
[58] DIN 1319-3 (1996). *Grundlagen der Meßtechnik, Teil 3: Auswertung von Messungen einer einzelnen Meßgröße, Meßunsicherheit.* Beuth Verlag GmbH (Hrsg.), Berlin.
[59] DIN 1319-4 (1999). *Grundlagen der Meßtechnik, Teil 4: Auswertung von Messungen, Meßunsicherheit.* Beuth Verlag GmbH (Hrsg.), Berlin.
[60] DIN 1319, Ausg. 1985. *Grundbegriffe der Meßtechnik, Teil 1: Allgemeine Grundbegriffe.* Beuth Verlag GmbH (Hrsg.), Berlin.
[61] DIN 1319, Ausg. 1983. *Grundbegriffe der Meßtechnik, Teil 3: Begriffe für die Meßunsicherheit und für die Beurteilung von Meßgeräten und Meßeinrichtungen.* Beuth Verlag GmbH (Hrsg.), Berlin.
[62] DIN 1319, Ausg. 1985. *Grundbegriffe der Meßtechnik, Teil 4: Behandlung von Unsicherheiten bei der Auswertung von Messungen.* Beuth Verlag GmbH (Hrsg.), Berlin.
[63] ISO 3534-1 (1993). *Statistics – Vocabulary and symbols – Part 1: Probability and general statistical terms.* Geneva: ISO International Organisation for Standardization.
[64] ISO 3534-3 (1999). *Begriffe und Formelzeichen – Teil 3 Versuchsplanung.* Beuth Verlag GmbH (Hrsg.), Berlin.
[65] *Guide to the Expression of Uncertainty in Measurement.* Geneva 1993, korrigierter Neudruck 1995. Geneva: ISO International Organisation for Standardization.
Deutsche Fassung: DIN V ENV 13005 (1999). *Leitfaden zur Angabe der Unsicherheit beim Messen.* Beuth Verlag GmbH (Hrsg.), Berlin.
[66] DIN EN ISO 10012 (2004). *Messmanagementsysteme – Anforderungen an Messprozesse und Messmittel.* Beuth Verlag GmbH (Hrsg.), Berlin.
[67] DIN 55350-11 (2008). *Begriffe zum Qualitätsmanagement.* Beuth Verlag GmbH (Hrsg.), Berlin.
[68] DIN 55350-12 (1989). *Begriffe der Qualitätssicherung und Statistik; Merkmalsbezogene Begriffe.* Beuth Verlag GmbH (Hrsg.), Berlin.

Literaturverzeichnis

Index

A

Abgleich 215–234
- der Referenzphase 232
- induktiver Aufnehmer 229
- kapazitiver 230
- mit direkter Belastung 221
- mit Kalibriergerät 226
- mit Kennwerten 219, 227
Abweichung siehe Messabweichung
AC-Kopplung 123
Aktiver Aufnehmer 3
- induktiver 127
Aliaseffekt 209
AMA (Fachverband für Sensorik) 15
Angabe des vollständigen
 Messergebnisses 255
Anschließen 215
Archivieren von Daten 208
Aufnehmer
- aktiver 3
- Bauform 70
- berührungsfreier 133
- Definition 3
- für Wegmessung 128–138
- induktiver 12
- induktiv-potenziometrischer 138
- kapazitiver 13
- magnetoelastischer 141
- magnetostriktiver 136
- mit DMS 69–98
- Nullsignal 87
- passiver 3
- piezoelektrische 99–121
- piezoresistive 155–159
- Wirbelstromaufnehmer 135
Ausgangssignal
- normiertes ~ bei DMS-Aufnehmern 86
Auswahl von DMS 56
Autokalibrierung 191

B

BAM (Bundesanstalt für Materialforschung
 und -prüfung) 15
Bauform von Aufnehmern 70
Berechnung des vollständigen
 Messergebnisses 258
Berücksichtigung von k-Faktoren 220
Berührungsfreie Wegaufnehmer 133
Berührungslose Signalübertragung 82–83
Berührungsthermometer 241
Beschleunigungssensor
- induktiver 140
- kapazitiver 154
- piezoresistiver 155
Bessel-Filter 211
Biegebalken
- Doppel-~ 72
- Einfacher ~ 72
- Multi-~ 74
Biosensor 2
Bruchlast 87
Bundesanstalt für Materialforschung und
 -prüfung 15
Bussysteme 197–205
Butterworth-Filter 211

C

C-Abgleich 231
CAN 201
Chemische Störeinflüsse 90

D

Dauerschwingamplitude 49, 87
DC-Kopplung 124
DC-Messverstärker 170
Dehnung 45
- homogene 57
- inhomogene 57
- negative 43
- positive 43
- thermische 51

Index

Dehnungsmessstreifen siehe DMS
Dehnungssensor (piezoelektrisch) *112*
Dehnungswiderstandseffekt *8*
Demodulator *172*
DeviceNet *201*
Diagonalbrücke *51*
Dickschichttechnik *11, 69*
Differentialdrossel *128*
Differentialtransformator *128*
Differenzeingang *171*
Digitale Messkette *207*
Digitaler Messverstärker *189*
DIN-Messbus *201*
DMS *43–67*
– -Aufnehmer *43, 69–98*
– -Auswahl *56*
– Draht-~ *55*
– Folien-~ *47, 56*
– für hohe Dehnungen *58*
– Halbleiter-~ *55*
– kapazitiver *153*
– -Ketten *58*
– -Rosetten *66*
– selbstkompensierender *52*
DMS-Schaltungen, Übersicht *25*
Dokumentation *243*
Doppel-Biegebalken *72*
Draht-DMS *55*
Drahtpotenziometer *8*
Drehmomentaufnehmer *80*
Drehpotenziometer *8*
3-Leiterschaltung *33*
– geregelt *34*
Drift *123*
Druckaufnehmer
– DMS *76*
– kapazitiver *152*
– piezoelektrische *113–119*
– piezoresistive *156–159*
Druckerschnittstelle *198*
Druckvorlage *158*
Dünnfilmtechnik *11, 69*
Durchführung einer Messung *235*
Dynamisches Verhalten
– von DMS *48*

E

Eichen *215*
Eigenfrequenz *94*
Eigens *43*
Einachsiger Spannungszustand *63*
Einbau von Aufnehmern *89*
Einmessen *215*
Einschwingen *176*
Einstellen der Speisespannung *234*
Einstrahlungen *179*
Elektrische Ladung *100*
Elektrische Störfelder *90, 179*
Elektrometerverstärker *103*
EMV *179, 184*
EMV-Schutz *185*
Ermittlung der gesamten
   Messunsicherheit *254*
Error *247*
Ethernet *199*

F

Fachinformationszentrum Technik (FIZ),
   siehe WTI *16*
Fachverband für Sensorik (AMA) *15*
Faser-Bragg-Gitter *162*
Faserkreisel *163*
Federkörper *70–85*
Fehler
– siehe auch Messabweichung
– zusammengesetzter *88*
Feldbussysteme *200*
Filterlaufzeit *212*
FireWire *199*
Folien-DMS *47, 56*
Frequenzmessung *39*

G

Geber *3*
Gebrauchstemperatur *89*
Gemeinschaft Experimentelle Strukturanalyse (GESA) *17*
Genauigkeit von Aufnehmern *86*
Gesellschaft Mess- und Automatisierungstechnik (GMA) *17*
Gleichrichtung
– phasenkritische *173*

Index

Gleichspannungs-Messverstärker 170
Grenzfrequenz
– eines Verstärkers 175
– von DMS 43
Grenzlast 87
Grenzquerbelastung 92
Grundeinheiten 1
GSD-Datei 203

H

Halbbrücke 24, 51
Halbleiter
– siehe auch piezoresistive Sensoren
– DMS 55
– Temperatursensor 240
HART 202
Hohlwelle 80
Hookesches Gesetz 44

I

IEEE 1394 199
IEEE 488 197
Impedanzwandler 124
Impulswiedergabe
– eines Verstärkers 176
Induktionsaufnehmer 127
Induktive Aufnehmer 12, 127–144
Induktiv-potenziometrischer
 Aufnehmer 138
Installation von DMS 60
Intelligenter Sensor 3
Interbus 203
Ionisierende Strahlung 90
ISO-OSI-Referenzmodell 200

J

Justieren 215

K

Kabelverlust 27
Käfig-Federkörper 80
Kalibrieren 215
Kapazitive Aufnehmer 13, 147–154
Kapazitiver DMS 153
Keramik-Sensor 11
k-Faktor 46, 155
Klebung von DMS 60

Knopfzelle (kapazitiver Sensor) 151
Kompensation
– von Signalkomponenten 20
– von Temperatureffekten 21, 238
Konstantstrom 38
Kraftaufnehmer
– mit DMS 70
Kuppler 125

L

Ladungsverstärker 40, 103, 122
Ladungswandler 123
Längenmessung über
 Korrelationsverfahren 165
Laufzeit von Filtern 212
Leitplastikpotenziometer 8
Linearpotenziometer 8
Lithiumniobat 119
Longitudinaleffekt 100
Luftspalt
– Messung 152
LVDT 128

M

Magnetische Störfelder 90, 179
Magnetoelastischer Aufnehmer 141
Magnetostriktiver Wegaufnehmer 136
Maximaltemperatur 89
Mechanische Störeinflüsse 90
Medientemperatur 89
Membran-Federkörper 76, 78
Messabweichung
– systematische 246, 249
– unbekannte systematische 250
– zufällige 246–247
Messbedingungen 235
Messbereich 87
Messeinrichtung 245
Messen (Definition) 2
Messergebnis 1
– vollständiges Messergebnis
 – Angabe 255
 – Berechnung 258
Messgröße 245
Messgrößenaufnehmer 3
Messkette 3, 5, 245
Messprotokoll 244

267

Index

Messrate 208
Messsignal 245
Messtechnik (Definition) 2
Messunsicherheit 5, 245
– Ermittlung der gesamten 254
Messverstärker 169
– DC-~ 170
– digitaler 189
– mit Konstantstromspeisung 38
– TF-~ 171
Messweg bei DMS-Aufnehmern 86
Messwert 245
MODbus 204
Monomode-LWL 159
Multi-Biegebalken 74
Multimode-LWL 159
Multiplexer 193

N

Nennlast 87
Nenntemperatur 89
Niederimpedante Sensoren 125
Normiertes Ausgangssignal 86
Nullabgleich 216
– ~bereich 32
– kapazitiver (C) 230

O

Optische Sensoren 159

P

Passiver Aufnehmer 3
– induktiver 128
Phasenkritische Gleichrichtung 173
Piezoeffekt 100
Piezoelektrische Keramik 104, 119
piezoelektrischer Koeffizient 101
Piezoelektrischer Sensor 99
Piezoresistive Sensoren 10, 155–159
Planung einer Messung 236
Plastische Verformung 87
Potenziometeraufnehmer 7
Probelauf 244
PROFIBUS 202
Proportionalitätsgrenze 44
Prüfen (Definition) 2

Q

Quarzkristall 104
Querkraft 91

R

Rahmenbedingungen einer Messung 236
Rauschen 183
Referenzphasenabgleich 232
Ringtorsion 71
RS-232 198
RS-485 197
Rückführbarkeitsdaten 208
Rückführung 215

S

Saphir-Sensor 11
Scherstab-Federkörper 76, 81
Schleifring 82
Schwingkreis 40
6-Leiterschaltung 31, 36
Selbstkompensierender DMS 52
Sensor
– siehe auch Aufnehmer
– Definition 3
– mit Triangulationsprinzip 166
Sensor-Datenbank 229
Shunt-Kalibrierung 217, 225
Smart sensor 3
Soft-TEDS 228
Software 205
Spannung
– mechanische 43
– einachsig 63
– zweiachsig 65
Spannungsteiler 18
Spannungsverteilung 64
Speisung mit Konstantstrom 38
Stauchung 43
Störfestigkeit 184
Störstrahlung 179
Störungen
– chemische 90
– durch Temperatur 238
– elektromagnetische 179
– für DMS-Aufnehmer 91–96
– für induktive Aufnehmer 144
– für kapazitive Aufnehmer 151

Index

- mechanische *90*
- thermische *90*
- Umrechnung *174*

Stoßversuch *93*
Strahlungsthermometer *241*
Systematische Messabweichung *246, 249*

T

Tauchanker *128*
TCP/IP *199*
TEDS *227*
Temperatureinfluss *238*
- bei DMS *52*
- bei DMS-Aufnehmern *90*

Temperaturmessung *240*
TF-Verstärker *171*
Thermoelemente *240*
Tiefpassfilter *211*
Token-Passing *203*
Torsionsschwingung *97*
Torsionssteifigkeit *80, 97*
Torsionswelle *80*
Trägerfrequenz-Messverstärker *171*
Transientenrekorder *193*
Transversaleffekt *102*
Triangulationsprinzip *166*
Turmalin *100, 104*

U

Umgebungsbedingungen *243*
Umrechnung von Störspannungen *174*
Umschaltanlage *193*
Unbekannte systematische
    Messabweichung *250*
Uncertainty *245*
USB *198*

V

VDI/VDE *16–17*
Verbände und Organisationen *15–17*
Vielstellenmessanlage *191*
4-Leiterschaltung *27*
- geregelt *35*

Viertelbrücke *23, 51*
Virtual TEDS *228*
Vollbrücke *23, 51*

W

Wägezellen *70*
Wärmedehnung *21*
Wegaufnehmer
- als Taster *131*
- berührungsfreier *133*
- mit Tauchanker *131*

Wegmessung über
    Korrelationsverfahren *165*
Wheatstone-Brücke *19, 49*
Widerstand eines Leiters *7*
Widerstandsthermometer *240*
Wirbelstromaufnehmer *135*
WTI *16*

Z

Zeitkonstante *123*
- von Thermometern *242*

Zufällige Messabweichung *246–247*
Zusammengesetzter Fehler *88*
Zweiachsiger Spannungszustand *65*
2-Leiterschaltung *32*
Zweiviertelbrücke *24, 51*

Index

Autorenverzeichnis

Dipl.-Phys. Bernhard Bill
Kistler Instrumente AG
Winterthur (Schweiz)

Dipl.-Ing. Klaus Gehrke
Hottinger Baldwin Messtechnik GmbH
Darmstadt

Dipl.-Ing. Michael Laible
TID, Technische Information und Dokumentation
Erzhausen

expert verlag
Erlesene Weiterbildung®

Prof. Dr.-Ing. Peter Giesecke

Mehrkomponentenaufnehmer und andere Smart Sensors

Der mechatronische Ansatz in der DMS-Technik

2007, 258 S., CD-ROM, € 46,00, CHF 76,00
Edition expertsoft 75
ISBN 978-3-8169-2642-9

Zum Buch:
DMS-Aufnehmer sind unzweifelhaft diejenigen Sensoren, die von der mechatronischen Denkweise am meisten profitieren. Der Grund ist ihre an sich schon universelle Einsetzbarkeit, die sich jetzt durch die Ergänzung mit minimalisierter Elektronik und hochspezialisierter Software nochmals vervielfacht hat.
An Hand von praxisbezogenen Beispielen wird die mechatronische Vorgehensweise bei der Entwicklung von DMS-basierten »smart sensors« beschrieben, die sich ohne Einschränkung auch auf andere Sensortypen übertragen lässt. Einen großen Raum nehmen Mehrkomponentenaufnehmer und störgrößenkompensiert direkt auf vorhandene mechanische Strukturen applizierte DMS ein; beide Anwendungen leiten sich direkt aus der Wägetechnik ab.
Die beiliegende CD enthält die Übungsversion für DASYLab und ermöglicht mit einem Minimum an Einarbeitungszeit die Simulation aller Übungsbeispiele und die Erprobung eigener Anwendungen.

Inhalt:
Grundlagen der Messtechnik – Grundlagen der Technischen Mechanik – Grundlagen der DMS-Technik – Die wichtigsten DMS-Aufnehmer-Bauarten – DMS-Direktapplikation – Elektrische Signalverarbeitung – Mehrkomponentenaufnehmer – Intelligente Sensoren und Sensorschaltungen

Fordern Sie unser Verlagsverzeichnis auf CD-ROM an!
Telefon: (0 71 59) 92 65-0, Telefax: (0 71 59) 92 65-20
E-Mail: expert@expertverlag.de
Internet: www.expertverlag.de

expert verlag GmbH · Postfach 2020 · D-71268 Renningen

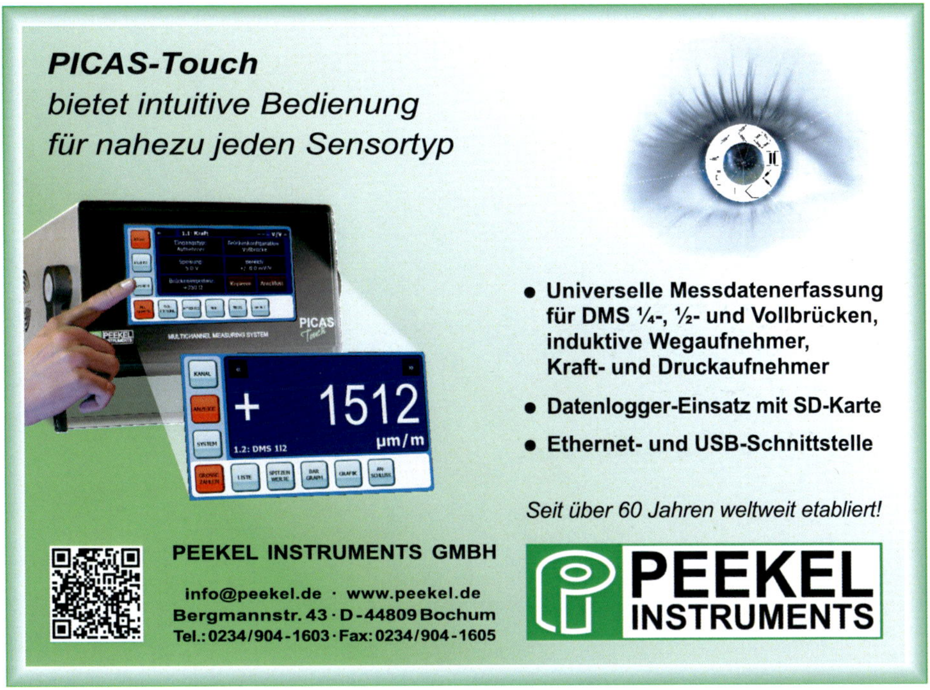

PICAS-Touch
bietet intuitive Bedienung für nahezu jeden Sensortyp

- Universelle Messdatenerfassung für DMS ¼-, ½- und Vollbrücken, induktive Wegaufnehmer, Kraft- und Druckaufnehmer
- Datenlogger-Einsatz mit SD-Karte
- Ethernet- und USB-Schnittstelle

Seit über 60 Jahren weltweit etabliert!

PEEKEL INSTRUMENTS GMBH

info@peekel.de · www.peekel.de
Bergmannstr. 43 · D-44809 Bochum
Tel.: 0234/904-1603 · Fax: 0234/904-1605

PEEKEL INSTRUMENTS

Nutzen Sie auch unseren

Internet-Novitäten Service unter

www.expertverlag.de

Mit dem kompletten Verlagsprogramm,

über 800 Titeln aus Wirtschaft und Technik

expert verlag
Erlesene Weiterbildung®

Priv.-Doz. Dr. Hermann Döhler

Informationsgewinn durch Messung

Grundlagen und Anwendungen der Signalanalyse

2006, 308 S., 169 Abb., 31 Tab., € 59,00, CHF 97,50
Reihe Technik
ISBN 978-3-8169-2568-2

Zum Buch:
Dieses neue Standardwerk der Signalanalyse stellt die verschiedensten Seiten der Signalaufnahme und -auswertung systematisch dar.
Beginnend mit Stochastik und Analysis, führt die Untersuchung des Messprozesses bzw. des allgemeinen Informationsgewinns zur Theoretischen Physik und schließlich zur Behandlung der logischen Größe »Information«. Die vorgestellte Theorie eröffnet einen Weg von der elementaren Messinformation über die Parameterinformation zur semantischen Information über mathematische, natürliche oder technische Zusammenhänge.

Inhalt:
Einführung in die Statistik – Multiple lineare Regression – Fourier-Transformation – Faltung – Entfaltung – Exponentialanalyse – Allgemeines zum Wissen – Zur Physik des Messprozesses – Einführung der Parameterinformation – Anwendung der Spektralinformation

Die Interessenten:
Studenten, Wissenschaftler und Ingenieure in den Bereichen
– Naturwissenschaften und Technik
– Sensorik
– Bioinformatik
– Medizinische Biometrie
– Ökonometrie

»Ein sehr empfehlenswertes Buch. Es kann allen empfohlen werden, die tiefer in die verschiedenen Probleme des Messens eindringen wollen.«
rfe

»Der Autor rückt das Verständnis und die praktische Handhabung der skizzierten Verfahren in den Vordergrund. So gelingt es ihm, eine Brücke zwischen rationaler und empirischer Erkenntnis zu schlagen. Lesenswert.«
Mechatronik

Fordern Sie unser Verlagsverzeichnis auf CD-ROM an!
Telefon: (0 71 59) 92 65-0, Telefax: (0 71 59) 92 65-20
E-Mail: expert@expertverlag.de
Internet: www.expertverlag.de

expert verlag GmbH · Postfach 2020 · D-71268 Renningen

expert verlag®
Erlesene Weiterbildung®

Prof. Dr. Josef Kolerus,
Ao. Univ.-Prof. Dipl.-Ing. Dr. techn. Johann Wassermann

Zustandsüberwachung von Maschinen

Das Lehr- und Arbeitsbuch für den Praktiker

Direktlink zum Buch: expertverlag.de/3236

6., neu bearb. Aufl. 2013, 408 S., 252 Abb., 7 Tab., DVD-ROM, 79,0 €, 129,00 CHF
(Edition expertsoft, 79)
ISBN 978-3-8169-3236-9

Zum Buch:

Dieses bekannte Buch mit seiner praxisnahen Darstellung der Maschinenüberwachung und Schwingungsdiagnose erscheint nunmehr in seiner sechsten, gründlich überarbeiteten Auflage. Im Hintergrund steht die Organisation einer zustandsabhängigen und kostenoptimierten Instandhaltung; andere Einsatzgebiete wie Qualitätskontrolle oder Produktionssicherung werden ergänzend vorgestellt, Aspekte der Wirtschaftlichkeit kommen ebenfalls zur Sprache. Großer Wert ist nach wie vor auf eine gut verständliche Einführung in dieses vielfältige Fachgebiet gelegt. Der Anspruch an die mathematischen und physikalischen Kenntnisse bewegt sich dabei im Rahmen technischen Allgemeinwissens. Das durchgehende Konzept einer Abstützung auf plausible physikali-sche Zusammenhänge kann auch dem erfahrenen Experten eini-ges an neuen Erkenntnissen liefern.

Hinsichtlich Messtechnik und Analyseverfahren wurde der Inhalt weiter aktualisiert, ohne jedoch den Anschluss an die Grundlagen zu verlieren. Verfahren wie Zeit-Frequenz-Analyse oder multivariate Methoden werden hier in überschaubarer Weise vor-gestellt.

Der steigenden Bedeutung von Normen und Richtlinien speziell auf diesem Gebiet wird in einem ausführlichen, aktuellen Überblick Rechnung getragen, der auch auf interessante laufende Projekte, wie die Richtlinie VDI 4550 hinweist.

Mit der auf einer mitgelieferten DVD Software LabVIEW kann der eigene PC zu einem virtuellen Analysator erweitert werden, auf dem die erworbenen Kenntnisse vertieft und ausgetestet werden können.

Inhalt:

Ziele und Konzepte einer Maschinenüberwachung – Schwingungsanalyse: Verfahren und Messsysteme – Fehlererkennung und Diagnose – Wirtschaftlicher Nutzen – Mathematischer Hintergrund – Normen und Richtlinien – Begleit-DVD für ein virtuelles Messgerät (PC) – Testdatenbank

Die Interessenten:

– Fach- und Führungskräfte in Instandhaltung und Automatisierung
– Entwickler von Messsystemen – Studenten des Maschinenbaus

»Ein wertvolles Hilfsmittel für jeden, der mit Hilfe der heute verfügbaren leistungsfähigen Softwarewerkzeuge auf eigene Faust versuchen will, tiefer in das Metier einzudringen, eigene Werkzeuge zu generieren, eigene Strategien zu entwickeln.« Werk & Technik

»Das durchgehende Konzept einer Abstützung auf plausible physikalische Zusammenhänge kann auch dem erfahrenen Experten einige neue Erkenntnisse liefern.« VDI-Z

Die Autoren:

Dr. Josef Kolerus: Honorarprofessor an der Technischen Universität Wien, Obmann des Arbeitskreises Schwingungsüberwachung im NALS/VDI sowie des Arbeitskreises VDI GPP FA627 (VDI 4550).
Prof. Dr. Johann Wassermann: Technische Universität Wien, Institut für Mechanik und Mechatronik

Bestellhotline:
Tel: 07159 / 92 65-0 • Fax: -20
expert@expertverlag.de